北京大学数学教学系列丛书

应用随机过程

陈大岳　章复熹　编著

北京大学出版社

PEKING UNIVERSITY PRESS

图书在版编目 (CIP) 数据

应用随机过程 / 陈大岳，章复熹编著 . —北京：北京大学出版社，2023. 9
（北京大学数学教学系列丛书）
ISBN 978-7-301-34368-5

Ⅰ. ①应⋯　Ⅱ. ①陈⋯　②章⋯　Ⅲ. ①随机过程 – 高等学校 – 教材
Ⅳ. ① O211. 6

中国国家版本馆 CIP 数据核字 (2023) 第 160772 号

书　　　　名	应用随机过程	
	YINGYONG SUIJI GUOCHENG	
著作责任者	陈大岳　章复熹　编著	
责 任 编 辑	潘丽娜	
标 准 书 号	ISBN 978-7-301-34368-5	
出 版 发 行	北京大学出版社	
地　　　址	北京市海淀区成府路 205 号　　100871	
网　　　址	http://www.pup.cn	
电 子 邮 箱	zpup@pup.cn	
新 浪 微 博	@ 北京大学出版社	
电　　　话	邮购部 010-62752015　发行部 010-62750672　编辑部 010-62752021	
印 刷 者	三河市博文印刷有限公司	
经 销 者	新华书店	
	880 毫米 ×1230 毫米　A5　8.875 印张　254 千字	
	2023 年 9 月第 1 版　2023 年 9 月第 1 次印刷	
定　　　价	42.00 元	

序　言

北京大学数学科学学院 (及其前身数学力学系、数学系和概率统计系) 历来重视教学工作, 积极吸收、借鉴先进思想和方法, 不断探索人才培养的新途径、新模式, 始终秉持 "加强基础、重视应用、因材施教、分流培养" 的理念, 为全体学生提供良好的学习条件和多种成长途径, 让更多学生更快成长起来. 过去二十年间, 北京大学数学科学学院为精简学分而减少学时; 为减小班级规模而分班授课, 同一门课程由多位教师独立执教; 为培养拔尖人才, 又以实验班为名相继开设荣誉课程. 多措并举, 人勤天助, 北大数学涌现出以 "黄金一代" 为代表的大批数学新人, 教学成效也获得同行鼓励和相关部门的奖励.

在长期教学实践中, 许多教师为更好辅助教学工作而动手自编讲义, 几经教学实践调整打磨, 斟酌修改成书, 由北京大学出版社陆续出版, 汇编为 "北京大学数学教学系列丛书", 累计达三十余种. 所出版的教材, 既是课程建设成果的主要标志, 又可脱离课堂教学而独立存世. 因为不受讲课时间限制, 教材内容可以更丰富完备, 充分体现作者的学识修养和表达功力. 许多学生通过阅读教材而无师自通, 更多学生通过预习、复习教材而深刻理解与掌握所学知识.

目前, "北京大学数学教学系列丛书" 基本满足了北京大学数学科学学院教学工作所需, 也为国内许多高校所采用. 然而, 教材作为一门学科的入门书籍, 前后内容的联系, 例题与习题的选配, 乃至遣词造句、外语汉译、符号标点使用, 都对学生有潜移默化的培养功效. 以更高标准来衡量, 大部分教材尚需时间来检验、完善. 虽然数学课程的内容是相对稳定的, 而教学方式却会与时俱进. 相较于二三十年前相对统一的课程教学, 如今教学中个性因素增大了. 不同教师按照同样教学大纲教授同一门课程, 内容取舍可以相差很大; 同样一门课程, 放在大学二年级还是三年级讲授, 进度快慢也会相差很远. 此外, 由于我们开展研究生教育时间相对较短, 所需教材还有很多空白, 需要出版更多高水平的研究生教材, 以减少对国外教材的依赖. 这些都要求我们继续努力, 不断推陈出新, 百花齐放, 这也是 "北京大学数学教学系列丛书" 二期的出版任务.

百余年前, 蔡元培主导大学教育时期, 就将教材出版作为中国现代大学教育的一项基础性工程, 由国人自己编撰大学教材以取代外国人的讲义, 革新旧式教材, 并亲自示范与推动, 对中国大学学术本土化起到了根本性作用. 党的二十大报告指出, 教育、科技、人才是全面建设社会主义现代化国家的基础性、战略性支撑. 北京大学数学科学学院不忘立德树人初心, 牢记为国育才使命, 提高国家的 "元实力"; 与时俱进, 守正创新, 继承百年实践所形成的优秀传统, 全面提高人才自主培养质量, 着力造就拔尖创新人才, 为加快建设教育强国、科技强国、人才强国做出更大贡献. 我相信, 在这一伟大奋斗进程中, 我们必将奉献更多优秀的教材, 努力实现高层次创新人才辈出的新格局.

陈大岳

2023 年 5 月 29 日

于北京大学

内 容 提 要

本书为北京大学同名课程的教材,分为三个部分:马氏链、跳过程和布朗运动.

马氏链是指离散时间参数、取值于离散状态空间的马尔可夫过程,是性质十分简单而适用面又很广的一类概率模型,包括随机游动、分支过程等常见模型. 通过学习马氏链的基本知识,如状态分类、极限性质、平稳分布、收敛速度等,可初步熟悉随机过程的特性,掌握最基本的分析手段. 这部分内容约占全书一半篇幅.

跳过程是指连续时间参数、取值于离散状态空间的马尔可夫过程,以泊松过程为特例. 其性质与马氏链的性质有许多相同之处,知识结构则与前半段基本相同. 初学者可以借助前半段经验而轻松习得,也可借此巩固前一章的学习成果.

布朗运动是连续时间参数、取值于欧氏空间的马尔可夫过程,性质非常丰富,研究手段则多了分析工具,如微分方程. 布朗运动可视为随机游动的尺度变换极限,因此内容上也与第一章有相通之处. 布朗运动的知识也是学习掌握扩散过程的基础. 布朗运动还有许多成功的应用实例.

随机过程理论的思想源泉是生产实践、军事斗争和社会活动等,了解实际背景有助于理解抽象的理论表述. 作为教材,本书还配备大量例题和习题,有些习题是延拓型的,扩展了正文内容.

本书可作为高等学校数学专业和统计学专业随机过程论课程的教材或教学参考书.

作者介绍

陈大岳 1989 年在美国加州大学洛杉矶分校获博士学位. 现任北京大学博雅特聘教授,数学科学学院院长. 长期主讲"概率论""应用随机过程""概率统计"等本科课程,曾获国家级教学成果奖二等奖,被评为北京市师德先进个人和北京大学"十佳教师".

章复熹 2004 年在北京大学获理学博士学位,其博士论文被评为全国优秀博士论文. 现任北京大学数学科学学院副教授,概率统计系副主任. 主持的"应用随机过程(实验班)"课程被评为 2022 年北京市优秀本科课程,领衔的"面向不同人才培养需求的随机过程系列课程改革"项目获 2021 年北京大学教学成果奖二等奖.

前　言

　　如今人们越发重视不确定性的理论研究. 在数学界, 以概率学家连续获得菲尔兹奖为标志, 概率论的重要性越发凸显; 在大学里, 学习概率论的需求在增大, 选课学生群体在扩张. 在北京大学, 我们称本科生"概率论"的后续课程为"应用随机过程". 原本为概率统计专业开设的相对小众的课程, 如今迎来了更多选课者. 这其中既有其他专业、其他院系的学生, 也有本专业提前学习的学生. 新的形势要求我们改进教学, 满足同学们不断增长的学习需求. 长期以来我们在北京大学讲授本科生课程"应用随机过程", 积累了比较丰富的教学经验. 我们在钱敏平、龚光鲁合编的《应用随机过程》(北京大学出版社, 1998 年) 的基础上做了较大幅度的改写, 于 2011 年在高等教育出版社出版了同名讲义.《应用随机过程》(高教版) 分为三章: 马氏链、跳过程、布朗运动. 内容编排大致与我们48课时教学实践相一致, 其中第一章约占一半篇幅. 讲义的出版基本满足了我们自己的教学需求.

　　《应用随机过程》(高教版) 出版距今也有十二年了. 经过长期教学实践, 我们发现该教材的框架结构是合理的, 而篇幅过于短小, 内容不够丰满. 为更好满足同学们学习需求, 第二作者近年不断充实教材内容, 改进表达形式. 我们希望教材既能很好配合教学活动, 又可以独立于教学成为一本开卷有益的自学读本. 这就要求教材具有更好的兼容性, 更详细的铺叙, 生动鲜活的实例, 难度递进的习题, 等等. 这是很难实现的理想目标, 我们应当不懈追求, 尽力靠近. 感谢同行和学生们十多年来对原先教材的使用和批评, 我们相信新版教材向这个理想目标靠近了一步, 并期待更多同行和学生们使用新版教材, 继续提出批评, 给予我们指教和帮助.

陈大岳　章复熹

2023 年 9 月 1 日

常 用 符 号

Ω: 样本空间

ω: 样本, 轨道

$(\Omega, \mathscr{F}, P)$: 概率空间

$\mathscr{F}$: σ 代数

P: 概率

P_x: 从 x 出发的过程对应的概率

P_μ: 以 μ 为初分布的过程对应的概率

S: 状态空间, 非空可数集

μ: 分布, 初分布

π: 不变分布

$\{S_n\}$: 简单随机游动

$\{X_n\}$: 离散时间参数的过程, n 取遍 $\{0, 1, 2, \cdots\}$

$\{X_t\}$: 连续时间参数的过程, t 取遍 $[0, \infty)$

$\{B_t\}$: 一维标准布朗运动

τ_i: 首达时

σ_i: 首中时

$\mathbf{P}$: 转移矩阵

$\mathbf{Q}$: 速率矩阵

$\mathbf{I}$: 单位矩阵

$\mathbb{R}$: 实数集

$\mathbb{R}_+$: 非负实数集, $[0, \infty)$

$\mathbb{Q}$: 有理数集

$\mathbb{Z}$: 整数集

$\mathbb{Z}_+$: 非负整数集, $\{0, 1, 2, \cdots\}$

$\mathbb{T}^d$: 齐次树

$A \subseteq B$: 集合 A 包含于集合 B

$A \cup B$: 集合 A 与 B 的并集

$A \cap B$ 或 AB: 集合 A 与 B 的交集

$|A|$: A 中元素个数, 或 A 的勒贝格测度

$x \wedge y := \min\{x, y\}, x, y \in \mathbb{R}$

$x \vee y := \max\{x, y\}, x, y \in \mathbb{R}$

$\lfloor \cdot \rfloor$: 实数的整数部分, $\lfloor x \rfloor$ 表示不超过 x 的最大的整数

$\|\vec{x}\|$: 欧氏模, 对任意 $\vec{x} = (x_1, \cdots, x_n)$, $\|\vec{x}\| = \sqrt{x_1^2 + \cdots + x_n^2}$

$X \stackrel{d}{=} Y$: 随机变量 X 与 Y 同分布

$\mathbf{1}_A$: 示性函数, 若 A 为真, 则取值 1; 若 A 不真, 则取值 0

$a := b$ 指将 a 定义为 b, 或将 b 简记为 a

目 录

第 ○ 章 预 备 知 识

本章涵盖两部分内容. 一部分是概率论或测度论中的一些基本知识点, 例如条件分布、独立性、期望的性质, 我们罗列于此处是为了使得后续的章节行文更流畅. 另一部分是拓宽随机变量的概念, 并引入随机过程的定义, 为后续的具体模型搭建最基本的框架.

§0.1 概 率 空 间

假设 $\mathbb{X}$ 是非空集合, 将其视为全集, 子集记为 $A, B, \cdots$. 称以 $\mathbb{X}$ 的子集为元素的集合为**集合系**, 用花体字母 $\mathscr{F}, \mathscr{T}, \cdots$ 表示. 最大的集合系由 $\mathbb{X}$ 的所有子集组成, 记为 $\mathscr{T}_{\mathbb{X}}$, 即 $\mathscr{T}_{\mathbb{X}} := \{A : A \subseteq \mathbb{X}\}$. 若 $\mathscr{F} \subseteq \mathscr{T}_{\mathbb{X}}$ 满足下面三条性质:

(i) $\mathbb{X} \in \mathscr{F}$,

(ii) 若 $A \in \mathscr{F}$, 则 $A^c \in \mathscr{F}$,

(iii) 若 $A_n \in \mathscr{F}, n = 1, 2, \cdots$, 则 $\bigcup_{n=1}^{\infty} A_n \in \mathscr{F}$,

则称 $\mathscr{F}$ 为 $\mathbb{X}$ 上的 σ **代数**, 称 $(\mathbb{X}, \mathscr{F})$ 为**可测空间**. 假设 $\mathscr{E}$ 是 $\mathbb{X}$ 上的非空的集合系. 将包含 $\mathscr{E}$ 的所有 σ 代数之交记为 $\sigma(\mathscr{E})$, 即

$$\sigma(\mathscr{E}) := \bigcap \{\mathscr{F} : \mathscr{F} \text{是 } \sigma \text{ 代数}, \mathscr{F} \supseteq \mathscr{E}\}.$$

不难验证 $\sigma(\mathscr{E})$ 也是 σ 代数. 它是包含 $\mathscr{E}$ 的最小的 σ 代数, 称其为 $\mathscr{E}$ **生成的 σ 代数**, 记为 $\sigma(\mathscr{E})$.

进一步, 若 $P : \mathscr{F} \to \mathbb{R}$ 满足下面三条性质:

(iv) 非负性: 对任意 $A \in \mathscr{F}$ 均有 $P(A) \geqslant 0$,

(v) 规范性: $P(\mathbb{X}) = 1$,

(vi) 可列可加性: 若 $A_n \in \mathscr{F}, n = 1, 2, \cdots$ 两两不交, 则

$$P\left(\bigcup_{n=1}^{\infty} A_n\right) = \sum_{n=1}^{\infty} P(A_n),$$

则称 P 为 $\mathscr{F}$ 上的**概率**. 若 $\mathscr{F}$ 已指定, 则也称 P 为 $\mathbb{X}$ 上的概率. 称 $(\mathbb{X}, \mathscr{F}, P)$ 这个三元组为**概率空间**.

例 0.1.1 (随机试验) 随机试验指的是一个具体的概率空间. 此时, 全集 $\mathbb{X}$ 通常记为 Ω, 称为**样本空间**, 将 Ω 中的每个点视为一个试验结果, 称为**样本**, 记为 ω. 称 $\mathscr{F}$ 中的元素为**可测事件**, 简称**事件**, 通常记为 $A, B, \cdots$. 称 $P(A)$ 为**事件 A 发生的概率**或 **A 的概率**.

例如, 坛子中有 n 个白球和 m 个黑球, 将白球编号 $1, \cdots, n$, 黑球编号 $n+1, \cdots, n+m$. 设摸球两次, 将第一次摸到的球的号码记为 i, 第二次摸到的球的号码记为 j, 则 $\Omega = \{(i,j) : i, j \in \{1, \cdots, n+m\}\}$, $\mathscr{F} = \mathscr{T}_\Omega$. 设 P 与 $\hat{P}$ 均为概率, 满足:

$$P(\{(i,j)\}) = \frac{1}{(n+m)^2}, \quad \forall i, j,$$

$$\hat{P}(\{(i,j)\}) = \begin{cases} 1/((n+m)(n+m-1)), & \text{若 } i \neq j, \\ 0, & \text{若 } i = j, \end{cases}$$

则 $(\Omega, \mathscr{F}, P)$ 对应着"有放回地摸球两次"这一随机试验, 即从 $n+m$ 个球中随机摸一个, 将之放回后再随机摸一个; $(\Omega, \mathscr{F}, \hat{P})$ 对应着"不放回地摸球两次"这一随机试验, 即从 $n+m$ 个球中随机摸一个, 再从剩下的 $n+m-1$ 个球中随机摸一个. $A =$ "两次都摸到白球" $= \{(i,j) \in \Omega : i, j \in \{1, \cdots, n\}\}$. 它在上述两个随机试验中的概率分别为

$$P(A) = \frac{n^2}{(n+m)^2}, \quad \hat{P}(A) = \frac{n(n-1)}{(n+m)(n+m-1)}.$$

固定 $(\Omega, \mathscr{F})$, 概率指 $\mathscr{F}$ 上的满足(iv), (v), (vi) 三条性质的函数. 这样的函数可能不是唯一的, 随机试验的本质就是 Ω 上的一个具体的概率. 事件 A 的概率指 A 在这个函数下的函数值. 因此, 当谈论事件 A 的概率时, 必须先明确所用的概率是哪个函数, 即明确是在哪个随机试验中考虑.

一般地, 假设 $(\mathbb{X}, \mathscr{F})$ 为一个可测空间, $\mu : \mathscr{F} \to \mathbb{R}_+ \cup \{\infty\}$. 若 $\mu(\varnothing) = 0$ 并且 μ 满足上述可列可加性, 则称 μ 为 $\mathscr{F}$ 上的**测度**. 当 $\mathscr{F}$ 指定时, 也称 μ 为 $\mathbb{X}$ 上的测度. 鉴于此, 也称概率为**概率测度**. 如果 $0 < \mu(\mathbb{X}) < \infty$, 那么我们总可以将 μ 进行如下的归一化, 使得上述规范性要求得到满足, 从而得到概率 P, 即有

$$P(A) := \frac{\mu(A)}{\mu(\Omega)}, \quad A \in \mathscr{F}.$$

例 0.1.2 (离散型) 假设 $\mathbb{X}$ 为非空可数集. 那么, $\mathscr{T}_{\mathbb{X}}$ 为所有单点集生成的 σ 代数. 以后, 若无特别声明, 非空可数集 $\mathbb{X}$ 上的 σ 代数总取为 $\mathscr{T}_{\mathbb{X}}$.

假设 $\{\mu_i : i \in \mathbb{X}\}$ 是一族实数. 若

$$\mu_i \geqslant 0, \ \forall i \in \mathbb{X} \quad \text{且} \quad \sum_{i \in \mathbb{X}} \mu_i = 1,$$

则称 $\{\mu_i : i \in \mathbb{X}\}$ 为 $\mathbb{X}$ 上的**概率分布列**, 简称**分布列**. 分布列可以诱导 $\mathbb{X}$ 上的一个概率, 定义如下:

$$\mu(A) := \sum_{i \in A} \mu_i, \quad \forall A \in \mathscr{T}_{\mathbb{X}}.$$

反过来, $\mathbb{X}$ 上的概率 μ 对应一个分布列: 对任意 $i \in \mathbb{X}$, $\mu_i := \mu(\{i\})$. 因此, 我们不区分 $\mathbb{X}$ 上的概率 μ 与它对应的分布列 $\{\mu_i : i \in \mathbb{X}\}$. 以后, 用 $\mu = \{\mu_i : i \in \mathbb{X}\}$ 表示 μ 是分布列 $\{\mu_i : i \in \mathbb{X}\}$ 对应的概率.

由于在诸多场合 $\mathbb{X}$ 为某个离散型随机变量的取值范围, 因此也称 $\mathbb{X}$ 上的概率为**概率分布**, 简称**分布**. 例如, 假设随机变量 X 服从参数为 λ 的泊松分布, 则其取值范围为 $\mathbb{X} := \{0, 1, 2, \cdots\}$, 对应的概率分布列为 $\mu_i := \mathrm{e}^{-\lambda} \lambda^i / i!$, $i \in \mathbb{X}$, 概率分布为 $\mu(A) := P(X \in A)$, $A \in \mathscr{T}_{\mathbb{X}}$.

类似地, $\mathscr{T}_{\mathbb{X}}$ 上的一个测度 μ 对应着一列 $\{\mu_i : i \in \mathbb{X}\}$, 其中, 对任意 i, $\mu_i \in \mathbb{R}_+ \cup \{\infty\}$. 以后, 若无特别声明, 非空可数集 $\mathbb{X}$ 上的 σ 代数总取为 $\mathscr{T}_{\mathbb{X}}$, 我们也不区分概率分布/测度 μ 与它对应的 $\{\mu_i : i \in \mathbb{X}\}$.

4 第 ○ 章 预备知识

例 0.1.3 (博雷尔 σ 代数) 将 $\mathbb{R}$ 上由所有左开右闭的区间 $\mathscr{E} = \{(a,b] : -\infty < a < b < \infty\}$ 生成的 σ 代数称为一维**博雷尔 σ 代数**, 记为 $\mathcal{B}$. 以后若无特别声明, $\mathbb{R}$ 上的 σ 代数默认取 $\mathcal{B}$.

假设 $F : \mathbb{R} \to \mathbb{R}$. 若 $F(\cdot)$ 满足以下三条,

(i) 单调上升性: 若 $x < y$, 则 $F(x) \leqslant F(y)$,

(ii) 规范性: $\lim\limits_{x \to \infty} F(x) = 1$, $\lim\limits_{x \to -\infty} F(x) = 0$,

(iii) 右连续性: 对任意 x, $\lim\limits_{y \to x+} F(y) = F(x)$, 其中 $y \to x+$ 表示 $y > x$ 且 $y \to x$,

则称 $F(\cdot)$ 为**分布函数**. 根据测度论知识, 在 $\mathbb{R}$ 上存在唯一的概率 μ 使得

$$\mu\big((a,b]\big) = F(b) - F(a), \quad \forall\, a < b.$$

反过来, $\mathbb{R}$ 上的概率 μ 对应一个分布函数: 对任意 $x \in \mathbb{R}$,

$$F(x) := \mu\big((-\infty, x]\big).$$

由于在初等概率论课程中, $\mathbb{R}$ 是随机变量的取值范围, 因此也称 $\mathbb{R}$ 上的概率为**概率分布**, 简称**分布**. 例如, 若 X 服从参数为 λ 的指数分布, 则对应的分布 μ 是 $\mathbb{R}$ 上唯一的满足如下条件的概率分布: 对任意 $0 \leqslant a < b$, $\mu\big((a,b]\big) = \int_a^b \lambda \mathrm{e}^{-\lambda x} \mathrm{d}x$.

综上, $\mathbb{R}$ 上的分布与分布函数一一对应. 一般地, 若 $F(\cdot)$ 满足条件 (i) 和(iii), 则称 $F(\cdot)$ 为**准分布函数**. 准分布函数与 $\mathbb{R}$ 上满足如下条件的测度一一对应:

$$\mu\big((a,b]\big) < \infty, \quad \forall\, a < b.$$

例如, 与恒同映射对应的是满足如下条件的唯一的测度: 对任意 $a < b$, $\lambda\big((a,b]\big) = b - a$. 该测度被称为 $\mathbb{R}$ 上的**勒贝格测度**.

类似地, 将 $\mathbb{R}^n$ 上由所有形如 $\{(x_1, \cdots, x_n) : a_i < x_i \leqslant b_i, i = 1, \cdots, n\}$ 的集合生成的 σ 代数称为 n 维**博雷尔 σ 代数**, 记为 $\mathcal{B}^n$. 当 $n = 1$ 时, $(\mathbb{R}^1, \mathcal{B}^1)$ 就是上面的 $(\mathbb{R}, \mathcal{B})$. 在 $\mathbb{R}^n$ 上存在唯一的测度使得上述集合的测度值等于 $\prod\limits_{i=1}^{n}(b_i - a_i)$, 其中 $a_i < b_i$, $i = 1, \cdots, n$, 该测度

被称为 n 维**勒贝格测度**. 以后若无特别声明, $\mathbb{R}^n$ 上的 σ 代数默认取 $\mathcal{B}^n$.

§0.2 随机变量及其独立性

在面对实际问题时, 人们往往是将所关注的量当作随机变量来处理. 离散型随机变量的本质是取值范围为可数集. 现在我们需要将离散型随机变量的概念稍作推广, 将它的取值范围从可数个实数推广到抽象的可数集. 假设 S 是非空的可数集, 它表示离散型随机变量的取值范围, 被称为**状态空间**. S 中的每个点都被称为**状态**, 通常用 $i, j, k, \cdots$ 表示.

假设 X 是从某个样本空间 Ω 到 S 的映射. 将事件 $\{\omega : X(\omega) = i\}$ 简记为 $\{X = i\}$. 如果 $\{X = i\} \in \mathscr{F}$ 对所有的 $i \in S$ 都成立, 那么称 X 为**离散型随机变量**. 离散型随机变量常用于表示一个系统所处的状态. 我们用粒子所处的状态来代表这个系统, 当 $\{X = i\}$ 发生时, 称粒子处于状态 i.

给定 $\mathscr{F}$ 上的一个概率 P. 随机变量 X 诱导了 S 上的一个 (概率) 分布/分布列, 记为 μ, 定义如下:

$$\mu_i := P(X = i), \quad \forall i \in S,$$

其中, 我们将事件 $\{X = i\}$ 的概率 $P(\{X = i\})$ 简写为 $P(X = i)$. 类似地, 可将 $\{\omega : X(\omega) \in A\}$ 简记为 $\{X \in A\}$, 将其概率简记为 $P(X \in A)$. 若上式成立, 则称 μ 为 X (服从) 的分布/分布列, 也称 X 服从分布 μ, 记为 $X \sim \mu$. 于是, X 的所有统计学性质都由其分布 μ 完全决定.

例 0.2.1 将十字路口的交通信号灯所处的状态视为一个随机变量, 如果用 R, G, Y 分别表示信号灯处于红灯、绿灯、黄灯亮起的状态, 则状态空间是 $S = \{R, G, Y\}$. 比如说, 在某一时刻, 信号灯处于红灯、绿灯、黄灯的概率分布分别为 $0.45, 0.45, 0.1$, 那么,

$$\mu_R = 0.45, \quad \mu_G = 0.45, \quad \mu_Y = 0.1.$$

用 X 表示信号灯(视为粒子)所处的状态. 那么, X 是离散型随机变量, $X \sim \mu$, 因此, 事件 $\{X = \mathrm{R}\}$ 的概率为 $P(X = \mathrm{R}) = 0.45$. 同理, 抛硬币、掷骰子等模型都可以被视为一个随机变量.

在很多模型中, 我们需要将离散型随机变量 X 理解为一个粒子所处的位置. 因此, 状态 i 就是粒子的一个可能的位置, S 就是所有可能的位置. 此时, $\{X = i\}$ 即是该粒子处于位置 i 的这一事件.

例 0.2.2 将一个粒子随机地放置在 $S = \mathbb{Z}_+ := \{0, 1, \cdots\}$ 中, 它放在 i 处的概率为

$$\mu_i = \frac{\lambda^i}{i!} \mathrm{e}^{-\lambda}, \quad i = 0, 1, 2, \cdots,$$

其中, $\lambda > 0$. 将该粒子的位置记为 X, 则 X 是一个离散型随机变量, 其分布 μ 就是参数为 λ 的泊松分布.

一般地, 假设 $(\Omega, \mathscr{F})$, $(S, \mathscr{S})$ 为两个可测空间, $X : \Omega \to S$. 将 Ω 视为样本空间, 与上面类似, 将事件 $\{\omega : X(\omega) \in D\}$ 简记为 $\{X \in D\}$. 若 $\{X \in D\} \in \mathscr{F}$ 对任意 $D \in \mathscr{S}$ 成立, 则称 X 为 (取值于 S 的) **随机变量**, 称 S 为 X 的**状态空间**或**取值空间**. 有时, 为了强调 S 上的 σ 代数, 我们也说 $(S, \mathscr{S})$ 是 X 的取值空间, 或 X 取值于 $(S, \mathscr{S})$. 又若取定 Ω 上的概率 P, 则称

$$\mu : \mathscr{S} \to \mathbb{R}, \quad D \mapsto P(X \in D)$$

为 X 的 (**概率**) **分布**, 称 X 服从 μ, 记为 $X \sim \mu$. 若两个随机变量 X 与 Y 服从相同的分布, 则称它们**同分布**, 记为 $X \stackrel{d}{=} Y$. 需要注意的是, X 的分布依赖于概率 P.

例 0.2.3 (连续型随机变量) 假设 $(\Omega, \mathscr{F}, P)$ 是概率空间, X 是取实数值的随机变量. 若存在函数 $\rho : \mathbb{R} \to \mathbb{R}$, 使得对任意满足 $a < b$ 的实数 a, b,

$$P(a < X \leqslant b) = \int_a^b \rho(x)\mathrm{d}x,$$

则称 X 是**连续型随机变量**, 称 ρ 为 X 的**概率密度函数**, 简称**密度**, 记
为 $p_X(\cdot)$. 上面的 ρ 满足:

$$\rho(x) \geqslant 0, \ \forall x \in \mathbb{R} \quad \text{且} \quad \int_{-\infty}^{\infty} \rho(x)\mathrm{d}x = 1.$$

称满足上式的函数 $\rho(\cdot)$ 为 $\mathbb{R}$ 上的一个**概率密度函数**, 简称**密度**.

例 0.2.4 (随机向量) 假设 $(\Omega, \mathscr{F})$ 是可测空间, $X_1, \cdots, X_n$ 是随
机变量, $n \geqslant 2$, 分别取值于 $(S_1, \mathscr{S}_1), \cdots, (S_n, \mathscr{S}_n)$. 那么, 称 $\boldsymbol{X} = (X_1, \cdots, X_n)$ 为一个 n 维**随机向量**. 需要特别说明的是, 随机向量本
质上也是一个随机变量. 具体地, 记 $\mathbf{x} = (x_1, \cdots, x_n)$. 令

$$S = \{\mathbf{x} : x_1 \in S_1, \cdots, x_n \in S_n\},$$

$\mathscr{S}$ 是由形如 $\{\mathbf{x} : x_1 \in A_1, \cdots, x_n \in A_n\}$ 的集合生成的 σ 代数, 其中
$A_i \in \mathscr{S}_i, i = 1, \cdots, n$. 那么, $\boldsymbol{X}$ 是取值于 $(S, \mathscr{S})$ 的随机变量. 称 $\boldsymbol{X}$ 的
分布为 $X_1, \cdots, X_n$ 的**联合分布**. 对任意 $1 \leqslant k < n, 1 \leqslant i_1 < \cdots < i_k \leqslant n$, 称 $(X_{i_1}, \cdots, X_{i_k})$ 为 $\boldsymbol{X}$ 的一个 k 维**边缘**, 称其联合分布为 $\boldsymbol{X}$ 的一
个 k 维**边缘分布**.

假设 $(\Omega, \mathscr{F}, P)$ 为概率空间, $A_1, \cdots, A_n \in \mathscr{F}, n \geqslant 2$. 若对任意
$1 \leqslant k \leqslant n, 1 \leqslant i_1 < \cdots < i_k \leqslant n$,

$$P(A_{i_1} \cdots A_{i_k}) = P(A_{i_1}) \cdots P(A_{i_k}),$$

则称 $A_1, \cdots, A_n$ **相互独立**. 假设 $X_1, \cdots, X_n$ 是随机变量, 分别取值于
$(S_1, \mathscr{S}_1), \cdots, (S_n, \mathscr{S}_n)$. 若对任意 $A_1 \in \mathscr{S}_1, \cdots, A_n \in \mathscr{S}_n$,

$$P(X_1 \in A_1, \cdots, X_n \in A_n) = P(X_1 \in A_1) \cdots P(X_n \in A_n),$$

则称 $X_1, \cdots, X_n$ **相互独立**. 假设 $X_1, X_2, \cdots$ 是一列随机变量, 若上
式对所有 $n \geqslant 2$ 都成立, 则称 $X_1, X_2, \cdots$ **相互独立**. 如果若干个随
机变量既相互独立又同分布, 则称它们**独立同分布** (independent and
identically distributed), 简记为 i.i.d..

例 0.2.5 (例 0.1.1 续) 考虑例 0.1.1中的模型. 记 $A =$ "第一次摸到白球", $B =$ "第二次摸到白球", $X = \mathbf{1}_A$, $Y = \mathbf{1}_B$, 则

$$P(AB) = P(A)P(B), \quad \hat{P}(AB) \neq \hat{P}(A)\hat{P}(B).$$

因此, 在概率 P 下, 事件 A 与 B 相互独立, 随机变量 X 与 Y 相互独立; 在概率 $\hat{P}$ 下, A 与 B 不独立, X 与 Y 不独立.

注 固定 $(\Omega, \mathscr{F})$. 在研究事件或随机变量的独立性时, 必须先明确采用的是哪个概率.

假设 I 是一个非空的指标集, 例如, $I = \{1, \cdots, n\}$, $I = \mathbb{Z}_+$ 或 $I = [0,1]$. 假设对任意 $\alpha \in I$, $(S_\alpha, \mathscr{S}_\alpha)$ 是可测空间, X_α 是取值于 S_α 的随机变量. 于是, 我们得到一族随机变量, 记为 $\{X_\alpha : \alpha \in I\}$, 简记为 $\mathbf{X}$. 对任意 $n \geqslant 1$ 及其互不相等的 $\alpha_1, \cdots, \alpha_n \in I$, 称 $(X_{\alpha_1}, \cdots, X_{\alpha_n})$ 为 $\mathbf{X}$ 的一个有限维边缘, 称其分布为 $\mathbf{X}$ 的**有限维联合分布**. 假设对任意 $\alpha \in I$, Y_α 也是取值于 S_α 的随机变量, 并且 $\mathbf{Y} := \{Y_\alpha : \alpha \in I\}$ 的任意有限维联合分布都与 $\mathbf{X}$ 的相同, 即

$$(X_{\alpha_1}, \cdots, X_{\alpha_n}) \overset{d}{=} (Y_{\alpha_1}, \cdots, Y_{\alpha_n}), \quad \forall n \geqslant 1, \alpha_1, \cdots, \alpha_n \in I,$$

则 $\mathbf{Y}$ 与 $\mathbf{X}$ **同分布**, 记为 $\mathbf{Y} \overset{d}{=} \mathbf{X}$.

假设 $\mathbf{X} = \{X_\alpha : \alpha \in I\}$, $\mathbf{Y} = \{Y_\beta : \beta \in J\}$ 是两族随机变量, 它们的指标集 I 与 J 可以不一样, 取值空间也可以不一样. 若 $\mathbf{X}$ 的任意有限维边缘 $(X_{\alpha_1}, \cdots, X_{\alpha_n})$ 与 $\mathbf{Y}$ 的任意有限维边缘 $(Y_{\beta_1}, \cdots, Y_{\beta_m})$ 相互独立, 则称 $\mathbf{X}$ 与 $\mathbf{Y}$ **相互独立**. 类似地, 对于 n 族随机变量 $\mathbf{X}^{(1)}, \cdots, \mathbf{X}^{(n)}$, 若对任意 $i = 1, \cdots, n$, 任取 $\mathbf{X}^{(i)}$ 的有限维边缘 $\mathbf{X}_i$, 得到的 n 个有限维随机向量 $\mathbf{X}_1, \cdots, \mathbf{X}_n$ 相互独立, 则称 $\mathbf{X}^{(1)}, \cdots, \mathbf{X}^{(n)}$ **相互独立**. 假设 $\mathbf{X}^{(1)}, \mathbf{X}^{(2)}, \cdots$ 是一列随机变量族. 若对任意 $n \geqslant 2$, $\mathbf{X}^{(1)}, \cdots, \mathbf{X}^{(n)}$ 相互独立, 则称 $\mathbf{X}^{(1)}, \mathbf{X}^{(2)}, \cdots$ **相互独立**. 若有限或可列个随机变量族相互独立且都同分布, 则称它们**独立同分布**.

例 0.2.6 假设 $n \geqslant 2$, $X_1, \cdots, X_n$ 是 $(\Omega, \mathscr{F}, P)$ 上的 n 个随机变量.

离散型 假设 X_i 是离散型随机变量, 取值于 S_i, $i = 1, \cdots, n$, 则 $X_1, \cdots, X_n$ 相互独立当且仅当对任意 $i_1 \in S_1, \cdots, i_n \in S_n$,

$$P(X_1 = i_1, \cdots, X_n = i_n) = P(X_1 = i_1) \cdots P(X_n = i_n).$$

连续型 假设 X_i 都是取值于 $\mathbb{R}$ 的连续型随机变量, $i = 1, \cdots, n$. 若存在函数 $\rho : \mathbb{R}^n \to \mathbb{R}$, 使得对任意 $a_i < b_i$, $i = 1, \cdots, n$,

$$P(a_i < X_i \leqslant b_i, i = 1, \cdots, n) = \int_{a_1}^{b_1} \cdots \int_{a_n}^{b_n} \rho(x_1, \cdots, x_n) \mathrm{d}x_n \cdots \mathrm{d}x_1,$$

则称 $(X_1, \cdots, X_n)$ 为 n 维**连续型随机向量**, 称函数 ρ 为 $X_1, \cdots, X_n$ 的**联合 (概率) 密度**, 记为 $p_{\mathbf{X}}$. 其中, 在上式右边的积分中, $\int_{a_i}^{b_i}$ 对应 $\mathrm{d}x_i$, 即 x_i 的积分范围是 $(a_i, b_i]$. $X_1, \cdots, X_n$ 相互独立当且仅当 $(X_1, \cdots, X_n)$ 是连续型随机向量且

$$p_{\mathbf{X}}(x_1, \cdots, x_n) = p_{X_1}(x_1) \cdots p_{X_n}(x_n), \quad \forall x_1, \cdots, x_n \in \mathbb{R}.$$

命题 0.2.7 假设 X, Y 是两个离散型随机变量, 分别取值于 S_1, S_2. 若

$$P(X = i, Y = j) = \mu_i P(Y = j), \quad \forall i \in S_1, j \in S_2,$$

则 X 与 Y 相互独立, 且 $X \sim \mu$.

证 上式两边对 j 求和, 可得 $X \sim \mu$. 再将其代入上式, 便知 X 与 Y 相互独立. □

§0.3 期望与收敛性

一、期望

本节考虑取实数值的随机变量. 假设 X 是离散型随机变量, 状态

空间为 S. 若级数

$$\sum_{i\in S} iP(X=i)$$

绝对收敛, 则称上式为 X 的**数学期望**, 简称**期望**, 记为 EX. 事实上, 只要 $\sum_{i\in S,i>0} iP(X=i)$ 与 $\sum_{i\in S,i<0} iP(X=i)$ 不同时发散, 则上面的级数就是良定的. 此时, 仍然称其为 X 的期望, 记为 EX, 并说 X 的期望有意义. 类似地, 对于连续型随机变量 X, 期望定义为

$$\int_{-\infty}^{\infty} xp_X(x)\mathrm{d}x.$$

事实上, 若 X 非负, 则 X 的期望总是有意义的, 且

$$EX = \int_0^{\infty} P(X>x)\mathrm{d}x,$$

只不过它可能为正无穷. 若 $\int_0^{\infty} P(X>x)\mathrm{d}x$ 与 $\int_0^{\infty} P(X<-x)\mathrm{d}x$ 不同时发散, 则 X 的期望就有意义, 且

$$EX = \int_0^{\infty} P(X>x)\mathrm{d}x - \int_0^{\infty} P(X<-x)\mathrm{d}x.$$

若上式右边的两个积分都收敛, 则 EX 是实数, 此时称 X 的期望存在. 不难看出, 若 $|Y|<|X|$ 且 X 的期望存在, 则 Y 的期望也存在.

二、随机变量序列的收敛性

假设 $X_1,X_2,\cdots$ 是随机变量序列. 若对任意 $\varepsilon>0$, 当 $n\to\infty$ 时, 事件 $\{\omega:|X_n(\omega)-X(\omega)|>\varepsilon\}$ 的概率 $P(|X_n-X|>\varepsilon)$ 收敛到 0, 则称 $\{X_n\}$ **依概率收敛**于 X, 记为 $X_n \xrightarrow{P} X$. 若事件 $\{\omega:\lim_{n\to\infty} X_n(\omega)=X(\omega)\}$ 的概率 $P\left(\lim_{n\to\infty} X_n=X\right)$ 等于 1, 则称 $\{X_n\}$ **几乎必然收敛**于 X, 记为 $X_n \xrightarrow{\text{a.s.}} X$. 其中, a.s. 是 almost surely 的缩写, A a.s. 的含义是 $P(A)=1$. 下面的引理是证明几乎必然收敛的常用工具.

引理 0.3.1 (博雷尔 – 坎特利引理) 若 $\sum_{n=1}^{\infty} P(A_n) < \infty$, 则

$$P\left(\bigcap_{N=1}^{\infty} \bigcup_{n=N}^{\infty} A_n\right) = 0.$$

证 对任意 $N \geqslant 1$, $P\left(\bigcap_{N=1}^{\infty} \bigcup_{n=N}^{\infty} A_n\right) \leqslant P\left(\bigcup_{n=N}^{\infty} A_n\right) \leqslant \sum_{n=N}^{\infty} P(A_n)$.
令 $N \to \infty$ 便知结论成立. □

推论 0.3.2 设 $\eta_1, \eta_2, \cdots$ 是独立同分布的随机变量序列, 且 η_1 的期望存在, 则

$$P\left(\lim_{n \to \infty} \frac{\eta_n}{n} = 0\right) = 1.$$

证 首先, 由 η_1 的期望存在知, 对任意 $\varepsilon > 0$,

$$\sum_{n=1}^{\infty} P(\eta_1 > n\varepsilon) \leqslant \frac{1}{\varepsilon} \sum_{n=1}^{\infty} \int_{(n-1)\varepsilon}^{n\varepsilon} P(\eta_1 > n\varepsilon) \mathrm{d}x \leqslant \frac{1}{\varepsilon} \int_0^{\infty} P(\eta_1 > x) \mathrm{d}x < \infty.$$

同理, $\sum_{n=1}^{\infty} P(\eta_1 < -n\varepsilon) < \infty$. 因此, $\sum_{n=1}^{\infty} P(|\eta_1| > n\varepsilon) < \infty$.

其次, 记 $A_{n,\varepsilon} = \{|\eta_n| > n\varepsilon\}$. 由同分布的假设知, 对任意 $n \geqslant 1$, $P(A_{n,\varepsilon}) = P(|\eta_1| > n\varepsilon)$. 从而 $\sum_{n=1}^{\infty} P(A_{n,\varepsilon}) < \infty$. 由引理 0.3.1, $P(A_\varepsilon) = 0$, 其中 $A_\varepsilon = \bigcap_{N=1}^{\infty} \bigcup_{n=N}^{\infty} A_{n,\varepsilon}$.

最后, 令 $A = \bigcup_{m=1}^{\infty} A_{1/m}$, 则 $P(A) = 0$, 即 $P(A^c) = 1$. 对任意 $\omega \in A^c$, 以下性质成立: 对任意 $m \geqslant 1$, 存在 $N \geqslant 1$, 使得当 $n \geqslant N$ 时, $A_{n,1/m}$ 不发生, 即 $\left|\dfrac{\eta_n(\omega)}{n}\right| \leqslant \dfrac{1}{m}$. 该性质即为 $\lim_{n \to \infty} \dfrac{\eta_n(\omega)}{n} = 1$. 从而结论成立. □

引理 0.3.3 (强大数定律) 假设 $X_1, X_2, \cdots$ 是独立同分布的随机变量序列, X_1 的期望有意义, 则 $\frac{1}{n}(X_1 + \cdots + X_n)$ 几乎必然收敛于 EX_1.

证 对于期望存在的情形, 证明可参见文献 [2] 中的定理 5.4.4. 下面假设 $EX_1 = \infty$, 即

$$\int_0^\infty P(X_1 > x)\mathrm{d}x = \infty \quad \text{且} \quad \int_0^\infty P(X_1 < -x)\mathrm{d}x < \infty.$$

首先取定 $M > 0$. 对任意 $n \geqslant 1$, 令 $X_{n,M} = \min\{X_n, M\}$, 则 $X_{1,M}$, $X_{2,M}, \cdots$ 独立同分布. 当 $x > M$ 时, $P(X_{1,M} > x) = 0$; 当 $x \leqslant M$ 时, $P(X_{1,M} > x) = P(X_1 > x)$. 因此

$$\int_0^\infty P(X_{1,M} > x)\mathrm{d}x = \int_0^M P(X_1 > x)\mathrm{d}x \leqslant M < \infty.$$

又 $P(X_{1,M} < -x) = P(X_1 < -x)$, 从而 $X_{1,M}$ 的期望存在. 于是 $\frac{1}{n}(X_{1,M} + \cdots + X_{n,M}) \overset{\text{a.s.}}{\to} EX_{1,M}$, 即事件

$$A_M := \left\{ \omega : \lim_{n\to\infty} \frac{1}{n}(X_{1,M}(\omega) + \cdots + X_{n,M}(\omega)) = EX_{1,M} \right\}$$

的概率为 1.

记 $A = \bigcap_{M=1}^\infty A_M$, 则 $P(A) = 1$. 对任意 $\omega \in A$, 因为对任意 $M \geqslant 1$,

$$\begin{aligned}
\liminf_{n\to\infty} \frac{1}{n}(X_1(\omega) + \cdots + X_n(\omega)) &\geqslant \lim_{n\to\infty} \frac{1}{n}(X_{1,M}(\omega) + \cdots + X_{n,M}(\omega)) \\
&= EX_{1,M},
\end{aligned}$$

所以

$$\liminf_{n\to\infty} \frac{1}{n}(X_1(\omega) + \cdots + X_n(\omega)) \geqslant \sup_{M \geqslant 1} EX_{1,M}.$$

又

$$EX_{1,M} = \int_0^M P(X_1 > x)\mathrm{d}x - \int_0^\infty P(X_1 < -x)\mathrm{d}x \xrightarrow{M\to\infty} \infty.$$

因此 $\frac{1}{n}(X_1(\omega) + \cdots + X_n(\omega)) \to \infty = EX_1$.

若 $EX_1 = -\infty$, 考虑 $-X_1, -X_2, \cdots$ 即可. 从而结论成立. □

三、极限随机变量的期望

引理 0.3.4 (有界收敛定理) 设 $X_1, X_2, \cdots$ 为随机变量序列, 依概率收敛于 X. 若存在 $M > 0$, 使得对任意 $n \geqslant 1$, $P(|X_n| \leqslant M) = 1$, 则 $\lim\limits_{n \to \infty} EX_n = EX$.

证 首先, $P(|X| \leqslant M) = 1$. 这是因为对任意 $\varepsilon > 0$, $P(|X| > M + \varepsilon) \leqslant P(|X_n - X| > \varepsilon) \to 0$, 令 $\varepsilon \to 0$ 即可. 其次, 对任意 $\varepsilon > 0$,

$$E|X_n - X| = E|X_n - X|\mathbf{1}_{|X_n-X|>\varepsilon} + E|X_n - X|\mathbf{1}_{|X_n-X|\leqslant\varepsilon}$$
$$\leqslant 2MP(|X_n - X| > \varepsilon) + \varepsilon.$$

最后, 令 $n \to \infty$ 知, $\limsup\limits_{n\to\infty} E|X_n - X| \leqslant \varepsilon$. 再令 $\varepsilon \to 0$ 便知结论成立. □

以下三个引理的证明超出本书范围, 读者可参见文献 [1] 中的定理 3.2.4, 定理 3.2.8, 定理 5.1.7.

引理 0.3.5 (单调收敛定理) 设 $X_1, X_2, \cdots$ 为一列非负随机变量, 单调上升到 X, 则 $\lim\limits_{n\to\infty} EX_n = EX$.

引理 0.3.6 (勒贝格控制收敛定理) 设 $X_1, X_2, \cdots$ 为一列随机变量, 且 $X_n \xrightarrow{\text{a.s.}} X$. 若存在随机变量 Y, 使得 Y 的期望存在且对任意 $n \geqslant 1$, $|X_n| \leqslant Y$, 则 $\lim\limits_{n\to\infty} EX_n = EX$.

引理 0.3.7 (富比尼定理) 设对任意 $t \geqslant 0$, X_t 为非负随机变量, 则 $E\int_0^\infty X_t \mathrm{d}t = \int_0^\infty EX_t \mathrm{d}t$.

设 $X_1, X_2, \cdots$ 是随机变量序列, 记 $S_N := \sum_{n=1}^{N} X_n$. 若 $X_1, X_2, \cdots$ 都取非负值, 则 S_N 关于 N 单调上升, 将其极限记为 $\sum_{n=1}^{\infty} X_n$. 由引理 0.3.5,

$$E \sum_{n=1}^{\infty} X_n = \lim_{n \to \infty} ES_N = \sum_{n=1}^{\infty} EX_n.$$

若 $\sum_{n=1}^{\infty} E|X_n| < \infty$, 则由上式知随机变量 $\sum_{n=1}^{\infty} |X_n|$ 的期望有限. 于是事件 $A := \left\{ \omega : \sum_{n=1}^{\infty} |X_n(\omega)| < \infty \right\}$ 的概率为 1. 对任意 $\omega \in A$, 级数 $\sum_{n=1}^{\infty} X_n(\omega)$ 绝对收敛, 从而 $S_N(\omega)$ 的极限存在且有限. 换言之, 随机变量序列 $\{S_N\}$ 几乎必然收敛. 将其几乎必然收敛的极限记为 $\sum_{n=1}^{\infty} X_n$.

推论 0.3.8 假设 $X_1, X_2, \cdots$ 或者都是非负随机变量, 或者满足 $\sum_{n=1}^{\infty} E|X_n| < \infty$, 则 $E \sum_{n=1}^{\infty} X_n = \sum_{n=1}^{\infty} EX_n$.

证 还需证明当 $\sum_{n=1}^{\infty} E|X_n| < \infty$ 时, 结论成立. 此时, 对任意 $N \geqslant 1$, $|S_N| \leqslant Y := \sum_{n=1}^{\infty} |X_n|$ 且 Y 的期望存在. 又 $S_N \xrightarrow{\text{a.s.}} \sum_{n=1}^{\infty} X_n$. 根据引理 0.3.6,

$$E \sum_{n=1}^{\infty} X_n = \lim_{N \to \infty} ES_N = \lim_{N \to \infty} \sum_{n=1}^{N} EX_n = \sum_{n=1}^{\infty} EX_n. \qquad \square$$

§0.4 条件概率、条件分布与条件期望

假设 $(\Omega, \mathscr{F}, P)$ 为一个概率空间. 假设 $P(A) > 0$, 称

$$\frac{P(AB)}{P(A)}$$

为在事件 A 发生的条件下, 事件 B 的**条件概率**, 记为 $P(B|A)$ 或 $P_A(B)$. 考察如下映射:

$$P_A(\cdot) : \mathscr{F} \to \mathbb{R}, \quad B \mapsto P(B|A).$$

不难验证 P_A 也是 $(\Omega, \mathscr{F})$ 上的一个概率, 即它满足概率定义中的三条性质: 非负性、规范性、可列可加性. 因此, "在事件 A 发生的条件下" 这句话的含义是: 采用的概率是 P_A, 而不是 P.

假设 X 是离散型随机变量, 取值于 S. 若

$$P(X = i|A) = \mu_i, \quad \forall i \in S,$$

则称在事件 A 发生的条件下, X 服从分布 μ. 其含义是: 若取 $(\Omega, \mathscr{F}, P_A)$ 这个概率空间, 则 $X \sim \mu$. 进一步, 假设 Y 也是离散型随机变量, 取值于 $\hat{S}$. 若

$$P(X = i, Y = j|A) = P(X = i|A)P(Y = j|A), \quad \forall i \in S, j \in \hat{S},$$

则称在事件 A 发生的条件下, X 与 Y **相互独立**. 其含义是: 若采用概率 P_A, 则 X 与 Y 相互独立. 这并不能推出 X 与 Y 在原始概率 P 下相互独立.

假设 X 与 Y 是离散型随机变量, 状态空间分别记为 S 与 $\hat{S}$. 假设 X 取实数值且期望存在. 记

$$\varphi : \hat{S} \to \mathbb{R}, \quad j \mapsto E(X|Y = j) := \sum_{i \in S} iP(X = i|Y = j).$$

称 $\varphi(Y)$ 为 X 关于 Y 的**条件期望**, 记为 $E(X|Y)$.

假设 (X,Y) 是二维连续型随机向量, 联合密度为 $p_{X,Y}(\cdot,\cdot)$. 对任意 $y \in \mathbb{R}$, 若 $p_Y(y) > 0$, 则称

$$p_{X|Y}(x|y) := \frac{p_{X,Y}(x,y)}{p_Y(y)}, \quad x \in \mathbb{R}$$

为在 $\{Y = y\}$ 的条件下, X 的**条件密度**. 记 $A = \{Y = y\}$, 虽然由 $P(A) = 0$ 知不能定义条件概率 $P_A(\cdot)$, 但不妨碍我们借用 "在事件 A 发生的条件下" 这一表述, 它与直观也是吻合的. 进一步, 假设 X 的期望存在. 令

$$\varphi : \mathbb{R} \to \mathbb{R}, \quad y \mapsto E(X|Y = y) := \int_{-\infty}^{\infty} xp_{X|Y}(y)\mathrm{d}x,$$

称 $\varphi(Y)$ 为 X 关于 Y 的**条件期望**, 记为 $E(X|Y)$.

需要特别注意的是, 条件期望 $E(X|Y)$ 是随机变量, 它是随机变量 Y 的函数. 对于上述离散型和连续型的两种情形, 下面的重期望公式也成立.

命题 0.4.1 (重期望公式) 若 X 的期望存在, 则 $E(X|Y)$ 的期望存在, 且

$$EX = EE(X|Y).$$

§0.5 随 机 过 程

随机过程是人们在大量科学实验和生产实践中提炼出的数学模型. 例如, 花粉颗粒在液体表面不规则移动 (1827), 股票价格的涨落 (1900), 醉汉在街头毫无目的的游逛 (1905), 英文诗词中元音与辅音交替出现 (1906), 等候队列的长短变化, 某动物种群规模的演变 …… 在这些模型中, 人们关心一个随时间变化的 "量", 例如, 花粉颗粒的空间位置、股票价格、队列长度等. 对于一个特定的时刻, 这个 "量" 表现为一个随机变量; 在另一个特定的时刻, 它又表现为另外一个随机变量. 因此, 这个 "量" 最终表现为一族随机变量, 族的参数 (即指标) 就是时间. 这些随机变量之间往往不是相互独立的, 它们的相互依赖关

系取决于模型中这个 "量" 的变化规律. 时间作为自然参数, 是一维的, 而且是有方向的, 即从过去到未来, 这是本书讨论的范围. 但作为数学模型, 族的指标还可以是高维的向量 (甚至更一般). 例如, 各地的地表温度涉及空间的经纬度和时间, 沿海岸线的潮汐变化同样涉及经纬度和时间, 它们作为一族随机变量, 其参数都是三维的. 不过, 这已超出入门课程的范围, 因此本书不涉及.

假设 $(\Omega, \mathscr{F}, P)$ 为概率空间, $(S, \mathscr{S})$ 为可测空间, I 为非空指标集. 将 I 视为 "时间" 参数, 称一族取值于 S 的随机变量 $\mathbf{X} = \{X_\alpha : \alpha \in I\}$ 为一个 **随机过程** (stochastic process). 当 $I = \mathbb{Z}_+ = \{0, 1, 2, \cdots\}$ 或 $\{0, 1, \cdots, n\}$ 时, 称 $\mathbf{X}$ 为 **离散时间参数的随机过程**; 当 $I = \mathbb{R}_+ = [0, \infty)$ 或区间 $[a, b]$ 时, 称 $\mathbf{X}$ 为 **连续时间参数的随机过程**.

将 S 视为空间, 其中的元素视为空间位置. 将 I 视为时间参数, 设想一个粒子在 S 中运动, 则粒子运动的 **轨道** 可用一个以时间参数为自变量、以位置为因变量的映射来刻画. 换言之, 一条 **轨道** 就是一个映射 $\varphi : I \to S$. 对任意时刻 $\alpha \in I$, $\varphi(\alpha)$ 表示粒子在时刻 α 所处的位置. 现在我们将随机过程视为一个随机运动的粒子. 给定时刻 $\alpha \in I$, 粒子的位置是随机变量 X_α; 给定样本 $\omega \in \Omega$, 粒子运动的轨道记为 $\mathbf{X}(\omega)$, 将 α 映为 $X_\alpha(\omega)$. 因此, 在某种意义下, 随机过程可视为一条随机的 "轨道". 这一视角有时可以更好地帮助我们建立粒子运动的直观. 对于一族随机变量而言, 最重要的是它的任意有限维联合分布, 因为它的所有统计学信息都含在这些有限维分布中. 因此, 为了明确一个随机过程, 我们只须指出它的所有有限维联合分布. 在本书中, 我们将介绍三类随机过程: 马氏链 (一个离散时间参数的离散型随机变量族), 跳过程 (一个连续时间参数的离散型随机变量族), 布朗运动 (一个连续时间参数的连续型随机变量族). 在定义这三类随机过程时, 我们或者指出它们的任意有限维联合分布, 或者描述它的轨道 $\mathbf{X}(\omega)$.

为帮助读者更好地掌握随机过程, 下面推荐一些书目供参考. 文献 [5] 是为美国大学生写的课外读物. 文献 [11] 与 [7] 是当代欧洲的大学生教材, 很有借鉴意义. 文献 [9] 的内容更深入一些, 适合作为大学生科研的出发点. 随机游动是马氏链的一个特例. 与一般马氏链相比,人们对随机游动的认识更加深入、丰富、完整. 计划深入学习的同学可以参阅文献 [6] 中的第三章. 文献 [12] 是这方面的权威参考书之一. 如果对群上的随机游动感兴趣, 则可参阅文献 [4] 和 [13].

第一章 马 氏 链

§1.1 定义与例子

一、定义

马尔可夫链 (Markov chain), 简称**马氏链**, 是最基本的随机过程之一. 它十分简单, 且适用面广. 本书只介绍时齐的马氏链, 它刻画了一个在非空可数集 S 上"运动的粒子", 称 S 为**状态空间**, 称 S 中的元素为**状态**, 它也是粒子所处的"位置", 记为 $i, j, \cdots$. 为了直观地理解马氏链, 我们先引入"骰子"的概念. 在一个抽象的骰子中, 每一个面对应着 S 中的一个状态, 因此它的所有投掷结果就对应着集合 S. 对任意 $i \in S$, 在位置 i 上放一个骰子, 它投到 j 的概率为 $p_{ij}, j \in S$. 我们可以将时齐马氏链理解为下面的"数学模型". 让一个粒子在 S 中按照下面的运动规则一步一步地跳跃: 如果粒子位于位置 i, 那么我们 (独立地) 投掷 i 处的骰子, 根据投掷的结果让粒子跳跃. 具体地, 若投掷结果为位置 j, 则让粒子下一步跳至 j. 对任意 $n \in \mathbb{Z}_+ = \{0, 1, 2, \cdots\}$, 将粒子 n 时刻 (即第 n 步) 所处的位置记为 X_n, 则粒子运动的轨道就是 $\{X_n : n \geqslant 0\}$, 简记为 $\{X_n\}$.

假设 $S = \{1, \cdots, n\}$. 骰子与 S 上的分布一一对应. 将 S 上的分布视为"行向量" $\mu = (\mu_1, \cdots, \mu_n)$, 它的第 j 个分量就是 μ_j, 则位置 i 上的骰子对应的分布即可视为 $(p_{i1}, \cdots, p_{in})$, 它刻画的是位置 i 上的粒子下一步所处随机位置的分布. 将其放在矩阵的第 i 行, 我们便得到一个矩阵

$$\mathbf{P} = \begin{pmatrix} p_{11} & \cdots & p_{1n} \\ \vdots & & \vdots \\ p_{n1} & \cdots & p_{nn} \end{pmatrix}.$$

对于一般的可数集 S, 也可以说"第 i 行", 意思是: 将 S 中所有状态编号, 若状态 i 的编号为 r, 则指"第 r 行". "第 j 列"的含义类似. 将 p_{ij} 放在第 i 行、第 j 列, 便得到一个矩阵 $\mathbf{P} = (p_{ij})_{S\times S}$. 它符合下面的定义.

定义 1.1.1 若

$$p_{ij} \geqslant 0, \quad \forall\, i, j \in S; \quad \sum_{j\in S} p_{ij} = 1, \quad \forall\, i \in S,$$

则称 $\mathbf{P} = (p_{ij})_{S\times S}$ 为 S 上的**转移概率矩阵**, 简称**转移矩阵** (transition matrix). 称 p_{ij} 为从 i 到 j 的**转移概率** (transition probability).

注 1.1.2 我们在交代转移矩阵时, 只须提及转移概率中的非零项, 未提及的转移概率默认为 0. 有时, 为了记号更清晰, 我们也将 p_{ij} 记为 $p_{i,j}$.

在上面描述的运动规则下, 只要粒子在时刻 n 处于位置 i, 那么, 无论它前 n 步是如何跳到位置 i 的, 也就是无论它前 $n-1$ 步依次经历过哪些位置, 我们都知道它下一步跳到位置 j 的概率都是 p_{ij}, 因为我们是独立地投掷位置 i 处的骰子. 这一性质成为马氏链定义中的关键性要求, 用条件概率的语言写出来就是下面的 (1.1.1) 式. 假设 S 是可数集, $\{X_n : n \geqslant 0\}$ 是取值于 S 的离散时间参数的随机过程.

定义 1.1.3 若转移矩阵 $\mathbf{P}$ 使得: 对任意 $n \geqslant 0, i_0, \cdots, i_{n-1}, i, j \in S$,

$$P(X_{n+1} = j | X_n = i, X_0 = i_0, \cdots, X_{n-1} = i_{n-1}) = p_{ij}, \quad (1.1.1)$$

则称 $\{X_n\}$ 是 S 上的**(时齐的) 马尔可夫链**, 简称**马氏链**. 此时, 也称 $\mathbf{P} = (p_{ij})_{S\times S}$ 为 $\{X_n\}$ 的**转移矩阵**.

注 1.1.4 鉴于 $P(B|A)$ 在 $P(A) = 0$ 时没有定义, 因此, (1.1.1) 式

成立的意思是: 当等式两边有意义时, 等式成立. 换句话说, 只有在

$$P(X_n = i, X_0 = i_0, \cdots, X_{n-1} = i_{n-1}) > 0$$

时, 才需验证 (1.1.1) 式是否成立. 下文类似, 只要出现验证条件概率的等式, 都是指仅在该条件概率有意义的时候才验证等号成立.

注 1.1.5 由全概率公式可以推出: 对任意 $n \geqslant 0, i_0, \cdots, i_{n-1}, i, j \in S$,

$$P(X_{n+1} = j | X_n = i, X_0 = i_0, \cdots, X_{n-1} = i_{n-1})$$
$$= P(X_{n+1} = j | X_n = i).$$

更一般地, 上式被称为**马氏性** (Markov property), 称满足上式的随机过程 $\{X_n\}$ 为**马氏链**. 当上式右边依赖于 n 时, 称该马氏链是**非时齐的**. 假设 $\{X_n : 0 \leqslant n \leqslant N\}$ 满足上式 (等式中的 n 取遍 $1, \cdots, N-1$), 也称 $\{X_n : 0 \leqslant n \leqslant N\}$ 为**马氏链**.

二、例子

例 1.1.6 (随机游动及其步长分布) 考虑一个在 $\mathbb{Z}$ 上运动的粒子. 它每一次等可能地向左或向右移动一步. 可以认为每个位置 i 上放置了一个骰子, 它投到 $i+1$ 的概率和投到 $i-1$ 的概率都是 $1/2$. 因此, $S = \mathbb{Z}$,

$$p_{i,i+1} = p_{i,i-1} = \frac{1}{2}, \quad \forall i \in \mathbb{Z}.$$

我们也可以用独立地抛一枚公平的硬币的随机试验来刻画这个模型, 就是每次抛到正面则让粒子往右走 (位置加 1), 抛到反面则让粒子往左走 (位置减 1). 我们还可以用随机变量序列来进行刻画, 假设 $\xi_1, \xi_2, \cdots$ 独立同分布,

$$P(\xi_1 = 1) = P(\xi_1 = -1) = \frac{1}{2}.$$

假设 S_0 为取整数值的随机变量, 且它独立于 $\xi_1, \xi_2, \cdots$. 令

$$S_n := S_0 + \xi_1 + \cdots + \xi_n = S_{n-1} + \xi_n.$$

那么, $\{S_n : n \geqslant 0\}$ 为从 S_0 出发的 (一维) **简单随机游动** (simple random walk).

一般地, 令 $S = \mathbb{Z}^d$. 设 $\xi_1, \xi_2, \cdots$ 取值于 $\mathbb{Z}^d$, 独立同分布, 则称如上定义的 $\{S_n : n \geqslant 0\}$ 为 d 维**随机游动**, 称 ξ_1 的分布为**步长分布**. 将第 i 个坐标取 1, 其他坐标取 0 的 d 维向量记为 e_i. 若

$$P(\xi_1 = e_i) = P(\xi_1 = -e_i) = \frac{1}{2d}, \quad i = 1, \cdots, d,$$

则称 $\{S_n\}$ 为 d 维**简单随机游动**.

例 1.1.7 (两状态马氏链)　状态空间为 $S = \{0, 1\}$, 转移概率为

$$p_{01} = 1 - p_{00} = p, \quad p_{10} = 1 - p_{11} = q,$$

其中 $0 < p, q < 1$. 可以说, 两个状态的马氏链是最简单的马氏链. 1905 年, 俄罗斯数学家马尔可夫提出马氏链这一概念时, 他关心的是新模型的数学性质, 并不在意该模型是否有用. 不过他还是给出了一个具体的例子: 普希金的诗歌《叶甫盖尼·奥涅金》(*Eugenie Onegin*) 里某一段 (长度约为 12 页) 中元音字母和辅音字母交替出现的规律. 把元音字母记为 0, 辅音字母记为 1, 他还估计了 p_{01} 和 p_{10}.

例 1.1.8 (埃伦费斯特模型)　设有 N 个不同编号的球和 A, B 两个纸箱. 首先, 随机地把这 N 个球分装在两个纸箱中, 其中纸箱 A 中有 X_0 个球. 然后, 每次独立地以 $1/N$ 的概率选定某一个球, 把它从其所在的纸箱中拿出并放到另一个纸箱中. 将 n 次操作后纸箱 A 中球的个数记为 X_n, 则 $\{X_n\}$ 是马氏链, 状态空间为 $S = \{0, 1, 2, \cdots, N\}$, 转移概率为

$$p_{i,i+1} = 1 - \frac{i}{N}, \quad 0 \leqslant i \leqslant N-1; \quad p_{i,i-1} = \frac{i}{N}, \quad 1 \leqslant i \leqslant N.$$

除了用表达式给出转移矩阵, 我们还可以用**转移概率图**来给出转移矩阵. 在转移概率图中, 每个顶点代表一个状态. 如果 $p_{ij} > 0$, 那么我们画一条从 i 到 j 的有向边, 将 p_{ij} 标记在这条边上. 例如, 埃伦费斯特模型的转移概率图如图 1.1 所示.

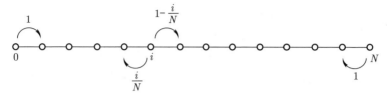

图 1.1 埃伦费斯特模型的转移概率图

例 1.1.9 (更新过程) 假设某物品使用一定时间后便需要更换, 例如, 屋内的照明灯管或灯泡、手机等. 下面, 我们以换灯泡为例介绍更换物品的随机过程. 将灯泡的寿命视为取值为正整数的随机变量 L, 即它用了 L 时间后便需要更换. 假设 $L_1, L_2, \cdots$ 独立同分布, 都与 L 同分布, 其中 L_r 表示第 r 个灯泡的寿命. 假设在时刻 0 放上第一个灯泡, 灯泡坏的时候立刻换上一个新灯泡. 记 $S_0 = 0$,

$$S_n = L_1 + \cdots + L_n, \quad n \geqslant 1,$$

则 $S_0, S_1, S_2, \cdots$ 表示换灯泡的时间, 称为**更新时刻**. 如图 1.2 所示.

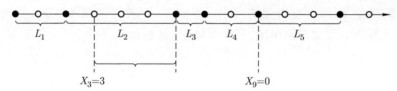

图 1.2 更新时刻的样本

(更新时刻用实心圆标记, 其他时刻用空心圆标记)

记 $X_n = S_{r_n} - n$, 其中 $r_n := \inf\{r : S_r \geqslant n\}$, 它表示时刻 n 正在使用的那个灯泡的余寿, 即它的总寿命减去已经使用的时间. 在图 1.2 上, X_n 就是时刻 n 与它右边最近的更新时刻之间的距离. 例如, 图 1.2 中的 $X_3 = 3$. 当 n 为更新时刻, $X_n = 0$, 它表示被换下的旧灯泡的余寿. $\{X_n\}$ 被称为**更新过程**, 它是马氏链, $S = \mathbb{Z}_+$, 转移概率为

$$p_{i,i-1} = 1, \quad \forall i \geqslant 1; \quad p_{0,i} = P(L = i + 1), \quad \forall i \geqslant 0,$$

转移概率图如图 1.3 所示.

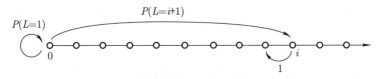

图 1.3   更新过程的转移概率图

例 1.1.10 (图上的随机游动)   假设 V 是非空可数集. 称 V 中元素为**顶点**或**结点**. E 是以 V 的某些无序点对为元素的集合, 即 $E \subseteq \{\{i,j\} : i, j \in V, i \neq j\}$. 若 $i \neq j$ 且 $\{i,j\} \in E$, 则在 i 与 j 之间连一条(无向的) **边**, 并且称 i 与 j **相邻**, 或称它们是**邻居**. 称顶点 i 的邻居的数目为 i 的**度**, 记为 d_i. 称 $G = (V, E)$ 为**简单图**. 若 $n \geqslant 1$, $i_0, i_1, \cdots, i_n \in V$ 满足对任意 $r = 0, \cdots, n-1$, i_{r+1} 与 i_r 相邻, 则称 $(i_0, i_1, \cdots, i_n)$ 为**路径**, 称 n 为该路径的**长度**. 进一步, 若 $i = i_0, j = i_n$, 则称 $(i_0, i_1, \cdots, i_n)$ 为连接 i, j 的路径. 若对任意 $i \neq j$ 都存在连接 i, j 的路径, 则称 G 是**连通的**. 例如, 平面正六边形平铺图和平面正三角形平铺图是连通的简单图, 其局部如图 1.4 所示.

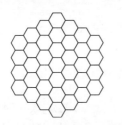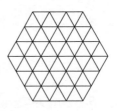

图 1.4   平铺图

(左图为正六边形平铺图的局部, 右图为正三角形平铺图的局部)

假设 G 是连通的简单图, 满足对任意 $i \in V, d_i < \infty$. G 上的**随机游动**指如下马氏链: 粒子每一步在它所处顶点的所有邻居中随机等可能地选择一个并跳过去, 即状态空间为 $S = V$, 转移概率为

$$p_{ij} = \begin{cases} 1/d_i, & \text{若 } j \text{ 与 } i \text{ 相邻}, \\ 0, & \text{其他}. \end{cases}$$

特别地, 设 $V = \mathbb{Z}^d$, 任意两个欧氏距离等于 1 的顶点互为邻居, 则得到的图称为 d **维格点**. 在不引起歧义的情况下, 我们仍然用 $\mathbb{Z}^d$ 表示这个图, 该图上的随机游动就是例 1.1.6 中介绍的 d 维简单随机游动.

将没有圈的简单连通图称为**树**, 记为 $\mathbb{T}$. 其中, 没有圈的意思是任意两点之间仅有一条路径相连. 选定 $\mathbb{T}$ 中的一点作为**根点**, 将其记为 o, 我们便得到一个有根点的树. 若根点的度是 d, 其余每个顶点的度均为 $d+1$, 则称其为**规则树**, 记为 $\mathbb{T}^d$. 例如, $\mathbb{T}^2$ 如图 1.5 所示. 对任意顶点 $u \in \mathbb{T} \setminus \{o\}$, 将连接 u 与 o 的路径的长度记为 $|u|$, 并记 $|o| = 0$. 称 $\{u \in \mathbb{T} : |u| = n\}$ 为 $\mathbb{T}$ 的**第 n 层**. 若 u 与根点 o 相邻, 则称 u 为 o 的**儿子**, 此时, $|u| = 1$. 当 $u \neq o$ 时, 它有且仅有一个邻居 v 满足 $|v| = |u| - 1$, 称 v 为 u 的**父结点**, 称 u 的其他邻居为 u 的**子结点**. o 的任意邻居都称为 o 的**子结点**. 例如, 图 1.5 中的 w_1, w_2 是 u 的子结点. 设 $\{X_n\}$ 是 $\mathbb{T}^d$ 上的随机游动, 则

$$P(X_{n+1} = X_n \text{ 的父结点} \mid X_n \neq o) = \frac{1}{d+1},$$

$$P(X_{n+1} = X_n \text{ 的子结点} \mid X_n \neq o) = \frac{d}{d+1}.$$

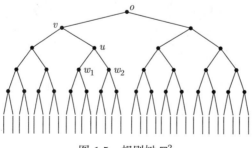

图 1.5 规则树 $\mathbb{T}^2$

三、有限维联合分布

如前所述, 马氏链描述了一个在 S 中运动的粒子, 其运动规则通过转移矩阵 $\mathbf{P}$ 给定. 称 X_0 的分布为**初分布**. 给定初分布 μ, 我们就可以根据 (1.1.1) 式计算出轨道的任意有限维联合分布. 具体地, 对任意 $n \geqslant 0$ 以及 $i_0, \cdots, i_n \in S$,

$$P(X_0 = i_0, X_1 = i_1, \cdots, X_n = i_n) = \mu_{i_0} p_{i_0 i_1} \cdots p_{i_{n-1} i_n}. \quad (1.1.2)$$

反过来, 如果上式对任意 $n \geqslant 0$ 以及 $i_0, \cdots, i_n \in S$ 均成立, 那么根据条件概率的定义不难验证 $\{X_n\}$ 是以 $\mathbf{P}$ 为转移矩阵的马氏链.

命题 1.1.11 (马氏性) 取定 $n \geqslant 1$, $i \in S$. 对任意 $m \geqslant 0$, 令 $Y_m = X_{n+m}$. 则在 $\{X_n = i\}$ 的条件下, $\{Y_m\}$ 是从 i 出发的以 $\mathbf{P}$ 为转移矩阵的马氏链, 并且它与 $\vec{Z} = (X_0, \cdots, X_{n-1})$ 相互独立.

注 1.1.12 固定 n, 将时刻 n 视为 "现在", 那么 X_n 是粒子现在的状态, $\vec{Z}$ 是 "过去" (依次所经历过的状态), $\{Y_m\}$ 是 "将来" (要依次经历的状态). 粗略地说, 马氏性就是在知道现在 (处于哪个具体状态) 的条件下, 过去 (的状态) 与将来 (的状态) 相互独立.

证 (命题 1.1.11) 将条件概率 $P(\cdot|X_n = i)$ 简记为 $\hat{P}(\cdot)$. 对任意 $m \geqslant 0$, $j_0, \cdots, j_m \in S$, 以及任意 $i_0, \cdots, i_{n-1} \in S$, 记

$$\vec{Y} = (Y_0, \cdots, Y_m), \quad \vec{j} = (j_0, \cdots, j_m), \quad \vec{i} = (i_0, \cdots, i_{n-1}).$$

当 $j_0 \neq i$ 时, $\{\vec{Y} = \vec{j}\}$ 与 $\{X_n = i\}$ 不交; 当 $j_0 = i$ 时, 根据 (1.1.2) 式,

$$P(\vec{Z} = \vec{i}, X_n = i, \vec{Y} = \vec{j})$$
$$= P(X_0 = i_0, \cdots, X_{n-1} = i_n, X_n = i, X_{n+1} = j_1, \cdots, X_{n+m} = j_m)$$
$$= \mu_{i_0} p_{i_0 i_1} \cdots p_{i_{n-2} i_{n-1}} p_{i_{n-1} i} \times p_{j_0 j_1} \cdots p_{j_{m-1} j_m}.$$

再根据 (1.1.2) 式,

$$\mu_{i_0}p_{i_0i_1}\cdots p_{i_{n-2}i_{n-1}}p_{i_{n-1}i} = P\left(\vec{Z}=\vec{i}, X_n=i\right)$$
$$= P(X_n=i)\hat{P}\left(\vec{Z}=\vec{i}\right).$$

因此, 无论 j_0 是否等于 i, 我们总有

$$P\left(\vec{Z}=\vec{i}, X_n=i, \vec{Y}=\vec{j}\right)$$
$$= P(X_n=i)\hat{P}\left(\vec{Z}=\vec{i}\right) \times \left(\mathbf{1}_{\{j_0=i\}}p_{j_0j_1}\cdots p_{j_{m-1}j_m}\right).$$

上式两边同时除以 $P(X_n=i)$, 即得

$$\hat{P}\left(\vec{Z}=\vec{i}, \vec{Y}=\vec{j}\right) = \hat{P}\left(\vec{Z}=\vec{i}\right)\mathbf{1}_{\{j_0=i\}}p_{j_0j_1}\cdots p_{j_{m-1}j_m}.$$

根据命题 0.2.7, 由 m, $\vec{j}$, $\vec{i}$ 的任意性知命题成立. □

假设 $r \geqslant 1$, $0 \leqslant n_1 < \cdots < n_r < n < n+m$, $i_1, \cdots, i_r, i, j \in S$. 根据马氏性, 在已知 $\{X_n=i\}$ 的条件下, $(X_{n_1}, \cdots, X_{n_r})$ 与 X_{n+m} 相互独立, 因为前者可以视为命题 1.1.11 中的过去轨道 $\vec{Z}$ 的函数, 而后者可以视为命题 1.1.11 中的将来轨道 $\{Y_n\}$ 的函数. 于是,

$$P(X_{n+m}=j|X_n=i, X_{n_1}=i_1, \cdots, X_{n_r}=i_r)$$
$$= P(X_{n+m}=j|X_n=i). \tag{1.1.3}$$

根据时齐性, $P(X_{m+n}=j|X_n=i)$ 是不依赖于 n 的常值, 将其记为 $p_{ij}^{(m)}$. 有时为了更清晰, 也记为 $p_{i,j}^{(m)}$. 不难看出, $p_{ij}^{(0)} = \mathbf{1}_{\{i=j\}}$, $p_{ij}^{(1)} = p_{ij}$. 一般地, 我们可以按照 X_n 的取值划分样本空间, 并由全概率公式与 (1.1.3) 式得到如下命题.

命题 1.1.13 (查普曼 – 科尔莫戈罗夫等式) 对任何 $i, j \in S$, 任何 $m, n \geqslant 0$,

$$p_{ij}^{(n+m)} = \sum_{k \in S} p_{ik}^{(n)} p_{kj}^{(m)}.$$

由数学归纳法, 查普曼–科尔莫戈罗夫等式蕴含着

$$p_{ij}^{(n)} = (\mathbf{P}^n)_{ij}. \tag{1.1.4}$$

定义 1.1.14 称 $p_{ij}^{(n)}$ 为从 i 到 j 的 n 步**转移概率**. 称矩阵 $\mathbf{P}^n = (p_{ij}^{(n)})_{S \times S}$ 为马氏链的 n 步**转移概率矩阵**, 简称**转移矩阵**.

根据 (1.1.3) 式, 我们可以把 (1.1.1) 式进行如下推广: 对任意 $0 = n_0 < n_1 < \cdots < n_r$, $i_0, i_1, \cdots, i_r \in S$,

$$\begin{aligned} &P(X_0 = i_0, X_{n_1} = i_1, X_{n_2} = i_2, \cdots, X_{n_r} = i_r) \\ &= \mu_{i_0} p_{i_0 i_1}^{(m_1)} p_{i_1 i_2}^{(m_2)} \cdots p_{i_{r-1} i_r}^{(m_r)}, \end{aligned} \tag{1.1.5}$$

其中 $m_s = n_s - n_{s-1}$, $\forall s$.

四、马氏链的构造

假设 S 为状态空间, $\mathbf{P} = (p_{ij})_{S \times S}$ 为 S 上的转移矩阵, $\mu = \{\mu_i : i \in S\}$ 为 S 上的分布. 取一列独立同分布的随机变量 $U_0, U_1, U_2, \cdots$, 它们都服从区间 $(0, 1)$ 上的均匀分布 $U(0, 1)$. 下面, 我们给出一种马氏链的构造方法: 从这列随机变量 $\{U_n\}$ 出发, 选取适当的函数, 并得到一个 S 上以 $\mathbf{P}$ 为转移矩阵、以 μ 为初始分布的马氏链 $\{X_n\}$.

给定 $n \geqslant 1$, 将 n 视为 "现在". 根据马氏链的定义, 若已知现在的状态是 i, 即已知 $\{X_n = i\}$ 发生, 则下一步的随机变量 X_{n+1} 与过去的随机轨道 $(X_0, \cdots, X_{n-1})$ 是相互独立的. 换句话说, X_{n+1} 的分布被 X_n 完全确定. 由于再下一步 X_{n+2} 的分布又可以由 X_{n+1} 的取值完全确定, 因此我们可以利用递归的办法来定义这列 $X_0, X_1, \cdots$.

将 S 中的状态进行编号, 不妨设 $S = \{1, 2, \cdots, N\}$ 或 $\{1, 2 \cdots\}$. 取 $g : (0, 1] \to S$, 使得对任意 $i \geqslant 1$,

$$g(u) := i, \quad \forall u \in \left(\sum_{r=1}^{i-1} \mu_r, \ \sum_{r=1}^{i} \mu_r \right].$$

那么,

$$P\left(g(U_0) = i\right) = P\left(\sum_{r=1}^{i-1} \mu_r < U \leqslant \sum_{r=1}^{i} \mu_r\right) = \mu_i, \quad \forall i \geqslant 1,$$

即 $g(U_0) \sim \mu$.

对任意 $i \in S$, 取 $f(i, \cdot) : (0, 1] \to S$, 使得对任意 $i \geqslant 1$,

$$f(i, u) := j, \quad \forall u \in \left(\sum_{r=1}^{j-1} p_{ir}, \sum_{r=1}^{j} p_{ir}\right].$$

那么, 对任意 $n \geqslant 1$,

$$P\left(f(i, U_n) = i\right) = P\left(\sum_{r=1}^{j-1} p_{ir} < U \leqslant \sum_{r=1}^{j} p_{ir}\right) = p_{ij}, \quad \forall j \geqslant 1.$$

令 $X_0 := g(U_0)$, 并递归地定义

$$X_{n+1} := f(X_n, U_{n+1}), \quad n = 0, 1, 2, \cdots.$$

命题 1.1.15 $\{X_n\}$ 是以 μ 为初分布、以 $\mathbf{P}$ 为转移矩阵的马氏链.

上述命题的证明留作习题.

补充知识: 样本轨道空间与非时齐马氏链

1. 样本轨道空间

马氏链刻画如下模型: 我们在空间 S 的每一个位置上放一个骰子, 按某个初分布 μ 将粒子放置在 S 中的某个随机位置, 然后让粒子在 S 中一步一步地跳跃. 这个模型本质上在做一个很大的随机试验, 试验结果 ω (即样本) 就是粒子运动的轨道, 记为 $(i_0, i_1, \cdots)$, 其中 i_n 是粒子在 n 时刻的位置. 因此这个随机试验的样本空间 Ω 就是轨道空间 $S^{\mathbb{Z}_+} = \{\omega = (i_0, i_1, \cdots) : i_n \in S, \ \forall n \in \mathbb{Z}_+\}$, 它被称为**样本轨道空间**, 其中的 ω 也被称为**样本轨道**. 将粒子在时刻 n 的位置记为 X_n, 它是随机变量, 同时, 根据样本轨道的定义, $X_n(\omega)$ 就是轨道 ω 的第 n 个

坐标 i_n. 这样定义的 $\{X_n\}$ 被称为样本轨道空间 Ω 上的**坐标过程**. 样本轨道空间与坐标过程是描述马氏链的最简单的样本空间与随机变量族, 它们从直观上描述了粒子运动的模型. 在研究马氏链时, 我们总可以不妨假设考虑的就是上面的随机试验.

2. 非时齐马氏链

马氏性的本意是在已知现在状态的条件下, 过去与将来独立, 它本质上并不要求粒子每一步跳跃的规律必须一样. 换言之, 我们可以有一列转移矩阵 $\mathbf{P}_n = (p_{n;i,j})_{S \times S}$, $n = 1, 2, \cdots$. 若 $\mathbf{P}_n \equiv \mathbf{P}$, 则称之为时齐的马氏链. 这就是我们前文定义的马氏链, 也是本书研究的对象. 否则, 称之为非时齐的马氏链. 对于非时齐的马氏链, 若 $X_0 \sim \mu$, 则

$$P(X_0 = i_0, \cdots, X_n = i_n) = \mu_{i_0} p_{1;i_0 i_1} p_{2;i_1 i_2} \cdots p_{n;i_{n-1} i_n}.$$

这是 (1.1.2) 式的推广.

习　　题

1. 假设 $X_0, X_1, X_2, \cdots$ 独立同分布, X_0 是离散型随机变量, 分布为 μ. 证明 $\{X_n\}$ 是马氏链, 并求其转移概率.

2. 假设 $\{S_n\}$ 是一维简单随机游动. 对任意 $n \geqslant 0$, 令 $X_n = \max\limits_{0 \leqslant k \leqslant n} S_k$. 试问: $\{X_n\}$ 是马氏链吗? 请证明你的结论.

3. 某数据通信系统由 n 个中继站组成, 从上一站向下一站传送信号 0 或 1 时, 接收的正确率为 p. 现用 X_0 表示初始站发出的数字, 用 X_k 表示第 k 个中继站接收到的数字.

(1) 写出 $\{X_k : 0 \leqslant k \leqslant n\}$ 的转移概率.

(2) 求

$$P(X_0 = 1 | X_n = 1) = \frac{\alpha + \alpha(p-q)^n}{1 + (2\alpha - 1)(p-q)^n},$$

其中 $\alpha = P(X_0 = 1)$, $q = 1 - p$. 并解释上述条件概率的实际意义.

4. 在例 1.1.9 中, 记 $Y_n = n - S_{u_n}$, 其中 $u_n = \sup\{u : S_u \leqslant n\}$. 它为时刻 n 与它左边最近的更新时刻之间的距离, 即时刻 n 正在用的那

个灯泡已经使用的时间. 特别地, 若 n 为更新时刻, 则 $Y_n = 0$. 证明 $\{Y_n\}$ 是马氏链, 并求其转移概率. (注: 称 $\{Y_n\}$ 为**老化过程**.)

5. 某篮球运动员投篮成功的概率取决于他前两次的投球成绩. 如果前两次都成功, 则投球成功的概率为 3/4; 如果前两次都失败, 则投球成功的概率为 1/2; 如果前两次投球中有一次成功和一次失败, 则成功的概率为 2/3.

(1) 试用马氏链来刻画该运动员连续投球的过程.

(2) 将他第 n 次投球成功的概率记为 p_n, 求 $\lim\limits_{n\to\infty} p_n$.

6. 某车间最多可以安放 s 台机床. 如果第 n 个星期开始上班时共有 $X_n = i$ 台机床可以使用, 车间主任就订购 $s - i$ 台新机床, 可于周末到货, 并于下星期开始上班时投入使用. 而在这个星期中又有 Y_n 台车床报废, 因此 $X_{n+1} = s - Y_n$. 假设

$$P(Y_n = j | X_n = i, X_0 = i_0, \cdots, X_{n-1} = i_{n-1}) = 1/(1+i),$$
$$j = 0, \cdots, i.$$

(1) 写出 $\{X_n\}$ 的转移概率.

(2) 令 $a_n = EX_n$. 试给出序列 $a_0, a_1, a_2, \cdots$ 的递推式, 并求 $\lim\limits_{n\to\infty} EX_n$.

7. 假设某加油站给一辆车加油需要一个单位时间 (比如, 5 分钟). 令 ξ_n 是第 n 个单位时间来加油的汽车数. 假设 $\xi_1, \xi_2, \cdots$ 独立同分布, 取值非负整数, $P(\xi_1 = k) = p_k$, $k \geqslant 0$. 在任意时刻 n, 如果加油站有车, 那么加油站为其中一辆车加油 (耗时一个单位时间, 然后该汽车在时刻 $n+1$ 离开加油站); 否则, 加油站什么都不做. 将 n 时刻加油站中的汽车数记为 X_n. 写出 $\{X_n\}$ 的状态空间与转移概率.

8. 一个粒子在三角形的三个顶点之间跳跃. 它每一步独立地跳跃, 按顺时针方向移动的概率为 $p \in (0,1)$, 按逆时针方向移动的概率为 $1 - p$. 试求 "n 步之后该粒子恰好位于出发点" 的概率 p_n, 并计算 $\lim\limits_{n\to\infty} p_n$.

9. 设 $S = \{1,2,3,4\}$, 转移矩阵 $\mathbf{P}$ 如下:

$$\mathbf{P} = \begin{pmatrix} 0 & 0 & 0.6 & 0.4 \\ 0 & 0 & 0.2 & 0.8 \\ 0.25 & 0.75 & 0 & 0 \\ 0.5 & 0.5 & 0 & 0 \end{pmatrix}.$$

求: (1) $\mathbf{P}^2$; (2) $p_{ii}^{(2n)}$, $i = 1, 2, 3, 4$.

10*. 假设 $\mathbf{P}$ 是 S 上的转移矩阵, $\hat{S}$ 是可数集, $f : S \to \hat{S}$ 是满射, 满足: 对所有 $i, i' \in S$, 若 $f(i) = f(i')$, 则

$$\sum_{j:f(j)=k} p_{ij} = \sum_{j:f(j)=k} p_{i'j}, \quad \forall k \in \hat{S}.$$

证明: 若 $\{X_n\}$ 是 S 上以 $\mathbf{P}$ 为转移矩阵的马氏链, 则 $\{f(X_n)\}$ 是 $\hat{S}$ 上的马氏链.

11. 假设 $\{X_n\}$ 是规则树 $\mathbb{T}^d$ 上的随机游动, 取 $Y_n = |X_n|$ (参见例 1.1.10). 根据上题, $\{Y_n\}$ 是马氏链. 试写出 $\{Y_n\}$ 的状态空间与转移概率.

12. (Polya 坛子) 假设坛中最初有一个红球、一个黑球和一个白球. 每一步从坛中随机拿出一个球, 再将此球连同一个与之同色的球一起放回坛中. 假设 n 步后坛中有 R_n 个红球、B_n 个黑球、W_n 个白球, 令 $X_n = (R_n, B_n, W_n)$.

(1) 证明 $\{X_n\}$ 是马氏链, 并写出其状态空间与转移概率.

(2) 已知 $X_0 = (1, 1, 1)$, 求 X_n 的分布.

(3) 求 $P(X_n = (i, j, k), X_{n+1} = (i+1, j, k))$.

13. 假设 $\{X_n\}$ 是马氏链. 证明: 对任意 $n \geqslant 1$, 任意状态 i 以及任意状态空间的子集 $B_0, \cdots, B_{n-1}, A$,

$$P(X_{n+1} \in A | X_n = i, X_0 \in B_0, \cdots X_{n-1} \in B_{n-1})$$
$$= P(X_{n+1} \in A | X_n = i).$$

14. 证明命题 1.1.15.

15*. 假设对任意 $n \geqslant 0$, $i \in S$, $f(n, i, \cdot) : [0, 1] \to S$, 使得对任意 $U \sim U(0, 1)$,

$$P(f(n; i, U) = j) = p_{n;i,j}, \quad j \in S.$$

(1) 证明: 对任意 $n \geqslant 0$, $\mathbf{P}_n = (p_{n;i,j})_{S \times S}$ 为转移矩阵.

(2) 假设 $X_0, U_1, U_2, \cdots$ 相互独立, $U_n \sim U(0, 1)$, $n \geqslant 1$, X_0 取值于 S. 递归定义 $X_{n+1} = f(n + 1; X_n, U_{n+1})$, $n = 0, 1, 2, \cdots$. 证明: $\{X_n\}$ 是马氏链. (注: $\{X_n\}$ 可以为非时齐的.)

§1.2 不变分布与可逆分布

一、不变分布

假设 $\{X_n\}$ 是以 $\mathbf{P}$ 为转移概率的马氏链. 如果初分布为 μ, 即 $X_0 \sim \mu$, 那么根据 (1.1.2) 式, 对任意 $n \geqslant 0$ 以及 $i_0, \cdots, i_n \in S$,

$$P(X_0 = i_0, X_1 = i_1, \cdots, X_n = i_n) = \mu_{i_0} p_{i_0 i_1} \cdots p_{i_{n-1} i_n}.$$

为了强调初分布 μ, 我们将上式中的概率 P 记为 P_μ. 当 $\mu_i = 1$ 时, 我们称 i 为 $\{X_n\}$ 的初始位置, 并将该初分布对应的 P_μ 简记为 P_i. 因此,

$$P_i(X_0 = i_0, X_1 = i_1, \cdots, X_n = i_n) = \mathbf{1}_{\{i_0 = i\}} \cdot p_{i_0 i_1} \cdots p_{i_{n-1} i_n},$$

并且根据条件概率的定义与全概率公式, 对任意初分布 μ, 我们总有如下关系式:

$$P_i(A) = P_\mu(A | X_0 = i), \quad P_\mu(A) = \sum_{i \in S} \mu_i P_i(A).$$

分别将 P_i 与 P_μ 对应的期望记为 E_i 和 E_μ. 根据 (1.1.2) 式, $\{X_n\}$ 的有限长的轨道分布被其初分布 μ 和转移矩阵 $\mathbf{P}$ 完全决定. 例如, 我们可以算出

$$P_\mu(X_1 = j) = \sum_{i \in S} P_\mu(X_0 = i, X_1 = j) = \sum_{i \in S} \mu_i p_{ij}. \tag{1.2.1}$$

现在, 我们将 S 上的分布 μ 视为行向量, 第 i 个分量 (或第 i 列的分量) 就是 μ_i. 类似于矩阵理论中的行向量右乘矩阵得到一个新的行向量, 我们知道 $\mu\mathbf{P}$ 还是 S 上的分布, 其第 j 列的分量就是 $\sum_{i\in S}\mu_i p_{ij}$. 那么, 根据上面的公式 (1.2.1), 若 $X_0\sim\mu$, 则 $X_1\sim\mu\mathbf{P}$.

定义 1.2.1 假设 $\pi=\{\pi_j:j\in S\}$ 为 S 上的测度. 若 π 满足如下**不变方程**:

$$\pi_j=\sum_{k\in S}\pi_k p_{kj},\quad \forall\, j\in S,$$

则称 π 为 $\mathbf{P}$ 的**不变测度**. 进一步, 若 π 还是分布, 则称 π 为**不变分布** (invariant distribution), 也称 π 为以 $\mathbf{P}$ 为转移矩阵的马氏链的不变测度或不变分布.

注 1.2.2 显然, $\pi_i\equiv 0$ 是不变测度, 它是平凡的不变测度. 若 π 是非平凡的不变测度, 并且 $\sum_{i\in S}\pi_i<\infty$, 那么, 我们总可以将其归一化, 得到不变分布 $\left\{\dfrac{\pi_i}{\sum_{j\in S}\pi_j}:i\in S\right\}$.

注 1.2.3 假设 π 为不变分布. 如果 $X_0\sim\pi$, 那么,

$$(X_0,X_1,\cdots,X_n)\stackrel{d}{=}(X_m,X_{m+1},\cdots,X_{m+n}),\quad n,m\geqslant 1.$$

满足上式的过程被称为**平稳过程** (stationary process). 对于一个平稳过程, 任意时刻 m 都可以被视为时间起点. 对于马氏链而言, 因为同样的初分布带来同样的有限步轨道分布. 因此, 不变分布也被称为**平稳分布** (stationary distribution).

如果 S 有限, 不妨设 $|S|=N$. 那么, 从线性代数的观点来看, 非平凡的不变测度对应的行向量是 $N\times N$ 矩阵 $\mathbf{P}$ 的特征值为 1 的左特征向量, 视为行向量时, 不变方程就可以改写为

$$\pi = \pi \mathbf{P}.$$

于是, 我们可以通过解线性方程组来求不变分布.

注 1.2.4 当 S 有限时, 不变分布总是存在的. 为了得到这一结论, 目前可以用数学分析中的知识进行推导 (见本节习题 8); 也可以直接用线性代数中的Perron-Frobenius 定理. 在后面的课程中, 我们还将用概率论自身的知识来证明不变分布的存在性.

例 1.2.5 (两状态马氏链, 例 1.1.7 续) $S = \{0,1\}$, $p_{01} = p$, $p_{10} = q$, 其中 $0 < p, q < 1$. 如果写成矩阵, 第一行 (或列) 对应状态 0, 第二行 (或列) 对应状态 1, 那么, 转移矩阵 $\mathbf{P}$ 形如:

$$\begin{pmatrix} 1-p & p \\ q & 1-q \end{pmatrix}.$$

此时, 不变分布 π 所满足的方程组为

$$\begin{cases} \pi_0 p_{00} + \pi_1 p_{10} = \pi_0, \\ \pi_0 p_{01} + \pi_1 p_{10} = \pi_1. \end{cases}$$

这两个方程本质上是同一个, 因为分别对它们的左右两边求和是个恒等式 $\pi_0 + \pi_1 = \pi_0 + \pi_1$. 一般地, 如果 $S = |N|$, 那么不变分布的方程组 $\pi \mathbf{P} = \pi$ 实质上只有 $N-1$ 个方程. 这 $N-1$ 个方程, 结合归一化条件 $\sum_{i \in S} \pi_i = 1$ 可解出 π. 在这个例题中, 我们解得

$$\pi_0 = \frac{q}{p+q}, \quad \pi_1 = \frac{p}{p+q}.$$

当 S 可列或者 N 很大时, 通过解方程组 $\pi = \pi \mathbf{P}$ 来寻找不变分布的办法就不太可行了. 不过, 对于一些比较特殊的转移矩阵, 我们可以从转移概率图的结构着手来寻找不变分布. 事实上, 对 S 的任意子集 A,

$$\sum_{i \notin A, j \in A} \pi_i p_{ij} = \sum_{i \in A, j \notin A} \pi_i p_{ij}. \tag{1.2.2}$$

上式的证明留作习题. 反过来, 如果上式对 S 的任意子集 A 都成立,
那么我们可以将 A 取为任意单点集 $\{i\}$, 便知 π 是不变分布. 换句话
说, π 是不变分布当且仅当 (1.2.2) 式对任意 $A \subseteq S$ 成立. 这个等价条
件有时候也可以帮助我们寻找不变分布.

例 1.2.6 (更新过程, 例 1.1.9 续) $S = \mathbb{Z}_+$, 转移概率为

$$p_{i,i-1} = 1, \quad \forall i \geqslant 1; \quad p_{0,i} = P(L = i+1), \quad \forall i \geqslant 0,$$

其中 L 代表 (第一个) 灯泡的寿命.

假设 π 为不变分布. 固定 $i \geqslant 1$, 取

$$A = \{i, i+1, i+2, \cdots\},$$

它即是图 1.6 中虚线画出的范围. 由于粒子从 A 中跳到 A^c 中时只能
是从 i 跳到 $i-1$, 因此 (1.2.2) 式的右边等于 $\pi_i p_{i,i-1} = \pi_i$; 而粒子从
A^c 中跳到 A 中, 只能是从 0 跳至 A 中的某个状态 j, 因此 (1.2.2) 式
的左边等于 $\pi_0 p_{0,i} + \pi_0 p_{0,i+1} + \cdots = \pi_0 P(L \geqslant i+1)$. 根据 i 的任意性,
π 必须满足

$$\pi_i = \pi_0 P(L \geqslant i+1), \quad \forall i \geqslant 1.$$

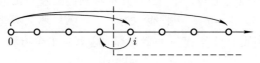

图 1.6　跳跃方向示意图

$(A = \{i, i+1, i+2, \cdots\})$

进一步, π 还须满足规范性: $\sum_{i=0}^{\infty} \pi_i = 1$, 即

$$1 = \pi_0 \left(1 + P(L \geqslant 2) + P(L \geqslant 3) + \cdots\right) = \pi_0 EL.$$

当 $EL = \infty$ 时, 分布的规范性不能被满足, 因此不变分布不存在. 当
$EL < \infty$ 时, 如果 π 是不变分布, 它必须形如

$$\pi_0 = \frac{1}{EL}, \quad \pi_i = \frac{P(L \geqslant i+1)}{EL}, \quad i = 1, 2, \cdots.$$

反过来, 不难验证, 上式定义的 π 确实满足不变方程, 因此它是 (唯一的) 不变分布.

例 1.2.7 假设 $S = \mathbb{Z}_+$, 转移概率为 $p_{01} = 1$; 对任意 $i \geqslant 1$,

$$p_{i,i-1} = \frac{\lambda}{\lambda + 1}, \quad p_{i,i+k} = \frac{p_k}{\lambda + 1}, \quad \forall k \geqslant 1,$$

其中, $\sum_{k=1}^{\infty} p_k = 1$. 求该马氏链的不变分布.

解 假设 π 是不变分布. 给定 $i \geqslant 2$, 取 $A = \{i, i+1, i+2, \cdots\}$. 与例 1.2.6 类似, 如图 1.7 所示, 由于粒子从 A 中跳到 A^c 中时只能是从 i 跳到 $i-1$, 因此 (1.2.2) 式的右边等于 $\pi_i p_{i,i-1} = \pi_i$; 粒子从 A^c 中跳至 A 中, 可以从状态 $i-1$ 及其左边的某个状态 j 跳至状态 i 及其右边的某个状态 l. 记 $f_r := \sum_{k=r}^{\infty} p_k$, 则 (1.2.2) 式的左边等于

$$\sum_{j=1}^{i-1} \sum_{l=i}^{\infty} \pi_j p_{jl} = \sum_{j=1}^{i-1} \pi_j \sum_{k=i-j}^{\infty} \frac{p_k}{\lambda + 1} = \frac{1}{\lambda + 1} \sum_{j=1}^{i-1} \pi_j f_{i-j}.$$

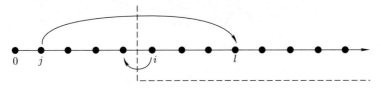

图 1.7 跳跃方向示意图

$(A = \{i, i+1, i+2, \cdots\}, \, l = j + k)$

粒子从 A 中跳至 A^c 中, 只能从状态 i 跳至状态 $i-1$, 因此概率流很简单, 就是从 i 流向 $i-1$, 总流量为 $\pi_i \dfrac{\lambda}{\lambda + 1}$. 由 i 的任意性, 不变分布必须满足如下方程组:

$$\pi_i = \frac{1}{\lambda} \sum_{j=1}^{i-1} \pi_j f_{i-j}, \quad \forall i \geqslant 2. \tag{1.2.3}$$

将上式对 i 求和可得

$$1 - \pi_0 - \pi_1 = \frac{1}{\lambda} \sum_{i=2}^{\infty} \sum_{j=1}^{i-1} \pi_j f_{i-j} = \frac{1}{\lambda} \sum_{j=1}^{\infty} \sum_{i=j+1}^{\infty} \pi_j f_{i-j}$$

$$= \frac{1}{\lambda} \left(\sum_{j=1}^{\infty} \pi_j \right) \left(\sum_{r=1}^{\infty} f_r \right).$$

由于

$$\sum_{r=1}^{\infty} f_r = \sum_{r=1}^{\infty} \sum_{k=r}^{\infty} p_k = \sum_{k=1}^{\infty} \sum_{r=1}^{k} p_k = \sum_{k=1}^{\infty} k p_k = m,$$

因此当

$$m := \sum_{k=1}^{\infty} k p_k = \infty$$

时, 不变分布不存在. 当 $m < \infty$ 时, 我们推出不变分布必须满足:

$$1 - \pi_0 - \pi_1 = \frac{m}{\lambda}(1 - \pi_0).$$

进一步, 根据状态 0 处的不变方程,

$$\pi_0 = \sum_{i \in S} \pi_i p_{i0} = \pi_1 \frac{\lambda}{\lambda + 1}.$$

因此,

$$\pi_0 = \frac{\lambda - m}{\lambda - m + \lambda + 1}, \quad \pi_1 = \frac{\lambda - m}{\lambda - m + \lambda + 1} \cdot \frac{\lambda + 1}{\lambda}.$$

最后, 根据递推式 (1.2.3) 可得到 π_i, $i \geqslant 2$. 当 $\lambda \leqslant m$ 时, 这显然不是不变分布, 因此不变分布不存在. 当 $\lambda > m$ 时, 不难验证这就是不变分布.

对某些特殊的模型, 我们还可以利用空间的平移不变性寻找不变分布.

例 1.2.8 (离散圆周上的随机游动) 假设 $N \geqslant 3$. 考虑有 N 个顶点的离散圆周 $\mathbb{S}_N = \{0, 1, \cdots, N-1\}$ 上的马氏链 $\{X_n\}$, 其转移概率为

$$p_{01} = p_{12} = \cdots = p_{N-2,N-1} = p_{N-1,0} = p,$$

$$p_{0,N-1} = p_{10} = \cdots = p_{N-1,N-2} = 1 - p,$$

其中 $0 < p < 1$. 当 $p = 1/2$ 时, $\{X_n\}$ 就是 $\mathbb{S}_n$ 上的简单随机游动. 下面, 我们利用空间的平移不变性寻找不变分布. 将 N 等同于 0, 并且将 -1 等同于 $N-1$. 于是, 不变方程等价于

$$\pi_i = p\pi_{i-1} + (1-p)\pi_{i+1}, \quad \forall i \in S.$$

因此, 不难验证 $\pi_i \equiv 1$ 满足不变方程. 将其归一化得到 $\pi_i = 1/N$, $i \in S$, 代入上述方程便知 π 就是不变分布.

二、可逆分布

称如下方程组为**细致平衡条件**:

$$\pi_i p_{ij} = \pi_j p_{ji}, \quad \forall i, j \in S. \tag{1.2.4}$$

定义 1.2.9 假设 $\mathbf{P}$ 不可约, π 为 S 上的非平凡的测度. 若细致平衡条件 (1.2.4) 成立, 则称 π 为 $\mathbf{P}$ 的**配称测度** (symmetric measure). 此时, 称 $\mathbf{P}$ 为**可配称的**. 进一步, 若 π 是分布, 则称 π 为 $\mathbf{P}$ 的**可逆分布** (reversible distribution). 此时, 称 $\mathbf{P}$ 为**可逆的**(reversal).

注 1.2.10 配称测度是不变测度. 可逆分布是满足细致平衡条件的不变分布, 也是满足规范性的配称测度.

注 1.2.11 假设 π 是不变分布, $\{X_n\}$ 是以 π 为初分布、以 $\mathbf{P}$ 为转移矩阵的马氏链. 固定 N, 令 $Y_n := X_{N-n}$, 则 $\{Y_n : 0 \leqslant n \leqslant N\}$ 被称为 $\{X_n : 0 \leqslant n \leqslant N\}$ 的**时间倒逆过程**, 简称**逆过程**. 那么, $\{Y_n : 0 \leqslant$

$n \leqslant N$} 也是马氏链, 其转移概率为

$$\tilde{p}_{ij} = \frac{\pi_j p_{ji}}{\pi_i}, \quad \forall i, j \in S. \tag{1.2.5}$$

因此, π 是可逆分布指的是 $\tilde{\mathbf{P}} = \mathbf{P}$, 即逆过程 {$Y_n : 0 \leqslant n \leqslant N$} 与原过程 {$X_n : 0 \leqslant n \leqslant N$} 具有相同的初分布和转移概率. 此时, 我们也称以 π 为初分布、以 $\mathbf{P}$ 为转移矩阵的马氏链是**可逆的**.

可逆分布的优越性之一是容易计算. 我们先看一个简单的例子.

例 1.2.12 (生灭链) 生灭链刻画某群体中的个体数目. 假设现在有 i 个个体, 经过一个单位时间后, 群体中会增加一个个体 (即一个新个体出生), 概率为 b_i , 或减少一个个体 (即一个个体灭亡) , 概率为 d_i. 那么, 群体中的个体数是马氏链, 其状态空间为 $S = \mathbb{Z}_+$, 转移概率为

$$p_{i,i+1} = b_i, \quad \forall\, i \geqslant 0; \quad p_{i,i-1} = d_i, \quad \forall\, i \geqslant 1,$$

其中 $b_0 = 1, b_i + d_i = 1, \forall i \geqslant 1$.

在生灭链中, 我们进一步假设 $b_i, d_i > 0, i \geqslant 1$. 取 $j = i - 1$, 那么细致平衡条件 (1.2.4) 便转化为

$$\pi_i d_i = \pi_{i-1} b_{i-1}, \quad \forall\, i \geqslant 1.$$

这表明 $\pi_i = \pi_{i-1} \dfrac{b_{i-1}}{d_i}, i \geqslant 1$. 迭代后, 我们推出可逆分布必须满足如下方程组:

$$\pi_i = \pi_0 \frac{b_0 \cdots b_{i-1}}{d_1 \cdots d_i}, \quad \forall\, i \geqslant 1.$$

事实上, 上述方程组已经包含了所有使得 $p_{ij} > 0$ 的方程组, 因此它的解就是配称测度.

令

$$C := 1 + \sum_{i=1}^{\infty} \frac{b_0 \cdots b_{i-1}}{d_1 \cdots d_i}.$$

当 $C < \infty$ 时,

$$\pi_0 = \frac{1}{C}, \quad \pi_i = \frac{1}{C} \cdot \frac{b_0 \cdots b_{i-1}}{d_1 \cdots d_i}, \quad i \geqslant 1$$

是可逆分布. 当 $C = \infty$ 时, 可逆分布不存在, 事实上, 此时不变分布也不存在.

一般地, 假设对任意 $i, j \in S$, 都有 $p_{ij} > 0 \Leftrightarrow p_{ji} > 0$ (否则可逆分布不存在). 那么, 我们总可以通过下面的流程 (i) $\sim$ (iii) 来求可逆分布:

(i) 取定 o, 记 $S_0 = \{o\}$.

(ii) 通过细致平衡条件, 归纳定义从 o 出发经过 n 步才能到达的状态 i 的 π_i. 具体地, 对 $n \geqslant 1$, 记

$$S_n = \{i \in S : p_{oi}^{(n)} > 0\} \setminus (S_0 \cup \cdots \cup S_{n-1}),$$

假设 $\bigcup_{n=0}^{\infty} S_n = S$ (否则情况比较复杂, 我们以后再讨论). 对任意 $i \in S_n$, 随便取一个 $k \in S_{n-1}$, 使得 $p_{ki} > 0$, 并令

$$\pi_i = \frac{\pi_k p_{ki}}{p_{ik}}. \tag{1.2.6}$$

(iii) 验证细致平衡条件 (1.2.4), 并进一步将 π 归一化, 结论为以下三种情形之一:

情形一 存在两个状态 i, j, 使得 $\pi_i p_{ij} \neq \pi_j p_{ji}$, 则 **P** 没有配称测度, 从而也没有可逆分布.

情形二 细致平衡条件 (1.2.4) 成立, 但 π 不可以归一化, 则 **P** 有配称测度, 但没有可逆分布.

情形三 细致平衡条件 (1.2.4) 成立, 且 π 可以归一化, 则可取到恰当的 π_o, 使得 π 就是 **P** 的可逆分布.

例 1.2.13 (有限图上的随机游动, 例 1.1.10 续) 假设 $\{X_n\}$ 是连通图 $G = (V, E)$ 上的随机游动, 其中 $|V| < \infty$. 假设顶点 i 的度为 d_i. 对所有顶点 i, 令 $\mu_i = d_i$, 那么,

$$\mu_i p_{ij} = \mu_j p_{ji} = \begin{cases} 1, & \text{若 } i, j \text{ 是邻居}, \\ 0, & \text{否则}. \end{cases}$$

因此, 细致平衡条件成立, 即 μ 是配称测度. 因为 $|V| < \infty$, 所以我们可以将它归一化, 即令 $\pi_i = d_i \Big/ \sum_{j \in V} d_j$, $i \in V$, 那么, π 是可逆分布.

可逆分布的优越性之二是配称测度具有继承性. 假设 $D \subseteq S$. 现按如下规则修改转移概率: 禁止所有离开区域 D 的跳跃, 将其改为粒子的原地跳跃, 即令

$$
\begin{cases}
\tilde{p}_{ij} = p_{ij}, & \forall i, j \in D, \ j \neq i, \\
\tilde{p}_{ii} = p_{ii} + \sum_{j \notin D} p_{ij}, & \forall i \in D,
\end{cases}
$$

那么, $\tilde{\mathbf{P}} = (\tilde{p}_{ij})_{D \times D}$ 是 D 上的转移矩阵. 若 π 是 $\mathbf{P}$ 的可逆分布, 则 $\pi|_D$ 仍然满足细致平衡条件 (1.2.4), 于是将其归一化即得到 $\tilde{\mathbf{P}}$ 的可逆分布. 但是, 若 π 仅仅是 $\mathbf{P}$ 的不变分布而没有配称性, 则 $\mu|_D$ 的归一化未必是 $\tilde{\mathbf{P}}$ 的不变分布.

例 1.2.14 (例 1.1.6 续) 考虑一维紧邻随机游动, $S = \mathbb{Z}$,

$$
p_{i,i+1} = p, \quad p_{i,i-1} = 1 - p, \quad \forall i \in \mathbb{Z},
$$

其中, $0 < p < 1$, $q = 1 - p$.

首先, 可逆分布不存在. 否则, 根据细致平衡条件及其归纳法, 可推出可逆分布具有如下表达式: 对任意 $i \geqslant 1$,

$$
\pi_1 = \pi_0 \frac{p}{q}, \ \cdots, \ \pi_i = \pi_0 \frac{p^i}{q^i}, \cdots ;
$$

$$
\pi_{-1} = \pi_0 \frac{q}{p} = \pi_0 \frac{p^{-1}}{q^{-1}}, \ \cdots, \ \pi_{-i} = \pi_0 \frac{p^{-i}}{q^{-i}}, \cdots .
$$

不难验证, $\pi = \{\pi_i : i \in \mathbb{Z}\}$ 满足细致平衡条件, 即它是配称测度. 然而, $1 + \sum_{i=1}^{\infty} \frac{p^i}{q^i} + \sum_{i=1}^{\infty} \frac{q^i}{p^i} = \infty$. 换言之, 不能将 π 进行归一化. 从而可逆分布不存在. 进一步, 不妨设 $p < 1/2$. 此时 $\{\pi_i : i \in \mathbb{Z}_+\}$ 为 $\mathbb{Z}_+$ 上的配称测度, 可将其归一化, 具体证明留作习题.

其次, 事实上不变分布不存在. 否则, 取 $A = \{i, i+1, \cdots\}$, 那么 (1.2.2) 式就转化为细致平衡条件. 这表明不变分布必须是可逆分布, 从而它不存在.

最后, 一方面, 上面定义的 π 是配称测度, 因此它是不变测度; 另一方面, 由空间的齐次性不难看出 $\pi_i \equiv \pi_0$ 也给出一个不变测度. 当 $p = q$ 时, 它们本质是同一类不变测度 (即只相差常数倍); 当 $p \neq q$ 时, 它们本质是不同的不变测度. 因此, 我们其实找到了两种不同类型的不变测度.

三、访问频率

假设 $L_1, L_2, \cdots$ 独立同分布, 取非负整数值, 且 $P(L_1 = 0) < 1$. 令

$$S_0 = 0, \quad S_r := L_1 + \cdots + L_r, \quad r \geqslant 1,$$
$$R_n := \max\{r \geqslant 0 : S_r \leqslant n\}.$$

定理 1.2.15 (更新定理)

$$P\left(\lim_{n \to \infty} \frac{R_n}{n} = \frac{1}{EL_1}\right) = 1.$$

证 我们可以将 $S_1, S_2, \cdots$ 标记在时间轴上, 如图 1.8 所示的实心点. $R_n = r$ 当且仅当 $S_r \leqslant n < S_{r+1}$, 例如, 图 1.8 所示为 $r = 4$.

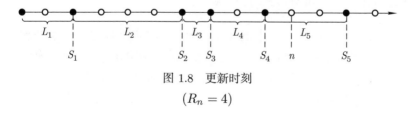

图 1.8 更新时刻
$$(R_n = 4)$$

一方面, 不难看出, R_n 单调上升至无穷大, 虽然它并不是严格单调上升的, 或者说, 上升得很慢. 严格地说, $P(\lim_{n \to \infty} R_n = \infty) = 1$. 另一方面, 根据强大数定律 (引理 0.3.3), $P(\lim_{r \to \infty} S_r/r = EL) = 1$, 其中

$L = L_1$. 换言之, 记

$$\Omega_1 = \left\{ \omega : \lim_{n \to \infty} R_n(\omega) = \infty \right\}, \quad \Omega_2 = \left\{ \omega : \lim_{r \to \infty} \frac{S_r(\omega)}{r} = EL \right\},$$

那么, $P(\Omega_1) = P(\Omega_2) = 1$.

给定 $\omega \in \Omega_1\Omega_2$. 因为 $\omega \in \Omega_2$, 所以当 $r \to \infty$ 时, 实数序列 $a_r := S_r(\omega)/r \to EL$. 于是, 由数学分析的知识, 若 $\lim\limits_{n \to \infty} r_n = \infty$, 则 $\lim\limits_{n \to \infty} a_{r_n} = EL$. 特别地, 我们取 $r_n = R_n(\omega)$. 因为由 $\omega \in \Omega_2$ 知 $\lim\limits_{n \to \infty} r_n = \infty$, 所以 $\lim\limits_{n \to \infty} S_{r_n}(\omega)/r_n \to EL$. 同理,

$$\frac{S_{r_n+1}(\omega)}{r_n} = \frac{S_{r_n+1}(\omega)}{r_n + 1} \cdot \frac{r_n + 1}{r_n} \to EL.$$

这结合 $S_{r_n} \leqslant n < S_{r_n+1}$ 表明 $\lim\limits_{n \to \infty} \dfrac{n}{r_n} = EL$, 即 $\lim\limits_{n \to \infty} \dfrac{R_n(\omega)}{n} = \dfrac{1}{EL}$.

综上, 我们得到如下结论:

$$P(\Omega_1\Omega_2) = 1 \quad \text{且} \quad \Omega_1\Omega_2 \subseteq \left\{ \omega : \lim_{n \to \infty} \frac{R_n(\omega)}{n} = \frac{1}{EL} \right\}.$$

因此定理成立. $\qquad\square$

下面, 我们要在更新过程和两状态马氏链这两个例子中, 利用更新定理看出不变分布与状态的访问频率之间的关系.

例 1.2.16 (更新过程, 例 1.2.6 续) 在更新过程中, L_r 就是第 r 个灯泡的寿命, $S_r = L_1 + \cdots + L_r$ 就是第 r 个更新时刻 (换灯泡的时刻). 因为 X_n 表示灯泡余寿, 所以 $X_n = 0$ 当且仅当 n 是更新时刻. 换句话说, $\{X_n\}$ 每访问一次状态 0, 就意味着使用一个新灯泡, 也就是图 1.8 的时间轴上出现一个实心原点. 因此, 在时刻 n 之前总共出现了 $1 + R_n$ 次状态 0. 状态 0 出现的频率就是 $(1 + R_n)/(n + 1)$. 根据更新定理, 状态 0 出现的频率几乎必然收敛, 它的极限 $1/EL$ 就是在不变分布下, 状态 0 出现的概率 π_0.

例 1.2.17 (两状态马氏链, 例 1.2.5 续) 在两状态马氏链中, 考察 $X_0 = 0$ 的轨道. 直观上, 如果我们将粒子下一步跳到状态 1 视为成功, 将粒子在状态 0 原地跳视为失败, 假设粒子在状态 0 原地跳跃 $\xi - 1$ 次, 并在第 ξ 次跳至状态 1, 那么 ξ 服从几何分布, 参数是 $p_{01} = p$. 同理, 如果粒子位于状态 1, 它在状态 1 原地跳跃 $\eta - 1$ 次, 并在第 η 次跳至状态 0, 那么 η 服从几何分布, 参数为 $p_{10} = q$. 因此, 我们可以用相互独立的服从几何分布的随机变量序列来构造两状态马氏链. 具体的构造如下.

假设 $\xi_1, \xi_2, \cdots, \eta_1, \eta_2, \cdots$ 是相互独立的随机变量, 分布列如下:

$$P(\xi_r = m) = (1-p)^{m-1}p, \quad m = 1, 2, \cdots;$$
$$P(\eta_r = m) = (1-q)^{m-1}q, \quad m = 1, 2, \cdots.$$

记 $S_0 = T_0 = 0$, $S_r = \xi_1 + \cdots + \xi_r$, $T_r = \eta_1 + \cdots + \eta_r$. 那么, 从状态 0 出发的马氏链看上去就是: 粒子原地跳, 直到时刻 S_1 跳至状态 1; 然后原地跳, 直到时刻 $S_1 + T_1$ 跳至状态 0; 然后原地跳, 直到时刻 $S_1 + T_1 + S_2$ 跳至状态 1; 然后原地跳, 直到时刻 $S_1 + T_1 + S_2 + T_2$ 跳至状态 0……具体地, 令 $L_0 = 0$, $L_r = S_r + T_r$, 再令

$$X_{L_r} = \cdots = X_{L_r+S_{r+1}-1} = 0, \quad X_{L_r+S_{r+1}} = \cdots = X_{L_{r+1}-1} = 1, \quad \forall r \geqslant 0,$$

那么, $\{X_n\}$ 就是从 0 出发的马氏链. 同理, 令

$$Y_{L_r} = \cdots = Y_{L_r+T_{r+1}-1} = 0, \quad Y_{L_r+T_{r+1}} = \cdots = Y_{L_{r+1}-1} = 1, \quad \forall r \geqslant 0,$$

那么, $\{Y_n\}$ 就是从 0 出发的马氏链. 读者可以根据 (1.1.1) 式直接验证这个结论.

如果我们将 $L_1, L_2, \cdots$ 视为换灯泡的时间, 根据更新定理, 在时刻 n 之前换了 R_n 个灯泡, 因此状态 0 出现的次数 $V_0(n)$ 介于 S_{R_n} 与 S_{R_n+1} 之间. 根据强大数定律与更新定理, 状态 0 出现的频率 $V_0(n)/n$ 几乎必然收敛于

$$E\xi_1 \cdot \frac{1}{EL} = \frac{E\xi_1}{E\xi_1 + E\eta_1} = \frac{1/p}{1/p + 1/q} = \frac{q}{p+q} = \pi_0.$$

同理, 状态 1 出现的频率几乎必然收敛于 π_1.

四、访问概率的收敛性

例 1.2.18 (两状态马氏链, 例 1.2.5 续) 将两状态马氏链的转移矩阵 $\mathbf{P}$ 通过相似变换进行对角化, 表达如下:

$$\mathbf{P} = \begin{pmatrix} 1-p & p \\ q & 1-q \end{pmatrix} = \mathbf{A}^{-1} \begin{pmatrix} 1 & 0 \\ 0 & \lambda \end{pmatrix} \mathbf{A},$$

其中, $\lambda = 1 - p - q$,

$$\mathbf{A} = \begin{pmatrix} \dfrac{q}{p+q} & \dfrac{p}{p+q} \\ \dfrac{1}{p+q} & -\dfrac{1}{p+q} \end{pmatrix}, \quad \mathbf{A}^{-1} = \begin{pmatrix} 1 & p \\ 1 & -q \end{pmatrix}.$$

于是,

$$\mathbf{P}^n = \mathbf{A}^{-1} \begin{pmatrix} 1 & 0 \\ 0 & \lambda^n \end{pmatrix} \mathbf{A}.$$

由 $0 < p + q < 2$ 知 $|\lambda| < 1$. 从而, 当 $n \to \infty$ 时, $\lambda^n \to 0$. 于是,

$$\hat{\mathbf{P}} := \lim_{n\to\infty} \mathbf{P}^n = \mathbf{A}^{-1} \begin{pmatrix} 1 & 0 \\ 0 & 0 \end{pmatrix} \mathbf{A} = \begin{pmatrix} \dfrac{q}{p+q} & \dfrac{p}{p+q} \\ \dfrac{q}{p+q} & \dfrac{p}{p+q} \end{pmatrix}.$$

由于 $\hat{\mathbf{P}}$ 的每一行的行向量都是不变分布 $\pi = (\pi_0, \pi_1)$, 因此上面的结论表明: 对任意 i 都有

$$\lim_{n\to\infty} p_{ij}^{(n)} = \pi_j, \quad \forall j.$$

进而对任意初分布 μ, 任意状态 j, 当 $n \to \infty$ 时, $P_\mu(X_n = j) = \mu_0 p_{0j}^{(n)} + \mu_1 p_{1j}^{(n)} \to \pi_j$. 最后,

$$\mathbf{P}^n - \hat{\mathbf{P}} = \mathbf{A}^{-1} \begin{pmatrix} 0 & 0 \\ 0 & \lambda^n \end{pmatrix} \mathbf{A} = \lambda^n \begin{pmatrix} \dfrac{p}{p+q} & -\dfrac{p}{p+q} \\ -\dfrac{q}{p+q} & \dfrac{q}{p+q} \end{pmatrix}.$$

这表明, $p_{ij}^{(n)} - \pi_j = O(\lambda^n)$, 即 $p_{ij}^{(n)} - \pi_j$ 以指数速度趋于 0.

马氏链可能没有不变分布 (例如, 一维简单随机游动, 见例 1.2.14), 也可能有多个不变分布 (例如, $p_{ii} = 1$, $\forall i$). 马氏链研究中的一个基本问题是找到所有的不变分布. 因此, 在后续的章节中, 我们将要研究不变分布的存在、唯一性. 对于不变分布 π 存在唯一的马氏链, 我们还将进一步研究下列问题, 它们可以说是在从不同的角度刻画马氏链 $\{X_n\}$ 的某种极限行为.

1. 假设在前 n 步中, 状态 i 出现了 $V_i(n)$ 次. 当 $n \to \infty$ 时, 频率 $V_i(n)/n$ 是否趋于 π_i? 就像在例 1.2.17 与例 1.2.16 中看到的那样, 状态 0 出现的频率几乎必然收敛到 π_0.

2. 在什么条件下, 对任意初分布 μ, 都有 $\mu \mathbf{P}^n$ 收敛到不变分布? 就像在例 1.2.18 中看到的那样.

3. 如果 $\mu \mathbf{P}^n$ 收敛到不变分布, 那么收敛速度有多快? 什么情况下会如同例 1.2.18 那样表现出指数速度?

习　　题

1. 通过解方程直接求如下转移矩阵的不变分布.

$$\mathbf{P} = \begin{pmatrix} 0 & 1/2 & 0 & 0 & 0 & 1/2 \\ 1/3 & 0 & 1/3 & 0 & 0 & 1/3 \\ 0 & 1/2 & 0 & 1/2 & 0 & 0 \\ 0 & 0 & 1/3 & 0 & 1/3 & 1/3 \\ 0 & 0 & 0 & 1/2 & 0 & 1/2 \\ 1/4 & 1/4 & 0 & 1/4 & 1/4 & 0 \end{pmatrix}.$$

2. 证明: 若 π 为不变分布, 则对任意 $A \subseteq S$, (1.2.2) 式成立.

3. 设 $\{X_n\}$ 是取值于 $\mathbb{Z}_+$ 的马氏链, 转移概率为

$$p_{01} = 1 - p_{00} = q, \quad p_{i,i+1} = 1 - p_{i,i-1} = p, \quad \forall i = 1, 2, \cdots,$$

其中 $0 < q \leqslant 1$, $0 < p < 1$. 当 $p < 1/2$ 时, 求不变分布 π 并计算 $E_\pi X_{100}$. (注: 当 $q = 1$ 时, 称 $\{X_n\}$ 为 $\mathbb{Z}_+$ 上的**带反射壁的随机游动**;

当 $q = 0$ 时, 称 $\{X_n\}$ 为 $\mathbb{Z}_+$ 上的**带吸收壁的随机游动**; 当 $0 < q < 1$ 时, 称 $\{X_n\}$ 为 $\mathbb{Z}_+$ 上的**带黏滞边界的随机游动**.)

4. 假设 $S = \{1,2,3\}$, 转移矩阵如下:
$$\mathbf{P} = \begin{pmatrix} 0.6 & 0.3 & 0.1 \\ 0.2 & 0.7 & 0.1 \\ 0.1 & 0.3 & 0.6 \end{pmatrix}.$$

求: (1) 不变分布; (2) $\lim\limits_{n\to\infty} P(X_n = 1)$.

5. 证明: 转移矩阵 $\mathbf{P}$ 的全体不变分布构成凸集, 即若 μ, π 都是 $\mathbf{P}$ 的不变分布, $0 < p < 1$, 则 $p\mu + (1 - p)\pi$ 也是 $\mathbf{P}$ 的不变分布.

6. 假设 π 是不变分布, i, j 是两个状态. 假设存在常数 $c > 0$, 使得对任意状态 k, $p_{ki} = cp_{kj}$. 证明: $\pi_i = c\pi_j$.

7. 若转移矩阵 $\mathbf{P} = (p_{ij})_{S \times S}$ 满足 $\sum\limits_{i \in S} p_{ij} = 1$, 则称 $\mathbf{P}$ 为**双重随机的** (double stochastic). 证明:

(1) 若 $\mathbf{P}$ 是双重随机的, 则对任何 n, $\mathbf{P}^n$ 也是双重随机的;

(2) 若 $\mathbf{P}$ 是双重随机的, 则 $\mu \equiv 1$ 是其不变测度.

8. 假设 S 有限, $\mathbf{P}$ 是 S 上的转移矩阵. 固定 $i \in S$. 证明:

(1) 存在正整数的子列 $n_1, n_2, \cdots$, 使得对任意状态 j, 极限
$$\lim_{r\to\infty} \left(\sum_{m=0}^{n_r - 1} p_{ij}^{(m)} \right) \bigg/ n_r$$
存在, 将此极限记为 π_j;

(2) $\{\pi_j : j \in S\}$ 是 $\mathbf{P}$ 的不变分布.

9. 证明: 可逆分布是不变分布.

10. 验证注 1.2.11 中的 $\{Y_n : 0 \leqslant n \leqslant N\}$ 是马氏链, 并且其初分布仍为 π, 转移概率由 (1.2.5) 式给出.

11. 科尔莫戈罗夫准则: 对任意 $n \geqslant 1$, 若 $i_0, i_1, \cdots, i_n$ 满足 $p_{i_r i_{r+1}} > 0, r = 0, 1, \cdots, n$, 其中 $i_{n+1} := i_0$, 则
$$p_{i_0 i_1} p_{i_1 i_2} \cdots p_{i_n i_{n+1}} = p_{i_{n+1} i_n} p_{i_n i_{n-1}} \cdots p_{i_1 i_0}.$$

证明: $\mathbf{P}$ 可配称当且仅当科尔莫戈罗夫准则成立.

12. 假设 S 有限; 若 $i \neq j$, 则 $p_{ij} > 0$; 对任意 i, j, k, $p_{ij}p_{jk}p_{ki} = p_{ik}p_{kj}p_{ji}$. 证明: $\mathbf{P}$ 是可逆的.

13. 假设 π 为 $\mathbf{P}$ 的不变分布. 假设 $\{X_n\}$ 与 $\{Y_n\}$ 都是 S 上的马氏链, 满足:

(i) 转移矩阵分别为 $\mathbf{P}$ 与 $\tilde{\mathbf{P}}$ (由 (1.2.5) 式定义);

(ii) $Y_0 = X_0 \sim \pi$;

(iii) 在已知 $\{X_0 = Y_0 = i\}$ 的条件下, $\{X_n : n \geqslant 1\}$ 与 $\{Y_n : n \geqslant 1\}$ 相互独立.

令

$$Z_n = \begin{cases} X_n, & \text{若 } n \geqslant 0, \\ Y_{-n}, & \text{若 } n < 0. \end{cases}$$

证明: 给定 $N \in \mathbb{Z}$, 令 $W_n = Z_{N+n}$, $n = 0, 1, 2, \cdots$. 则 $\{W_n\}$ 是以 π 为初分布、以 $\mathbf{P}$ 为转移矩阵的马氏链.

§1.3 状态的分类

如前所述, 马氏链刻画了一个在 S 中运动的粒子. 在以下几节, 我们将研究该粒子的轨道. 例如, 沿着这条轨道, 我们是否能观察到某个特定的状态, 即粒子是否会到达 (或访问) 某个状态.

定义 1.3.1 若 $P_i(\exists\, n \geqslant 0,$ 使得 $X_n = j) > 0$, 则称 i **可达** j, 记为 $i \to j$.

在研究可达这一性质时, **转移概率简图** 是一个基本工具, 它就是在转移概率图中不标记 p_{ij} 的值, 只对 $p_{ij} > 0$ 的状态对 (i, j) 画出从 i 到 j 的箭头 (即有向边). 例如:

$$\mathbf{P}_1 = \begin{pmatrix} 1/2 & 1/2 & 0 & 0 \\ 0 & 0 & 1 & 0 \\ 1/3 & 1/3 & 0 & 1/3 \\ 1/2 & 0 & 1/2 & 0 \end{pmatrix}, \quad \mathbf{P}_2 = \begin{pmatrix} 0 & 1/2 & 0 & 1/2 \\ 1/2 & 0 & 1/2 & 0 \\ 0 & 0 & 0 & 1 \\ 0 & 0 & 1 & 0 \end{pmatrix},$$

对应的转移概率图如图 1.9 所示.

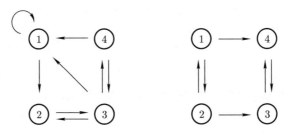

图 1.9   转移概率简图

在转移概率简图中, i 可达 j 可直接读解为: 从 i 出发, 可以顺着箭头方向到达 j, 这即是命题 1.3.2 中的 (1).

命题 1.3.2   假设 $i \neq j$, 那么 $i \to j$ 与下列两条等价:
(1) 存在 $n \geqslant 1$ 及 $n + 1$ 个互不相同的状态 $i_0, \cdots, i_n \in S$, 使得 $i_0 = i$, $i_n = j$ 且 $p_{i_0 i_1} > 0$, $p_{i_1 i_2} > 0$, $\cdots$, $p_{i_{n-1} i_n} > 0$;
(2) 存在 $n \geqslant 1$, 使得 $p_{ij}^{(n)} > 0$.

在图 1.9 中, 左图满足这样的性质: 从任意顶点 i 出发都可以顺着箭头方向到达任意的另一个顶点 j, 即任意顶点对 i, j 都有 i 可达 j. 而右图则不满足此性质.

定义 1.3.3   若 $i \to j$ 且 $j \to i$, 则称 i 与 j **互通** (communicate), 记为 $i \leftrightarrow j$. 若 S 中任意两个状态都互通, 则称 **P 不可约** (irreducible), 也称 S **不可约**, 或对应的**马氏链不可约**; 否则称 **P 可约** (reducible), 也称 S **可约**, 或对应的**马氏链可约**.

可达这一性质具有传递性: 若 $i \to j$ 且 $j \to k$, 则 $i \to k$. 于是我们推出:

$$i \leftrightarrow i; \quad i \leftrightarrow j \text{ 则 } j \leftrightarrow i; \quad i \leftrightarrow j \text{ 且 } j \leftrightarrow k, \text{ 则 } i \leftrightarrow k.$$

这表明互通关系是 S 上的等价关系. 将 S 按照互通关系划分为互不相交的等价类, 称这样的等价类为**互通类**, 简称**类** (class). 马氏链不可约等价于只有一个互通类, 例如上面的转移矩阵 $\mathbf{P}_1$. 在上面的 $\mathbf{P}_2$ 对应的马氏链中, 有两个互通类: $C_1 = \{1,2\}$, $C_2 = \{3,4\}$. 从 C_2 出发的粒子永远在 C_2 中, 这表明 C_2 具有封闭性. 但是, C_1 没有封闭性, 因为从 C_1 出发的粒子可以离开 C_1. 根据互通类的定义, 粒子一旦离开 C_1 就不能再回到 C_1 中. 因此, 接下来 C_1 中的状态将再也不会出现. 从这个角度看, 像 C_2 这样有封闭性的互通类就更有研究价值.

定义 1.3.4 若 $A \subseteq S$ 满足: 对任意 $i \in A$, $\sum_{j \in A} p_{ij} = 1$, 则称 A 为闭集.

命题 1.3.5 假设 A 为闭集, 则

$$P_i(X_n \in A, \ \forall n \geqslant 0) = 1, \quad \forall i \in A.$$

如果 A 是闭集, 那么我们可以将状态空间缩小为 $\hat{S} = A$, 对应的转移矩阵就是 $\hat{\mathbf{P}} = (p_{ij})_{i,j \in A}$. $\hat{\mathbf{P}}$ 仍然是转移矩阵, 因为 A 是闭集. 特别地, 如果 A 是闭的互通类, 那么 $\hat{\mathbf{P}}$ 还是不可约马氏链. 不过, 并不是所有的马氏链都有闭的互通类, 例如: $S = \mathbb{Z}$, 对任意 $i \in S$, $p_{i,i+1} = 1$.

例 1.3.6 (生灭链, 例 1.1.8 与 1.2.12 续) 在埃伦费斯特模型中, 对 $i \geqslant N+1$ 补充定义 $b_i = 0$, $d_i = 1$, 便得到一个生灭链. 在该生灭链中, 状态 0 的所在的互通类 $A = \{0, 1, \cdots, N-1\}$ 是闭集, 而埃伦费斯特模型则可视为该生灭链在 A 上的限制.

命题 1.3.7 假设 A 为互通类, 且不是闭集, 则

$$P_i(\exists n \geqslant 0, \ \text{使得} \ X_n \notin A) > 0, \quad \forall i \in A.$$

习　题

1. 将小白鼠放在如图 1.10 所示的迷宫中移动. 每一步, 小白鼠在所处格子的所有通道中等可能地任选一条并沿着它移到旁边的格子

(例如, 格子 3 有两个通道, 分别通往格子 2 与格子 6). 将小白鼠第 n 步所处格子的号码记为 X_n.

(1) 写出 $\{X_n\}$ 的状态空间与转移概率.

(2) 按互通关系分解状态空间.

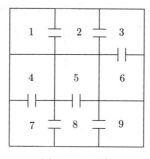

图 1.10 迷宫

2. 证明命题 1.3.2, 命题 1.3.5 和命题 1.3.7.

3. 假设 A 是闭集, C 是互通类. 证明: 或者 $C \subseteq A$, 或者 $C \cap A = \varnothing$.

4. 证明: 状态空间 S 可约当且仅当 S 有非空、闭的真子集.

5. 假设状态空间 S 有限. 证明: 存在闭的互通类.

§1.4　首达时与强马氏性

一、首达时与首入时

假设 $\{X_n\}$ 是马氏链, 它是粒子随机运动形成的轨道. 固定 $i \in S$, 考虑粒子首次访问状态 i 的时刻. 由于 X_n 都是随机变量, 所以我们关心的这个时刻是可以取值非负整数和 ∞ 的 (广义) 随机变量, 因此它是样本 ω 的函数. 具体地, 令

$$\tau_i^{(X)}(\omega) := \inf\{n \geqslant 0 : X_n(\omega) = i\}.$$

其中, 我们约定 $\inf \varnothing = \infty$. 当我们不用强调马氏链是 $\{X_n\}$ 时, 可将上标中的"(X)"省略; 当我们不用强调样本时, 也可以将 ω 省略. 于是

将 $\tau_i^{(X)}(\omega)$ 简记为 $\tau_i(\omega)$ 或 τ_i. 上式则可简记为

$$\tau_i := \inf\{n \geqslant 0 : X_n = i\}. \tag{1.4.1}$$

这些 τ_i, $i \in S$ 都被称为 $\{X_n\}$ 的**首达时**或**首中时** (hitting time). 类似地, 还可以定义

$$\sigma_i := \inf\{n \geqslant 1 : X_n = i\}. \tag{1.4.2}$$

它被称为 $\{X_n\}$ 的**首入时**, 表示马氏链 $\{X_n\}$ 首次从某处进入位置 i 的时间, 即在 $n = \sigma_i$ 的时刻, 粒子 (首次从某状态 X_{n-1}) 跳至状态 $X_n = i$. 需要注意的是, 总有 $\sigma_i \geqslant 1$. 假设初始状态 $X_0 = i_0$. 一般而言, 首达时 τ_i 多用于 $i_0 \neq i$ 的情况, 它表示从 i_0 出发的粒子首次到达状态 i 的时间, 此时 $\sigma_i = \tau_i$; 而首入时则多用于初始状态 $i_0 = i$ 的情况, 它表示从 i 出发的粒子首次回访状态 i 的时间, 此时 $\tau_i = 0 < \sigma_i$. 类似地, 对任意 $D \subseteq S$, 定义

$$\tau_D := \inf\{n \geqslant 0 : X_n \in D\}, \quad \sigma_D := \inf\{n \geqslant 1 : X_n \in D\}.$$

类似地, 我们可以更具体地写 $\tau_D(\omega)$, $\tau_D^{(X)}$, $\sigma_D(\omega)$, $\sigma_D^{(X)}$. 从定义看, τ_i 与 σ_i 都是在轨道中搜寻第一次访问状态 i 的时刻, 它们的区别是: 搜寻的时间起点是 0 还是 1.

例 1.4.1 将每天开盘时的股票价格视为马氏链. 在股票交易中事先设定一个价格 c, 委托经纪人在价格低于 c 时买入股票 (或在价格大于等于 c 时卖出), 则委托经纪人买入 (或卖出) 股票的时间节点就是首达时.

例 1.4.2 令 $Y_n = X_{1+n}$, $n = 0, 1, 2, \cdots$, 则对于任意 $i \in S$, $\sigma_i^{(X)} = 1 + \tau_i^{(Y)}$. $\{Y_n\}$ 是在 $\{X_n\}$ 中去掉初始状态 X_0 而得到的过程, 或者说 $\{Y_n\}$ 是在 $\{X_n\}$ 的轨道中将时刻 1 视为新的初始时刻而看到的后续轨道. 例如, 图 1.11 是 $S = \mathbb{Z}$ 上一条从 0 出发的简单随机游动的轨道, 横坐标是时间轴, 纵坐标是空间 S, $\{Y_n\}$ 的轨道就是其中的实线部分, 它是一条从 -1 出发的轨道. 从图 1.11 上可以看出, $\sigma_0^{(X)} = 1 + \tau_0^{(Y)}$.

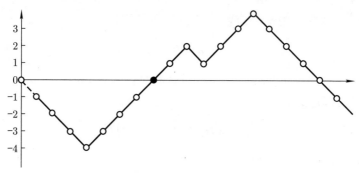

图 1.11   简单随机流动的轨道

$(\sigma_0^{(X)} = 8, \ \tau_0^{(Y)} = 7)$

二、一维简单随机游动的首达时

假设 $\{S_n\}$ 是从原点出发的一维简单随机游动. 具体地, 假设 $\xi_1, \xi_2,$ $\cdots$ 独立同分布,

$$P(\xi_1 = 1) = P(\xi_1 = -1) = \frac{1}{2}.$$

令 $S_0 = 0, \ S_n = \xi_1 + \cdots + \xi_n, \ n = 1, 2, \cdots.$

命题 1.4.3 (反射原理)   假设 $\{S_n\}$ 是从原点出发的一维简单随机游动, $\tau_i := \inf\{n \geqslant 0 : S_n = i\}$. 则对任意正整数 n 和任意整数 i,

$$P_0(\tau_i < n, S_n = i + j) = P_0(\tau_i < n, S_n = i - j), \quad \forall j \geqslant 1.$$

证   根据对称性, $\{-S_n\}$ 也是简单随机游动. 因此, 当 $i = 0$ 时命题成立, 并且我们只用研究 $i \geqslant 1$ 的情形. 进一步, 不难看出, 对任意 $m \geqslant 1, |S_m| \leqslant m$. 特别地, 当 $m < n$ 时, $|S_m| < n$. 因此只用研究 $i < n$ 的情形. 下面假设 $1 \leqslant i < n$.

考虑前 n 步轨道, 并研究事件 $\{\tau_i < n\}$. 如果该事件发生, 那么轨道必然在 n 之前的某个时刻 m (即 $m \leqslant n - 1$) 已经 (首次) 到达过 i. 接下来, 我们可以将时刻 m 后的轨道关于水平高度 i 做反射. 如图 1.12 所示, 全为实线的轨道在反射后变为, 时刻 m 之前为实线而

时刻 m 到时刻 n 之间为虚线的轨道. 考虑两组 n 步轨道, 一组满足 $\{\tau_i < n, S_n = i + j\}$, 而另一组满足 $\{\tau_i < n, S_n = i - j\}$. 那么, 上述反射带来了这两组轨道之间的一一对应关系. 由于每条轨道出现的概率都是 2^{-n}, 因此两个事件中含有的轨道数相等就意味着这两个事件的概率相等. 于是, 命题成立. $\qquad\square$

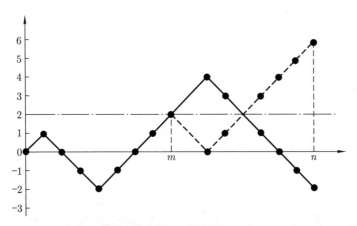

图 1.12 反射原理

命题 1.4.4 假设 $\{S_n\}$ 是从原点出发的一维简单随机游动, $\tau_i := \inf\{n \geqslant 0 : S_n = i\}$. 则对任意 $i, n \geqslant 1$,

$$P_0(\tau_i = n) = \frac{i}{n} P_0(S_n = i).$$

证 当 $n + i$ 为奇数时, 上式左右两边都为 0, 从而成立. 下面假设 $n + i$ 为偶数. 若 $\tau_i = n$, 则 $S_n = i$, 即

$$\{\tau_i = n\} \subseteq \{S_n = i\}. \tag{1.4.3}$$

我们考虑所有从 0 到 i 的长度为 n 的轨道, 即所有满足 $S_n = i$ 的 n 步轨道. 根据反射原理 (命题 1.4.3),

$$P(\tau_i < n, S_{n-1} = i + 1) = P(\tau_i < n, S_{n-1} = i - 1).$$

将 $n-1$ 视为现在, 那么 $\{\tau_i < n\} = \bigcup_{m=0}^{n-1}\{S_m = i\}$ 是过去与现在的事件. 根据马氏性, 左右两边乘以 $1/2$, 即分别乘以 $P(S_n = i|S_{n-1} = i+1)$ 与 $P(S_n = i|S_{n-1} = i-1)$, 可推出

$$P(\tau_i < n, S_{n-1} = i+1, S_n = i) = P(\tau_i < n, S_{n-1} = i-1, S_n = i).$$

由于上式左右两边的事件形成 $\{\tau_i < n, S_n = i\}$ 的划分, 因此

$$P(S_n = i, \tau_i < n) = 2P(\tau_i < n, S_{n-1} = i+1, S_n = i).$$

进一步, 因为粒子每次的跳跃幅度都是 1, 所以, $S_{n-1} = i+1$ 表明粒子在时间区间 $[0, n-1]$ 上必然穿过 i, 即 $\tau_i < n$. 也就是说,

$$\{S_{n-1} = i+1\} \subseteq \{\tau_i < n\}.$$

从而,

$$P(S_n = i, \tau_i < n) = 2P(S_{n-1} = i+1, S_n = i) = P(S_{n-1} = i+1).$$

这结合 (1.4.3) 式表明

$$\begin{aligned}
P_0(\tau_i = n) &= P_0(S_n = i) - P_0(S_n = i, \tau_i < n) \\
&= P_0(S_n = i) - P_0(S_{n-1} = i+1).
\end{aligned}$$

由 $n+i$ 为偶数, 不妨将其记为 $2k$, 我们推出

$$\begin{aligned}
P_0(S_{n-1} = i+1) &= \frac{(n-1)!}{k!(n-1-k)!} \cdot \frac{1}{2^{n-1}} = \frac{2(n-k)}{n} \cdot \frac{n!}{k!(n-k)!} \cdot \frac{1}{2^n} \\
&= \frac{n-i}{n} P_0(S_n = i),
\end{aligned}$$

其中, 在最后一个等式中, 我们用到了 $2k = n+i$, 即 $2(n-k) = n-i$. 结合上面两个式子, 我们便可以推出结论. $\qquad\square$

推论 1.4.5 假设 $\{S_n\}$ 是从原点出发的一维简单随机游动, $\tau_i :=$ $\inf\{n \geqslant 0 : S_n = i\}$, 则

$$P_0(\tau_1 > 2n - 1) = P_0(S_{2n} = 0).$$

证 由反射原理,

$$P_0(\tau_1 < 2n, S_{2n} = 1 + j) = P_0(\tau_1 < 2n, S_{2n} = 1 - j), \quad \forall j \geqslant 1.$$

上式左右两边对 j 求和知

$$P_0(\tau_1 < 2n, S_{2n} \geqslant 2) = P_0(\tau_1 < 2n, S_{2n} \leqslant 0).$$

由于上式左右两边的事件是 $\{\tau_1 < 2n\}$ 的划分, 且 $S_{2n} \geqslant 2$ 蕴含着 $\tau_1 < 2n$, 因此,

$$P_0(\tau_1 < 2n) = 2P_0(\tau_1 < 2n, S_{2n} \geqslant 2) = 2P_0(S_{2n} \geqslant 2).$$

一方面, 根据对称性,

$$P_0(S_{2n} \geqslant 2) = P_0(S_{2n} \leqslant -2).$$

另一方面, S_{2n} 是偶数. 因此,

$$2P_0(S_{2n} \geqslant 2) = P_0(S_{2n} \geqslant 2) + P_0(S_{2n} \leqslant -2) = P_0(S_{2n} \neq 0).$$

又 $\{\tau_1 > 2n - 1\}^c = \{\tau_1 \leqslant 2n - 1\} = \{\tau_1 < 2n\}$. 综上,

$$P_0(\tau_1 > 2n - 1) = 1 - P_0(\tau_1 < 2n) = 1 - P_0(S_{2n} \neq 0) = P_0(S_{2n} = 0).$$

因此, 结论成立. $\square$

推论 1.4.6 假设 $\{S_n\}$ 是从原点出发的一维简单随机游动, $\tau_i :=$ $\inf\{n \geqslant 0 : S_n = i\}$. 则

$$P_0(\tau_1 < \infty) = P_0(\sigma_0 < \infty) = 1, \quad E_0\tau_1 = E_0\sigma_0 = \infty.$$

证 根据推论 1.4.5 和如下的 Stirling 公式:

$$\lim_{n\to\infty} \frac{n!}{(n/\mathrm{e})^n \sqrt{2\pi n}} = 1, \tag{1.4.4}$$

$P_0(\tau_1 > 2n-1)$ 与 $1/\sqrt{n}$ 同阶. 从而

$$P_0(\tau_1 = \infty) = \lim_{n\to\infty} P_0(\tau_1 > n) = 0,$$

并且 $E_0\tau_1 = \sum_{n=0}^{\infty} P_0(\tau_1 > n) = \infty.$

进一步, 根据例 1.4.2, 让粒子走一步便知

$$P_0(\sigma_0 > 2n) = P_1(\tau_0 > 2n-1) = P_0(\tau_1 > 2n-1).$$

这表明对于从 0 出发的简单随机游动而言, σ_0 与 $1+\tau_1$ 同分布. 因此, $P_0(\sigma_0 < \infty) = 1$ 且 $E_0\sigma_0 = 1 + E_0\tau_1 = \infty.$ □

注 1.4.7 推论 1.4.6 的概率意义是很清楚的. 从原点出发的一维简单随机游动迟早要到达 1, 也迟早要回到 0, 但平均所用的时间为无穷大.

命题 1.4.8 (反正弦律) 假设 $\{S_n\}$ 是从原点出发的一维简单随机游动, 则对任意 $\delta \in (0,1)$,

$$\lim_{n\to\infty} P_0\big(\epsilon_n \leqslant \delta n\big) = \frac{2}{\pi} \arcsin\sqrt{\delta}.$$

其中,

$$\epsilon_n := \max\{m \leqslant n : S_m = 0, S_{m+1} \neq 0, \cdots, S_n \neq 0\}.$$

证 ϵ_n 是粒子在时刻 n 之前最后一次碰到 0 的时刻, 它必须是个偶数时刻, 如图 1.13 所示. 因此,

$$p_n := P_0\big(\epsilon_n \leqslant \delta n\big) = \sum_{m=0}^{[\delta n/2]} P_0(\epsilon_n = 2m). \tag{1.4.5}$$

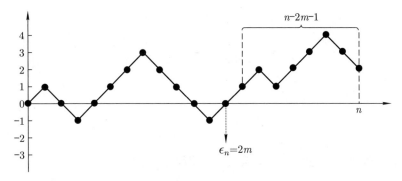

图 1.13 反正弦律

给定 $m \geqslant 0$. 由于 $Y_r := S_{2m+r} - S_{2m}$, $r \geqslant 0$ 是简单随机游动, 且与 S_{2m} 相互独立, 因此根据 ϵ_n 的定义可推出

$$P_0(\epsilon_n = 2m) = P_0(S_{2m} = 0; Y_r \neq 0, r = 1, \cdots, n - 2m)$$
$$= P_0(S_{2m} = 0)P_0\left(\sigma_0 > n - 2m\right). \qquad (1.4.6)$$

下面, 我们计算 $P_0\left(\sigma_0 > n - 2m\right)$. 根据首步分析法,

$$P_0\left(\sigma_0 > n - 2m\right) = \frac{1}{2}P_1(\sigma_0 > n - 2m - 1) + \frac{1}{2}P_{-1}(\sigma_0 > n - 2m - 1).$$

根据空间的对称性与平移不变性,

$$P_1(\sigma_0 > n - 2m - 1) = P_{-1}(\sigma_0 > n - 2m - 1) = P_0(\tau_1 > n - 2m - 1).$$

综上, 由命题 1.4.5 可以推出

$$P_0(\sigma_0 > n - 2m) = P_0(\tau_1 > n - 2m - 1) = P_0\left(S_{2n'-2m} = 0\right), \quad (1.4.7)$$

其中,

$$n' = \begin{cases} \dfrac{1}{2}n, & \text{若 } n \text{ 为偶数}, \\[2mm] \dfrac{1}{2}(n-1), & \text{若 } n \text{ 为奇数}. \end{cases}$$

将 (1.4.7) 式代入 (1.4.6) 式, 再结合 (1.4.5) 式, 我们推出

$$p_n = \sum_{m=0}^{[\delta n/2]} P_0(S_{2m=0}) P_0(S_{2(n'-m)} = 0).$$

对任意 $\varepsilon > 0$, 存在 $\delta > 0$, 使得

$$1 - \varepsilon < \frac{1-\delta}{(1+\delta)^2} \quad \text{且} \quad \frac{1+\delta}{(1-\delta)^2} < 1 + \varepsilon.$$

根据 Stirling 公式 (1.4.4), 存在 n_0 使得

$$1 - \delta \leqslant \frac{n!}{(n/\mathrm{e})^n \sqrt{2\pi n}} \leqslant 1 + \delta, \quad \forall n \geqslant n_0.$$

于是

$$(1-\varepsilon)\frac{1}{\sqrt{\pi n}} \leqslant \mathrm{C}_{2n}^n \frac{1}{2^{2n}} \leqslant (1+\varepsilon)\frac{1}{\sqrt{\pi n}}, \quad \forall n \geqslant n_0. \qquad (1.4.8)$$

因此

$$(1-\varepsilon)\frac{1}{\sqrt{\pi l}} \leqslant P_0(S_{2l} = 0) \leqslant (1+\varepsilon)\frac{1}{\sqrt{\pi l}}, \quad \forall l \geqslant n_0.$$

于是, 一方面, 当 $n' \geqslant \max\{2n_0, n_0/(1-\delta)\}$ 时,

$$p_n \leqslant \sum_{m=0}^{n_0-1} P_0(S_{2(n'-m)} = 0) + \sum_{m=n_0}^{[\delta n/2]} P_0(S_{2m=0}) P_0(S_{2(n'-m)} = 0)$$

$$\leqslant (1+\varepsilon) \sum_{m=0}^{n_0-1} \frac{1}{\sqrt{\pi(n'-m)}} + (1+\varepsilon)^2 \sum_{m=n_0}^{[\delta n/2]} \frac{1}{\pi\sqrt{m(n'-m)}}.$$

令 $n \to \infty$, 上式右边第一项趋于 0. 下面估计上式右边第二项,

$$\sum_{m=n_0}^{[\delta n/2]} \frac{1}{\pi\sqrt{m(n'-m)}} \leqslant \sum_{m=1}^{[\delta n/2]} \frac{1}{\pi\sqrt{m(n'-m)}}$$

$$= \frac{1}{\pi} \sum_{m=0}^{[\delta n/2]} \frac{1}{\sqrt{\dfrac{m}{n'}\left(1 - \dfrac{m}{n'}\right)}} \cdot \frac{1}{n'}$$

$$\to \frac{1}{\pi} \int_0^\delta \frac{1}{\sqrt{x(1-x)}} \mathrm{d}x = \frac{2}{\pi} \int_0^{\sqrt{\delta}} \frac{1}{\sqrt{1-y^2}} \mathrm{d}y = \frac{2}{\pi} \arcsin \sqrt{\delta}.$$

最后, 令 $\varepsilon \to 0$, 便知

$$\limsup_{n\to\infty} p_n \leqslant \frac{2}{\pi} \arcsin\sqrt{\delta}.$$

另一方面,

$$p_n \geqslant \sum_{m=n_0}^{[\delta n/2]} P_0(S_{2m=0}) P_0(S_{2(n'-m)} = 0)$$

$$\geqslant (1-\varepsilon)^2 \sum_{m=n_0}^{[\delta n/2]} \frac{1}{\pi\sqrt{m(n'-m)}}$$

$$\geqslant (1-\varepsilon)^2 \sum_{m=1}^{[\delta n/2]} \frac{1}{\pi\sqrt{m(n'-m)}} - (1-\varepsilon)^2 \sum_{m=1}^{n_0-1} \frac{1}{\sqrt{n'-m}}.$$

令 $n \to \infty$, 上式右边第二项趋于 0, 第一项趋于 $(1-\varepsilon)^2(2/\pi)\arcsin\sqrt{\delta}$. 再令 $\varepsilon \to 0$, 便知

$$\liminf_{n\to\infty} p_n \geqslant \frac{2}{\pi} \arcsin\sqrt{\delta}.$$

结合以上两个方面, 可以推出结论成立. $\qquad\square$

注 1.4.9 在第三章可以看到, 简单随机游动对应的连续版本为布朗运动, 它同样具有反正弦律, 见命题 3.4.14.

三、强马氏性

取定 $i \in S$, 将 τ_i 简记为 τ. 假设 $X_0 \sim \mu$, $P(\tau < \infty) > 0$. 在事件 $\{\tau < \infty\}$ 上, 我们可以将 $\{X_n\}$ 的轨道分成两段: 时刻 τ 之前的轨道, 记为 $\vec{Z}$; 时刻 τ 之后的轨道, 记为 $\vec{Y} = \{Y_m\}$. 例如, 图 1.14 中的实线部分是 $\vec{Y}$, 虚线部分是 $\vec{Z}$. 具体地, 令

$$Y_m := X_{\tau+m}, \quad \forall m \geqslant 0; \qquad \vec{Z} := (X_0, \cdots, X_\tau). \qquad (1.4.9)$$

下面我们要考虑的是在事件 $\{\tau < \infty\}$ 发生的条件下的轨道性质, 也就是在条件概率 $P(\cdot|\tau < \infty)$ 下考虑. 鉴于此, 可以认为 $\{Y_m\}$ 和 $\vec{Z}$ 的定

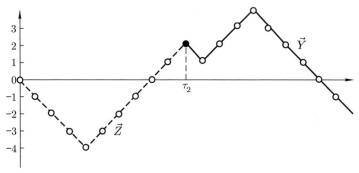

图 1.14 $\vec{Y}$ 与 $\vec{Z}$ 的轨道

$(i = 2.\ \vec{Y} = (2, 1, 2, 3, 4, 3, 2, 1, 0, -1, \cdots);$

$\vec{Z} = (0, -1, -2, -3, -4, -3, -2, -1, 0, 1, 2))$

义已经完整. 换言之, 我们不需要在事件 $\{\tau = \infty\}$ 上对它们进行补充定义. 在 $\{\tau < \infty\}$ 发生的条件下, 我们可以将 $\vec{Z}$ 视为一条随机轨道, 它的长度也是随机变量. 由于长度有限, 并且状态空间 S 是离散的, 因此, $\vec{Z}$ 可以被视为离散型随机变量, 它的所有可能取值组成的集合记为 I, 定义如下: 令

$$I_n := \Big\{ (i_0, i_1, \cdots, i_n) \in S^{n+1} : i_0, \cdots, i_{n-1} \neq i \text{ 且 } i_n = i \Big\}, \quad \forall n \geqslant 0,$$

即 I_n 是所有满足 "在时刻 n 首次到达状态 i" 这一要求的 n 步轨道, 它是 S^{n+1} 的子集; 那么, $\vec{Z}$ 取值于 $I := \bigcup\limits_{n=0}^{\infty} I_n$. 进一步,

$$\Big\{ \vec{Z} = \vec{i} \Big\} = \Big\{ (X_0, \cdots, X_n) = \vec{i} \Big\}, \quad \forall \vec{i} = (i_0, \cdots, i_n) \in I_n. \quad (1.4.10)$$

这是因为: 对任意 $\vec{i} \in I_n$, 根据 $\vec{Z}$ 的定义, (1.4.10) 式中等号左边的事件发生蕴含着 $\tau = n$, 进而蕴含着 $\vec{Z} = (X_0, \cdots, X_n)$, 从而蕴含着等号右边的事件发生; 反过来, 根据 I_n 的定义及其 $\vec{i} \in I_n$, (1.4.10) 式中等号右边的事件发生蕴含着 $\tau = n$, 进而蕴含着 $\vec{Z} = (X_0, \cdots, X_n)$, 从而蕴含着等号左边的事件发生. 事实上, 当 $\vec{i}$ 取遍 I_n 时, 上述事件 (等号

两边的事件) 就是 $\tau = n$ 的划分. 于是,

$$P(\tau < \infty) = \sum_{n=0}^{\infty} P(\tau = n) = \sum_{n=0}^{\infty} \sum_{\vec{i} \in I_n} P\left(\vec{Z} = \vec{i}\right)$$

$$= \sum_{n=0}^{\infty} \sum_{\vec{i} \in I_n} P\left((X_0, \cdots, X_n) = \vec{i}\right).$$

进一步, 根据 (1.1.2) 式,

$$P\left((X_0, \cdots, X_n) = \vec{i}\right) = \mu_{i_0} p_{i_0 i_1} \cdots p_{i_{n-1} i_n},$$

其中, μ 是初分布. 于是, 我们便得到 $P(\tau < \infty)$, 以及在 $\{\tau < \infty\}$ 发生的条件下, Z 的条件分布列:

$$P\left(\vec{Z} = \vec{i} \,\middle|\, \tau < \infty\right) = \frac{1}{P(\tau < \infty)} \mu_{i_0} p_{i_0 i_1} \cdots p_{i_{n-1} i_n}, \quad \forall n \geqslant 0, \ \vec{i} \in I_n.$$

命题 1.4.10 在 $\{\tau_i < \infty\}$ 发生的条件下, $\{Y_m\}$ 是从 i 出发的、以 $\mathbf{P}$ 为转移矩阵的马氏链, 并且它与 $\vec{Z}$ 相互独立.

证 我们先证明在 $\{\tau = n\}$ 发生的条件下结论成立, 然后再证明在 $\{\tau < \infty\}$ 发生的条件下结论成立.

给定 $n \geqslant 0$. 假设 $P(\tau = n) > 0$, 将条件概率 $P(\cdot | \tau = n)$ 简记为 $P_n(\cdot)$. (注: 在此证明中, 暂时使用 $P_n(\cdot)$ 这个符号, 相信读者不会将其与从状态 n 出发的马氏链对应的概率混淆.) 若 $\tau = n$, 则 $\vec{Z} \in I_n$. 根据命题 0.2.7, 为证明在 $\{\tau = n\}$ 发生的条件下结论成立, 我们只须验证

$$P_n\left(\vec{Y} = \vec{j}, \vec{Z} = \vec{i}\right) = g\left(\vec{j}\right) P_n\left(\vec{Z} = \vec{i}\right) \tag{1.4.11}$$

对任意 $m \geqslant 0$, $\vec{j} \in S^{m+1}$ 以及任意 $\vec{i} = (i_0, \cdots, i_n) \in I_n$ 都成立, 其中 $\vec{Y} = (Y_0, \cdots, Y_m)$, $\vec{j} = (j_0, \cdots, j_m)$, $g\left(\vec{j}\right) = \mathbf{1}_{\{j_0 = i\}} p_{j_0 j_1} p_{j_1 j_2} \cdots p_{j_{m-1} j_m}$. 下面, 我们验证之. 考察事件 $\{\vec{Y} = \vec{j}, \vec{Z} = \vec{i}, \tau = n\}$. 当 $\{\tau = n\}$ 发生时, 一方面, $Y_0 = X_\tau = X_n$, $Y_1 = X_{\tau+1} = X_{n+1}, \cdots$, 因此, $\{\vec{Y} = \vec{j}\}$ 可改写为

$$A := \{X_n = j_0, \cdots, X_{n+m} = j_m\};$$

另一方面, 因为 $\vec{i} \in I_n$, 所以根据 (1.4.10) 式, $\{\vec{Z} = \vec{i}\}$ 可改写为

$$B := \{X_0 = i_0, \cdots, X_n = i_n\}.$$

因此,

$$\{\vec{Y} = \vec{j}, \vec{Z} = \vec{i}, \tau = n\} = A \cap B \cap \{\tau = n\}.$$

进一步, 根据 I_n 的定义, 由 $\vec{i} \in I_n$ 知 $i_n = i$, 并且事件 B 蕴含着 $\tau = n$, 即

$$\{X_0 = i_0, \cdots, X_n = i_n\} \subseteq \{\tau = n\}, \quad \forall \vec{i} \in I_n. \tag{1.4.12}$$

换言之, $B = B \cap \{\tau = n\} = \{\vec{Z} = \vec{i}, \tau = n\}$. 于是,

$$\begin{aligned}
P\left(\vec{Y} = \vec{j}, \vec{Z} = \vec{i}, \tau = n\right) &= P(A \cap B \cap \{\tau = n\}) = P(AB) \\
&= P(B)g\left(\vec{j}\right) = g\left(\vec{j}\right) P(B \cap \{\tau = n\}) \\
&= g\left(\vec{j}\right) P\left(\vec{Z} = \vec{i}, \tau = n\right). \tag{1.4.13}
\end{aligned}$$

上式左右两边同时除以 $P(\tau = n)$ 即得 (1.4.11) 式.

最后, 考虑 $\{\tau < \infty\}$, 它可以划分为 $\{\tau = n\}$, $n = 0, 1, \cdots$. 对任意 $\vec{i} \in I = \bigcup_{n=0}^{\infty} I_n$, 存在唯一的非负整数 n, 使得 $\vec{i} \in I_n$. 此时, $\{\vec{Z} = \vec{i}\} \subseteq \{\tau = n\} \subseteq \{\tau < \infty\}$, 并且 (1.4.13) 式仍然成立. 因此,

$$P(\vec{Y} = \vec{j}, \vec{Z} = \vec{i}, \tau < \infty) = g\left(\vec{j}\right) P(\vec{Z} = \vec{i}, \tau < \infty).$$

上式两边同时除以 $P(\tau < \infty)$, 再结合命题 0.2.7 便知结论成立. □

注 1.4.11 命题 1.4.10 是强马氏性的特殊情形, 其一般情形见本节补充知识中的命题 1.4.20.

推论 1.4.12 若 $P(\tau_i < \infty) = 1$, 则 $\{Y_m\}$ 是从 i 出发的马氏链, 并且与 $\vec{Z}$ 相互独立.

推论 1.4.13 将 τ_i 改为 σ_i, 则命题 1.4.10 与推论 1.4.12 仍然成立.

证 令 $\tilde{X}_n := X_{n+1}$, $n \geqslant 0$. 对 $\{\tilde{X}_n\}$ 应用命题 1.4.10 与推论 1.4.12 即可. □

注 1.4.14 马氏性指把某个固定的时刻 n 当作"现在", 那么在已知现在处于状态 i 的条件下, 将来是从 i 出发的马氏链, 并且与过去的轨道相互独立. 强马氏性则是说, 将随机时刻 τ_i (或 σ_i) 当作现在, 那么我们已经知道现在的状态是 i, 在此条件下, 将来是从 i 出发的马氏链, 并且与过去的轨道 $\vec{Z}$ 相互独立.

例 1.4.15 (例 1.1.6 续) 假设 $\{S_n\}$ 是从原点出发的一维简单随机游动, $\tau_i = \inf\{n \geqslant 0 : S_n = i\}$. 下面研究 τ_i 的性质. 为此先观察 τ_2 与 τ_1 的关系. 由图 1.15, 当粒子首次到达 1 后, 后续轨道为从 1 出发的简单随机游动. 根据空间的平移不变性, 它还需要经过一个同分布于 τ_1 的随机时间到达 2, 并且由强马氏性, 这个随机时间与 τ_1 相互独立. 换言之, $\tau_1, \tau_2 - \tau_1, \tau_3 - \tau_2, \cdots$ 独立同分布.

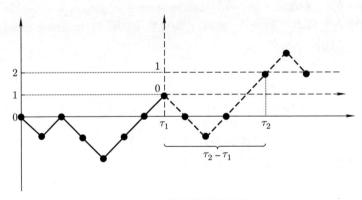

图 1.15 随机游动的轨道
($\tau_2 - \tau_1$ 与 τ_1 独立同分布)

当 $S_1 = 1$ 时, $\tau_1 = 1$; 当 $S_1 = -1$ 时, $\tau_1 = 1 + \tilde{\tau}_2$, 其中 $\tilde{\tau}_2$ 是从 -1 出发的随机游动首达 1 的时间. 根据空间的平移不变性, $\tilde{\tau}_2$ 与从 0 出

发首达 2 的时间 τ_2 同分布. 从而

$$E_0\tau_1 = \frac{1}{2} \times 1 + \frac{1}{2} \times (1 + E_0\tau_2) = 1 + \frac{1}{2}E_0\tau_2 = 1 + E_0\tau_1.$$

这表明 $E_0\tau_1 = \infty$. 该结论在推论 1.4.6 中已得到, 这里给出的是另一种证明方法. □

补充知识: 停时与强马氏性

强马氏性是更一般的概念, 不仅对 τ_i 和 σ_i 成立, 事实上它对更多的随机时刻成立. 在命题 1.4.10 的证明过程中, 我们可以看到, 至关重要的是公式 (1.4.12). 将前 n 步轨道记为 $\vec{i} = (i_0, \cdots, i_n)$. 公式 (1.4.12) 则是说: 由 $\vec{i} \in I_n$ 可判断事件 $\tau_i = n$ 成立. 事实上, 我们还可以看出, 由 $\vec{i} \in S^{n+1} \setminus I_n$ 可判断事件 $\{\tau_i = n\}$ 不成立. 满足这一性质的随机时间被称为停时, 定义如下.

定义 1.4.16 设 $\{X_n\}$ 是 S 上的随机过程, τ 是取值于 $\{0, 1, 2, \cdots\} \cup \{\infty\}$ 的广义随机变量. 若对任意 $n \geqslant 0$, $i_0, i_1, \cdots, i_n \in S$, 下列两种情况中有且仅有一种成立, 则称 τ 为 $\{X_n\}$ 的**停时**(stopping time), 简称 τ 是**停时**:

$$\{X_0 = i_0, X_1 = i_1, \cdots, X_n = i_n\} \subseteq \{\tau \leqslant n\}, \qquad (1.4.14)$$

$$\{X_0 = i_0, X_1 = i_1, \cdots, X_n = i_n\} \subseteq \{\tau > n\}. \qquad (1.4.15)$$

命题 1.4.17 τ 为停时当且仅当对任意 $n \geqslant 0$, $i_0, i_1, \cdots, i_n \in S$, 以下两种情况中有且仅有一种情况成立:

$$\{X_0 = i_0, X_1 = i_1, \cdots, X_n = i_n\} \subseteq \{\tau = n\}, \qquad (1.4.16)$$

$$\{X_0 = i_0, X_1 = i_1, \cdots, X_n = i_n\} \subseteq \{\tau \neq n\}. \qquad (1.4.17)$$

证 假设 τ 是停时. 如果 (1.4.15) 式成立, 那么 (1.4.17) 成立. 否则, (1.4.14) 式成立, 此时, 根据停时的定义, $\{X_0 = i_0, \cdots, X_{n-1} = i_{n-1}\}$ 包含于 $\{\tau \leqslant n-1\}$ 或 $\{\tau > n-1\}$, 这结合 (1.4.14) 式表明

$\{X_0 = i_0, \cdots, X_{n-1} = i_{n-1}, X_n = i_n\}$ 包含于 $\{\tau \leqslant n-1, \tau \leqslant n\} = \{\tau \leqslant n-1\} \subseteq \{\tau \neq n\}$ 或 $\{\tau > n-1, \tau \leqslant n\} = \{\tau = n\}$, 即 (1.4.17) 式 或 (1.4.16) 式成立.

反过来, 若 (1.4.16) 式成立, 则 (1.4.14) 式成立. 否则, (1.4.17) 式 成立, 此时, 若

$$\{X_0 = i_0\} \subseteq \{\tau = 0\}, \quad \{X_0 = i_0, X_1 = i_1\} \subseteq \{\tau = 1\}, \quad \cdots,$$
$$\{X_0 = i_0, X_1 = i_1, \cdots, X_n = i_n\} \subseteq \{\tau = n\}$$

之一成立, 则 (1.4.14) 式成立. 否则,

$$\{X_0 = i_0, X_1 = i_1, \cdots, X_n = i_n\} \subseteq \{\tau \neq 0, \tau \neq 1, \cdots, \tau \neq n\} = \{\tau > n\},$$

即 (1.4.15) 式成立. □

例 1.4.18 对任意 $D \subseteq S$, τ_D 与 σ_D 都是停时.

例 1.4.19 假设 $\{S_n\}$ 是 $\mathbb{Z}$ 上的随机游动, $p_{i,i+1} = 1 - p_{i,i-1} = p \in (1/2, 1)$. 对任意 $i \geqslant 0$, $\epsilon_i := \sup\{n \geqslant 0 : X_n = i\}$ 不是停时.

命题 1.4.20 (强马氏性) 假设 $\{X_n\}$ 是马氏链, 转移矩阵为 $\mathbf{P}$. 假设 τ 是 $\{X_n\}$ 的停时. 在事件 $\{\tau < \infty\}$ 上, 定义

$$Y_m := X_{\tau+m}, \quad \forall m \geqslant 0; \quad \vec{Z} = (X_0, \cdots, X_\tau).$$

则在 $\{\tau < \infty, X_\tau = i\}$ 发生的条件下, 或者在 $\{\tau = n, X_\tau = i\}$ 发生的 条件下, 我们都有如下结论: $\{Y_m\}$ 是从 i 出发的、以 $\mathbf{P}$ 为转移矩阵的 马氏链, 且它与 $\vec{Z}$ 相互独立.

注 1.4.21 需要注意的是: 在运用强马氏性时, 必须检查所涉及 的随机时刻满足停时的定义. 譬如说, 例 1.4.19 中的 ε_i 不是停时, 而 ε_i 的后续轨道虽然是从 i 出发, 但是它不是随机游动的轨道. 因为按 照 ε_i 的定义, 其后续轨道的第一步以概率 1 跳至 $i+1$, 而不是等可能 跳至 $i+1$ 或 $i-1$.

证 (命题 1.4.20) 记 $E_n = \{\tau = n, X_\tau = i\}$, $E = \{\tau < \infty, X_\tau = i\}$. 我们仍然先证明在事件 E_n 发生的条件下, 结论成立, 然后再证明在事件 E 发生的条件下, 结论成立.

假设 $P(E_n) > 0$, 并将条件概率 $P(\cdot|E_n)$ 简记为 $P_n(\cdot)$. 若 E_n 发生, 则 $\tau = n$. 这意味着 $\vec{Z} = (X_0, \cdots, X_n)$. 根据命题 1.4.17, 此时, $\vec{Z}$ 只能取值于

$$I_n = \{\vec{i} = (i_0, \cdots, i_n) \in S^{n+1} : (1.4.16) \text{ 式成立}\}.$$

并且, 对任意 $\vec{i} \in S^{n+1} \setminus I_n$ 都有 (1.4.17) 式成立. 为证明在事件 E_n 发生的条件下, 结论成立, 我们只须验证 (1.4.11) 式成立, 等价地, 对任意 $m \geqslant 0$, 任意 $\vec{j} = (j_0, \cdots, j_m) \in S^{m+1}$, 任意 $\vec{i} = (i_0, \cdots, i_n) \in I_n$,

$$P(\vec{Y} = \vec{j}, \vec{Z} = \vec{i}, E_n) = g(\vec{j})P(\vec{Z} = \vec{i}, E_n), \qquad (1.4.18)$$

其中 $\vec{Y} = (Y_0, \cdots, Y_m)$, $g(\vec{j}) = \mathbf{1}_{\{j_0 = i\}} p_{j_0 j_1} p_{j_1 j_2} \cdots p_{j_{m-1} j_m}$.

当事件 E_n 发生时, 一方面, $\tau = n$, 从而 $\vec{Z} = (X_0, \cdots, X_n)$ 且 $\vec{Y} = (X_n, \cdots, X_{n+m})$, 另一方面, $X_n = X_\tau = i$. 于是, (1.4.18) 式实际上就是

$$P(X_n = j_0, \cdots, X_{n+m} = j_m; X_0 = i_0, \cdots, X_n = i_n; \tau = n, X_n = i)$$
$$= g(\vec{j})P(X_0 = i_0, \cdots, X_n = i_n; \tau = n, X_n = i).$$

由于 $\vec{i} \in I_n$, 即 (1.4.16) 式成立, 因此, 上式两边的 $\tau = n$ 都可以去掉. 当 $i_n \neq i$ 时, 上式成立, 因为等号两边都是 0; 当 $i_n = i$ 时, 上式两边的 $X_n = i_n$ 都可以去掉, 于是上式转化为

$$P(X_n = j_0, \cdots, X_{n+m} = j_m; X_0 = i_0, \cdots, X_{n-1} = i_{n-1}, X_n = i)$$
$$= g(\vec{j})P(X_0 = i_0, \cdots, X_{n-1} = i_{n-1}, X_n = i).$$

由 $\{X_n\}$ 是马氏链知该式成立, 从而 (1.4.18) 式成立.

最后, 仿照命题 1.4.10 的证明的最后一段, 可以证明在事件 E 发生的条件下, 结论成立. □

在 $\{\tau < \infty\}$ 发生的条件下, 我们可以将 $\vec{Z}$ 视为一条随机的有限步轨道, 其长度是随机变量, 其所有可能取值为 $\bigcup_{n=0}^{\infty} I_n$, 而不是 $\bigcup_{n=0}^{\infty} S^{n+1}$. 具体地, 对任意 $\vec{i} = (i_0, \cdots, i_n) \in I_n$,

$$P(\vec{Z} = \vec{i}) = P(X_0 = i_0, \cdots, X_n = i_n),$$

因为上式等号两边的事件都蕴含着 $\tau = n$, 从而蕴含着 $\vec{Z} = (X_0, \cdots, X_n)$. 当 $\vec{i} \in S^{n+1} \backslash I_n$ 时, 根据 $\vec{Z}$ 的定义, 上式左边的事件 $\{\vec{Z} = \vec{i}\}$ 发生蕴含着 $\tau = n$, 从而蕴含着 $\vec{Z} = (X_0, \cdots, X_n)$, 因此蕴含着上式右边的事件 $\{X_0 = i_0, \cdots, X_n = i_n\}$ 发生. 这意味着 $\tau \neq n$, 因为 $\vec{i} \in S^{n+1} \backslash I_n$. 于是对任意 n 以及任意 $\vec{i} \in S^{n+1} \backslash I_n$, $P(\vec{Z} = \vec{i}) = 0$.

习　题

1. 假设 $i \neq j$, $P_i(\tau_j < \infty) = P_j(\tau_i < \infty) = 1$, $P_i(\tau_j < \sigma_i) = p$, $P_j(\tau_i < \sigma_j) = q$, 其中 $0 < p, q < 1$. 将从 i 出发的马氏链在回到 i 之前, 访问状态 j 的总次数记为 ξ. 求: ξ 的分布列与期望.

2*. 取 $n \in \mathbb{Z}_+$, 令 $\tau \equiv n$. 证明: τ 是停时.

3*. 证明: $\tau = \inf\{n \geqslant n_0 : X_n \in A\}$ 是停时.

4*. 假设 τ 为停时, $A \subseteq S$. 令

$$\sigma_1 := \begin{cases} \inf\{n \geqslant \tau : X_n \in A\}, & \text{若 } \tau < \infty, \\ \infty, & \text{若 } \tau = \infty, \end{cases}$$

$$\sigma_2 := \begin{cases} \inf\{n \geqslant \tau + 1 : X_n \in A\}, & \text{若 } \tau < \infty, \\ \infty, & \text{若 } \tau = \infty. \end{cases}$$

证明: σ_1, σ_2 都是停时.

5*. 假设 τ, σ 是停时. 试证明下列随机时间都是停时: $\min\{\tau, \sigma\}$, $\max\{\tau, \sigma\}$, $\tau + \sigma$.

§1.5 常 返 性

在 §1.3 中, 我们讨论了从状态 i_0 出发的马氏链是否有可能 (即以正概率) 访问状态 i, 这是可达的概念. 在本节, 我们将研究如下几个问题: 马氏链是否一定 (即概率为 1) 访问状态 i? 在整条轨道上, 总共访问状态 i 多少次? 访问 i 的所有时间有什么性质?

一、回访时间

给定状态 i. 沿用 (1.4.1) 式和 (1.4.2) 式定义的符号. 记

$$\tau_i = \inf\{n \geqslant 0 : X_n = i\}, \quad \sigma_i = \inf\{n \geqslant 1 : X_n = i\}.$$

我们考虑从 i 出发的粒子, 即假设 $X_0 = i$. 它首次返回状态 i 的时间 (即回访时间) 就是 σ_i, 将它记为 $T_{i,1}$, 然后我们归纳定义粒子第 r 次回访时间. 具体地, 令 $T_{i,1} := \sigma_i$. 对任意 $r \geqslant 2$, 递归地定义:

$$T_{i,r} := \begin{cases} \inf\{n \geqslant T_{i,r-1} + 1 : X_n = i\}, & \text{若 } T_{i,r-1} < \infty, \\ \infty, & \text{若 } T_{i,r-1} = \infty. \end{cases}$$

根据定义, $T_{i,r}$ 表示粒子第 r 次回访状态 i 的时间. 假设 $\sigma_i < \infty$, 我们知道粒子在时刻 $T_{i,1}$ 返回状态 i. 根据强马氏性, 粒子的后续运动仍然是从 i 出发的马氏链, 并且它跟 σ_i 之前的轨道 (特别是, 跟这段轨道的长度 σ_i) 是相互独立的. 因此, 它再次返回状态 i 所需的时间长 $T_{i,2} - T_{i,1}$ 与 σ_i 具有相同的分布, 并且是相互独立的. 严格地说, 令 $T_{i,0} := 0$. 对任意 $r \geqslant 1$, 令

$$\sigma_{i,r} := \begin{cases} T_{i,r} - T_{i,r-1}, & \text{若 } T_{i,r-1} < \infty, \\ \infty, & \text{若 } T_{i,r-1} = \infty, \end{cases} \tag{1.5.1}$$

其中 $\sigma_{i,1}$ 就是 σ_i.

命题 1.5.1 对任意 $r \geqslant 1$ 以及 $m_1, \cdots, m_r \geqslant 1$,

$$P_i(\sigma_{i,1} = m_1, \sigma_{i,2} = m_2, \cdots, \sigma_{i,r} = m_r) = \prod_{s=1}^{r} P_i(\sigma_i = m_s). \tag{1.5.2}$$

进一步, 若 $P_i(\sigma_i < \infty) = 1$, 则 $\sigma_{i,1}, \sigma_{i,2}, \sigma_{i,3}, \cdots$ 独立同分布.

证 记

$$A = \{\sigma_{i,2} = m_2, \cdots, \sigma_{i,r} = m_r\}.$$

那么, (1.5.2) 式的左边就是 $P_i(\sigma_i = m_1, A)$, 根据乘法公式, 它等于 $P_i(\sigma_i = m_1)P(A|\sigma_i = m_1)$. 在事件 $\{\sigma_i < \infty\}$ 上, 令 $Y_n = X_{\sigma_i+n}$, $n \geqslant 0$. 于是根据 (1.5.1) 式, $\sigma_{i,1}^{(Y)} = \sigma_{i,2}, \cdots, \sigma_{i,r-1}^{(Y)} = \sigma_{i,r}$. 因此, 事件 A 就可以改写为

$$\tilde{A} = \big\{\sigma_{i,1}^{(Y)} = m_2, \cdots, \sigma_{i,r-1}^{(Y)} = m_r\big\}.$$

值得注意的是, A 就是 $\tilde{A}$, 我们换符号只是为了强调该事件原本是用 $\{X_n\}$ 表达, 而现在改用 $\{Y_n\}$ 来表达. 根据推论 1.4.13, 在 $\sigma_i = m_1$ 上, $\{Y_n\}$ 是从 i 出发的马氏链, 因此事件 $\tilde{A}$ 的条件概率就等于事件

$$\hat{A} = \{\sigma_{i,1} = m_2, \cdots, \sigma_{i,r-1} = m_r\}$$

的概率. 换言之,

$$P\big(\tilde{A}|\sigma_i = m_1\big) = P_i\big(\hat{A}\big).$$

因为 $A = \tilde{A}$, 所以 $P(A|\sigma_i = m_1) = P_i\big(\hat{A}\big)$, 从而

$$P_i(\sigma_i = m_1, A) = P_i(\sigma_i = m_1)P(A|\sigma_i = m_1) = P_i(\sigma_i = m_1)P_i(\hat{A}).$$

最后, 利用归纳法, 我们可以证明结论成立.

进一步, 若 $P_i(\sigma_i < \infty) = 1$, 则 $\sigma_{i,1}, \sigma_{i,2}, \cdots$ 都是取值正整数的随机变量. 于是, (1.5.2) 式表明它们独立同分布. $\square$

注 1.5.2 以上命题可以直接证明, 以 $r = 2$ 为例. 假设 $\sigma_{i,1} = m$, $\sigma_{i,2} = n$, 即粒子在 m 时刻首次返回状态 i, 之后又经历了时间长 n 第二次返回 i. 这等价于粒子在 $0, m, m+n$ 这三个时刻访问 i, 并且在时间段 $[0, m+n]$ 中的其他时刻访问其他状态. 于是, 我们可以将这个事件用前 $m+n$ 步轨道写出. 将 m 视为现在, 则这个事件可以写为一个

过去及现在的事件 C 和一个将来的事件 B 的交集, 其中

$$B = \{X_{m+r} \neq i, 1 \leqslant r \leqslant n-1; X_{m+n} = i\},$$
$$C = \{X_0 = i; X_r \neq i, \forall 1 \leqslant r \leqslant m-1; X_m = i\}.$$

于是

$$P_i(\sigma_{i,1} = m, \sigma_{i,2} = n) = P_i(C \cap B) = P_i(C)P_i(B|C).$$

一方面, $C = \{\sigma_i = m\}$. 另一方面, 由马氏性 (命题 1.1.11),

$$P_i(B|C) = P(X_{m+r} \neq i, 1 \leqslant r \leqslant m+n-1; X_{n+m} = i|X_m = i)$$
$$= P(X_r \neq i, 1 \leqslant r \leqslant n-1; X_n = i|X_0 = i)$$
$$= P_i(\sigma_i = n).$$

于是,

$$P_i(\sigma_{i,1} = m, \sigma_{i,2} = n) = P_i(\sigma_i = m)P_i(\sigma_i = n).$$

这即是 (1.5.2) 式的 $r = 2$ 的情形.

考虑状态 i 的回访概率

$$\rho_i := P_i(\sigma_i < \infty). \tag{1.5.3}$$

当 $\rho_i < 1$ 时, $\sigma_{i,1}, \sigma_{i,2}, \cdots$ 可以取值 ∞. 此时, (1.5.2) 式不能表明它们独立同分布. 事实上, 根据 (1.5.1) 式, $\sigma_i = \infty$ 蕴含着 $\sigma_{i,2} = \infty$, 因此它们不是相互独立的. 在 (1.5.2) 式中, 让 $m_1, \cdots, m_r$ 取遍所有正整数, 然后求和, 便得到下面的推论. 它主要针对 $\rho_i < 1$ 的情形, 因为当 $\rho_i = 1$ 时, 对所有 $r, \sigma_{i,r}$ 都是有限的, 于是对所有 $r, T_{i,r}$ 都是有限的, 从而下述推论中的等式两边都等于 1, 从而推论成立.

推论 1.5.3 对任意 $i \in S, r = 1, 2, \cdots$, 总有 $P_i(T_{i,r} < \infty) = \rho_i^r$.

二、回访总次数

令

$$V_i = \sum_{n=0}^{\infty} \mathbf{1}_{\{X_n = i\}} = |\{n \geqslant 0 : X_n = i\}|.$$

它是粒子沿其轨道访问 i 的总次数. 有时, 为了强调所涉及的马氏链是 $\{X_n\}$, 我们也将 V_i 记为 $V_i^{(X)}$. 若马氏链从 i 出发, 则 $V_i - 1$ 就是该马氏链回访 i 的总次数. 直观上, 若回访概率 $\rho_i = 1$, 则粒子出游后必然返回 i, 于是它将一而再、再而三地返回 i, 因此 $V_i = \infty$; 若 $\rho_i < 1$, 则粒子每次出游都以 (正) 概率 $1 - \rho_i$ 不返回 i, 于是终有一次出游时它不再返回, 因此 $V_i < \infty$. 为此, 我们做一个抛硬币的随机试验, 正面表示回访成功 (即回访 i), 反面表示回访失败 (即不回访 i). 与独立抛硬币试验不同的是, 在现在的随机试验中, 只有抛到正面才可以进行下一次抛硬币 (因为只有回访成功, 谈及下一次回访的时间才有意义); 一旦抛到反面, 试验就结束. 在该随机试验中, 我们关心的回访次数就是抛到反面之前正面出现的次数, 这与独立抛硬币试验的结果是一样的. 换言之, V_i 服从参数为 ρ_i 的几何分布. 这个结论本质上就是推论 1.5.3, 因为至少回访 r 次 (再加上初始时刻, 即至少访问 $r + 1$ 次) 等价于第 r 次回访时间 $T_{i,r}$ 有限, 从而

$$P_i(V_i \geqslant r + 1) = P_i(T_{i,r} < \infty) = \rho_i^r, \quad \forall \, r \geqslant 0,$$

而上式表明 V_i 服从参数为 ρ_i 的几何分布.

根据上面的分析, 我们有如下总结: 当回访概率 $\rho_i = 1$ 时, $P_i(V_i = \infty) = 1$, 此时 $E_i V_i = \infty$; 当回访概率 $\rho_i < 1$ 时, $P_i(V_i < \infty) = 1$, 此时 $E_i V_i = 1/(1 - \rho_i) < \infty$. 于是, 如下的二择一法则成立:

$$\begin{aligned} P_i(\sigma_i < \infty) = 1 &\Longleftrightarrow P_i(V_i = \infty) = 1 \Longleftrightarrow E_i V_i = \infty, \\ P_i(\sigma_i = \infty) = 0 &\Longleftrightarrow P_i(V_i < \infty) = 1 \Longleftrightarrow E_i V_i < \infty. \end{aligned} \tag{1.5.4}$$

此二择一法则表明, "回访 i 无穷多次"这一事件有 0-1 律, 即 $P_i(V_i = \infty) = 0$ 或 1. 若此概率为 1, 我们认为从 i 出发的马氏链会经常返回 i, 因此称这样的状态 i 为**常返态**.

定义 1.5.4 若 $P_i(V_i = \infty) = 1$, 则称状态 i 是**常返态**, 或称 i 是**常返的** (recurrent), 简称 i **常返**. 否则称 i 是一个**暂态**, 或称 i 是**非常返的** (transient), 简称 i **非常返**.

假设 i 是常返态, 等价地, $P_i(\sigma_i < \infty) = 1$, 并且 $P(T_{i,r} < \infty) = 1$, $\forall r \geqslant 1$. 根据命题 1.5.1, $\sigma_{i,1}, \sigma_{i,2}, \cdots$ 独立同分布. 事实上, 我们还可以证明如下更强的结论.

命题 1.5.5 假设 i 常返, $X_0 = i$. 令

$$\vec{Z}^{(r)} := \left(X_{T_{i,r-1}}, \cdots, X_{T_{i,r}}\right), \quad \forall\, r \geqslant 1.$$

则 $\vec{Z}^{(1)}, \vec{Z}^{(2)}, \cdots$ 独立同分布.

证 由 i 常返以及 $X_0 = i$ 知 $\sigma_i < \infty$. 记 $Y_n = X_{\sigma_i + n}$, $n \geqslant 0$. 那么 $\{Y_n\}$ 第 r 次返回 i 的时间 $T_{i,r}^{(Y)}$ 等于 $T_{i,r+1} - \sigma_i$. 在 $\vec{Z}^{(r)}$ 的定义中, 将 $\{X_n\}$ 改为 $\{Y_n\}$, 将 $T_{i,r}$ 相应地改为 $T_{i,r}^{(Y)}$, 我们得到 $\vec{Z}^{(\vec{Y},r)}$. 那么, 对任意 $r \geqslant 1$,

$$\begin{aligned}
\vec{Z}^{(\vec{Y},r)} &= \left(Y_{T_{i,r-1}^{(Y)}}, \cdots, Y_{T_{i,r}^{(Y)}}\right) = \left(X_{\sigma_i + T_{i,r-1}^{(Y)}}, \cdots, X_{\sigma_i + T_{i,r}^{(Y)}}\right) \\
&= \left(X_{T_{i,r}}, \cdots, X_{T_{i,r+1}}\right) = \vec{Z}^{(r+1)}.
\end{aligned}$$

根据推论 1.4.13, $\{Y_n\}$ 也是从 i 出发的以 $\mathbf{P}$ 为转移矩阵的马氏链, 且 $\{Y_n\}$ 与 $\vec{Z}^{(1)}$ 相互独立. 根据 $(\vec{Z}^{(2)}, \vec{Z}^{(3)}, \cdots) = (\vec{Z}^{(\vec{Y},1)}, \vec{Z}^{(\vec{Y},2)}, \cdots)$, 我们得到下面的两条结论:

(i) $(\vec{Z}^{(2)}, \vec{Z}^{(3)}, \cdots)$ 与 $(\vec{Z}^{(1)}, \vec{Z}^{(2)}, \cdots)$ 同分布, 因为 $\{Y_n\}$ 与 $\{X_n\}$ 同分布, 它们都是从 i 出发的马氏链;

(ii) $(\vec{Z}^{(2)}, \vec{Z}^{(3)}, \cdots)$ 与 $\vec{Z}^{(1)}$ 相互独立, 因为 $\{Y_n\}$ 与 $\vec{Z}^{(1)}$ 相互独立.

一方面, 根据结论 (i), $(\vec{Z}^{(r+1)}, \vec{Z}^{(r+2)}, \cdots)$ 与 $(\vec{Z}^{(r)}, \vec{Z}^{(r+1)}, \cdots)$ 同分布, 因为它们分别是结论 (i) 中提到的两个序列的从第 r 项开始的后续序列. 由归纳法, 我们得到下面的结论:

(iii) $(\vec{Z}^{(r)}, \vec{Z}^{(r+1)}, \cdots)$ 与 $(\vec{Z}^{(1)}, \vec{Z}^{(2)}, \cdots)$ 同分布, 从而, $\vec{Z}^{(1)}, \vec{Z}^{(2)}, \cdots$ 同分布.

另一方面, 结论 (ii) 描述的性质是序列的第一项与所有后续项相互独立. 由结论 (iii), 对任意 $r \geqslant 1$, $(\vec{Z}^{(r)}, \vec{Z}^{(r+1)}, \cdots)$ 都满足该性质, 从而对任意 $r \geqslant 1$, $\vec{Z}^{(r)}$ 与 $(\vec{Z}^{(r+1)}, \vec{Z}^{(r+2)}, \cdots)$ 相互独立. 这结合归纳

法表明对任意 $r \geqslant 1$, $\vec{Z}^{(1)}, \cdots, \vec{Z}^{(r)}$ 相互独立, 即 $\vec{Z}^{(1)}, \vec{Z}^{(2)}, \cdots$ 相互独立.

综上, $\vec{Z}^{(1)}, \vec{Z}^{(2)}, \cdots$ 独立同分布. □

将上面的 $\vec{Z}^{(1)}$ 简记为 $\vec{Z}$. 它的取值范围不超过

$$E_i = \{(i_0, i_1, \cdots, i_n) : n \geqslant 1; \ i_0 = i_n = i; \ i_1, \cdots, i_{n-1} \neq i\}.$$

这是一个可数集, 因此 $\vec{Z}$ 是离散型随机变量. 进一步, 对任意 $\vec{i} := (i_0, i_1, \cdots, i_n) \in E_i$, $\{(X_0, \cdots, X_n) = \vec{i}\}$ 发生蕴含着 $\sigma_i = n$; $\{\vec{Z}^{(1)} = \vec{i}\}$ 发生也蕴含着 $\sigma_i = n$. 而 $\sigma_i = n$ 又蕴含着 $\vec{Z}^{(1)} = (X_0, \cdots, X_n)$. 因此,

$$\{\vec{Z}^{(1)} = \vec{i}\} = \{(X_0, \cdots, X_n) = \vec{i}\}, \quad \forall \vec{i} \in E_i.$$

从而,

$$P\left(\vec{Z}^{(1)} = \vec{i}\right) = P\left((X_0, \cdots, X_n) = \vec{i}\right) = p_{i_0 i_1} \cdots p_{i_{n-1} i_n}.$$

对任意 $\vec{i} = (i_0, i_1, \cdots, i_n)$, 将 $p_{i_0 i_1} \cdots p_{i_{n-1} i_n}$ 简记为 $p_{\vec{i}}$. 不难验证,

$$P_i(\sigma_i = n) = \sum_{\vec{i} \in S^{n+1} \cap E_i} p_{\vec{i}}, \quad P_i(\sigma_i < \infty) = \sum_{\vec{i} \in E_i} p_{\vec{i}}.$$

当 i 常返时, $\{p_{\vec{i}} : \vec{i} \in E_i\}$ 是分布列. 称服从此分布列的随机变量为从状态 i 出发的**游弋**. 游弋的取值是有限长的轨道, 从 i 出发, 中途不访问 i, 最后回到 i; 其直观就是从 i 出发的某常返马氏链, 首次回到 i 之前经历的 (有限长的) 轨道. 例如, 命题 1.5.5 中的 $\vec{Z}^{(1)}, \vec{Z}^{(2)}, \cdots$ 就是独立同分布的游弋, 换言之, 该常返马氏链的轨道是由一系列独立同分布的游弋拼接而成的.

当 i 非常返时, $\{p_{\vec{i}} : \vec{i} \in E_i\}$ 给出的不是分布列, 因为它不满足求和等于 1 的规范性要求.

三、常返与互通类

命题 1.5.6 假设 i 常返且 $i \to j$, 则 j 常返且 $j \to i$. 进一步, $P_i(V_j = \infty) = P_j(V_i = \infty) = 1$. 从而, $P_i(\tau_j < \infty) = P_j(\tau_i < \infty) = 1$.

证　当 $j = i$ 时, 根据常返的定义, 结论成立. 下面假设 $j \neq i$. 我们首先将依次证明如下三个结论:

(i) $P_i(V_j = \infty) = 1$. 该结论表明 $P_i(\tau_j < \infty) = 1$.

(ii) $P_j(V_i = \infty) = 1$. 该结论表明 $P_j(\tau_i < \infty) = 1$, 从而 $j \to i$.

(iii) j 常返.

结论 (i) 的证明　考虑从 i 出发的轨道, 即假设 $X_0 = i$. 考虑事件 $A_r =$ "状态 j 出现在第 r 个游弋中", 即

$$A_r := \{\exists\, n \in [T_{i,r-1}, T_{i,r}],\ 使得\ X_n = j\}.$$

由命题 1.5.5, $\mathbf{1}_{A_1}, \mathbf{1}_{A_2}, \cdots$ 独立同分布, 从而对任意 n, $E\mathbf{1}_{A_n} = P(A_n) = p$, 其中, $p = P(A_1)$.

往证 $p > 0$. 这是因为

$$\{\tau_j < \infty\} = \{\exists\, n \geqslant 0, 使得\ X_n = j\} = \bigcup_{r=1}^{\infty} A_r,$$

而 $i \to j$ 表明上述事件的概率为正. 根据概率的次可列可加性,

$$\sum_{r=1}^{\infty} P_i(A_r) \geqslant P_i(\tau_j < \infty) > 0,$$

从而 $p > 0$.

由强大数定律,

$$P_i\left(\lim_{n \to \infty} \frac{1}{n} \sum_{r=1}^{n} \mathbf{1}_{A_r} = p\right) = 1.$$

由 $V_j \geqslant \displaystyle\sum_{r=1}^{\infty} \mathbf{1}_{A_r}$ 可推出 $P_i(V_j = \infty) = 1$. 因此状态 j 将出现在无穷多个游弋中, 从而出现无穷多次. 这即是结论 (i).

结论 (ii) 的证明　由于 $V_j = \infty$ 蕴含着 $\tau_j < \infty$, 因此 $P_i(\tau_j < \infty) \geqslant P_i(V_j = \infty) = 1$. 令 $Y_n = X_{\tau_j + n}$, $n \geqslant 0$. 那么,

$$V_i^{(Y)} := \sum_{n=0}^{\infty} \mathbf{1}_{\{Y_n = i\}} = \sum_{n=\tau_j}^{} \mathbf{1}_{\{X_n = i\}}.$$

因为 $\tau_j < \infty$, 所以 $V_i = \infty$ 当且仅当 $V_i^{(Y)} = \infty$. 根据强马氏性, $P_i(V_i^{(Y)} = \infty | \tau_j < \infty) = P_j(V_i = \infty)$. 再由 i 常返且 $\tau_j < \infty$ 知,

$$1 = P_i(V_i = \infty, \tau_j < \infty) = P_i(\tau_j < \infty) P_i(V_i^{(Y)} = \infty | \tau_j < \infty)$$
$$= P_i(\tau_j < \infty) P_j(V_i = \infty),$$

其中 $P_i(\tau_j < \infty) = 1$. 从而, $P_j(V_i = \infty) = 1$. 这即是结论 (ii).

结论 (iii) 的证明　类似地, 考虑 $V_j^{(Y)}$, 我们也有 $V_j = \infty$ 当且仅当 $V_j^{(Y)} = \infty$. 由已证的结论 (i) 以及 $\tau_j < \infty$ 知

$$1 = P_i(V_j = \infty, \tau_j < \infty) = P_i(\tau_j < \infty) P_i(V_j^{(Y)} = \infty | \tau_j < \infty)$$
$$= P_i(\tau_j < \infty) P_j(V_j = \infty).$$

这表明 $P_j(V_j = \infty) = 1$, 即 j 常返. 这即是结论 (iii). □

上面的命题 1.5.6 表明常返是互通类的性质. 若某互通类中的所有状态都常返, 则我们称之为**常返类**, 否则称之为**非常返类**. 进一步, 常返类一定是闭集. 具体地, 若互通类 C 不是闭集, 那么存在 $i \in C$, $j \notin C$, 使得 $p_{ij} > 0$, 因此 $i \to j$, 但 $P_j(\tau_i < \infty) = P_j(V_i = \infty) = 0$, 由命题 1.5.6 知 i 非常返. 基于此, 我们只需要考虑闭的互通类的常返性. 此时, 我们可以将马氏链限制在这个闭的互通类上, 得到一个状态空间小一点的不可约马氏链. 因此, 在讨论常返性时, 我们不妨假设马氏链不可约. 此时, 所有状态或者都常返, 或者都非常返, 我们也可称该马氏链是**常返的**, 或非常返的.

补充知识: 关于随机游动的一些历史注记

在 1905 年, 英国学者 Karl Pearson 在 *Nature* 杂志上发表文章 *The problem of random walker*, 首次用了随机游动这一名称. 他的问题如下: 某人从原点出发, 沿着某条直线前行 l 码, 然后转方向, 转的角度是随机的, 然后沿新的方向前行 l 码. 如此反复 n 次. 我想知道此人在这 n 步后与出发点的距离介于 r 和 $r + \delta r$ 之间的概率. 此问题够有

意思, 但我只能对两步情形求得用积分表达的解. 然而, 我相信当步数 n 充分大时, 我们应该能够找到答案, 哪怕是以 $1/n$ 的级数形式. (A man starts from a point 0 and walks l yards in a straight line: he then turns through any angle whatever and walks another l yards in a second straight line. He repeats this process n times. I require the probability that after these n stretches he is at a distance between r and $r + \delta r$ from his starting-point 0. The problem is one of considerable interest, but I have only succeeded in obtaining an integrated solution for two stretches. I think, however, that a solution ought to be found, if only in the form of a series in power of $1/n$, where n is large.) 其实, 随机游动的某些特性早已被人们研究过. Lord Rayleigh 在 1880 年和 1889 年发表的文章就解答了Pearson 的问题. Pearson 所考虑的是二维随机游动.

历史上, 随机游动也曾被译为**随机徘徊**或**随机游走**. 随机游动不仅是研究其他随机过程的基础工具, 还是当今十分活跃的研究课题. 它大致分为两个方面: 一是对简单随机游动的十分精准的刻画; 二是研究群上的随机游动, 例如考察某类矩阵组成群上的随机游动.

20 世纪 20 年代, Polya 在苏黎世的高等理工学校 (ETH) 周围随意漫步时一而再、再而三地遇到一对情侣. 为了说明自己并不在盯梢人家, Polya 把随意漫步看成是二维格点上的简单随机游动, 而两个独立的简单随机游动 $\{S_n\}$ 与 $\{T_n\}$ 相遇等价于随机游动 $\{S_n - T_n\}$ 回到原点, 这引发了常返性的研究.

习　题

1. 证明:

(1) 若 D 是有限闭集, 则存在常返类 C, 使得 $C \subseteq A$.

(2) 有限状态空间上的马氏链有常返态.

(3) 若 C 是有限的闭的互通类, 则 C 是常返类.

2. 设马氏链的状态空间为 $\{1, \cdots, 7\}$, 转移矩阵如下:

$$
\begin{pmatrix}
1/2 & 0 & 1/8 & 1/4 & 1/8 & 0 & 0 \\
0 & 0 & 1 & 0 & 0 & 0 & 0 \\
0 & 0 & 0 & 1 & 0 & 0 & 0 \\
1 & 0 & 0 & 0 & 0 & 0 & 0 \\
0 & 0 & 0 & 0 & 1/2 & 0 & 1/2 \\
0 & 0 & 0 & 0 & 1/2 & 1/2 & 0 \\
0 & 0 & 0 & 0 & 0 & 1/2 & 1/2
\end{pmatrix}.
$$

试确定哪些状态是常返的, 哪些是非常返的.

§1.6 击 中 概 率

一、首步分析法与击中概率

我们先看一个简单的例子.

例 1.6.1 (赌徒破产问题) 假设最初甲有 i 元, 乙有 j 元, i, j 为正整数. 他们进行公平赌博, 每一局独立地等可能为甲赢或乙赢, 没有平局, 输家给赢家 1 元. 假设不允许出现负资产, 即当某方资产为 0 时, 赌博结束. 称资产为 0 的一方破产; 资产为 $i+j$ 的一方完胜. 求: 甲完胜的概率.

解 假设允许出现负资产, 那么甲的资产变化为一维简单随机游动. 将一维简单随机游动记为 $\{S_n\}$, 令 $\tau_k = \inf\{n \geqslant 0 : S_n = k\}$. 假设 $S_0 = i$, 则赌博结束的时刻 τ 是 $\{S_n\}$ 首达 0 或 $i+j$ 的时刻, 即

$$\tau := \min\{\tau_0, \tau_{i+j}\}.$$

根据推论 1.4.6 与空间的平移不变性,

$$P_i(\tau < \infty) \geqslant P_i(\tau_{i+j} < \infty) = P_0(\tau_j < \infty) = 1.$$

因此, 赌博以概率 1 会结束. 甲完胜和破产的事件分别为

$$\{\tau_{i+j} < \tau_0\}, \quad \{\tau_0 < \tau_{i+j}\}.$$

为了计算它们的概率, 考虑让赌博先进行一局. 若甲赢, 则甲的资产变为 $i+1$, 于是问题转化为从 $i+1$ 出发的简单随机游动先到达 0 还是先到达 $i+j$; 若乙赢, 则甲的资产变为 $i-1$, 于是问题转化为从 $i-1$ 出发的简单随机游动先到达 0 还是先到达 $i+j$. 如果 $i+1$ 或 $i-1$ 不是边界值 0 或 $i+j$, 那么我们可以让随机游动再进行一步. 因此, 我们应该考虑从 k 出发的简单随机游动, 其中 $0 \leqslant k \leqslant i+j$. 若 $1 \leqslant k \leqslant i+j-1$, 我们按照一步后的位置 S_1 的值进行划分, 并运用全概率公式, 得到

$$P_k(\tau_{i+j} < \tau_0) = \frac{1}{2} P_{k-1}(\tau_{i+j} < \tau_0) + \frac{1}{2} P_{k+1}(\tau_{i+j} < \tau_0).$$

结合边界条件

$$P_0(\tau_{i+j} < \tau_0) = 0, \quad P_{i+j}(\tau_{i+j} < \tau_0) = 1,$$

我们推出

$$P_k(\tau_{i+j} < \tau_0) = \frac{k}{i+j}, \quad 0 \leqslant k \leqslant i+j.$$

特别地, 甲完胜的概率与破产的概率分别为

$$P_i(\tau_{i+j} < \tau_0) = \frac{i}{i+j}, \quad P_i(\tau_0 < \tau_{i+j}) = \frac{j}{i+j}.$$

现在对一般的马氏链研究状态的常返性. 假设 $\{X_n\}$ 是状态空间 S 上以 $\mathbf{P} = (p_{ij})_{S \times S}$ 为转移矩阵的马氏链. 对于固定的状态 $o \in S$, 为了求 $P_o(\sigma_o < \infty)$, 我们应该考虑所有的 $P_i(\tau_o < \infty), i \in S$. 称这些概率为**击中概率**, 它们表示从某状态 i 出发的粒子能够击中 (即达到) 固定状态 o 的概率. 如前所述, 若 $i = o$, 则 $\tau_o = 0$, 从而 $P_i(\tau_o < \infty) = 1$, 这相当于例 1.6.1 中的边界条件. 下面假设 $i \neq o$, 此时 $\tau_o = \sigma_o$. "首步分析法" 指让粒子先跳一步, 根据第一步 X_1 的具体状态分情况进行讨论. 利用全概率公式可得

$$P_i(\tau_o < \infty) = P_i(\sigma_o < \infty) = \sum_{j \in S} P_i(X_1 = j) P_i(\sigma_o < \infty | X_1 = j).$$

令 $Y_n = X_{1+n}$, $n = 0, 1, 2, \cdots$. 根据例 1.4.2, $\sigma_o = \sigma_o^{(X)} = 1 + \tau_o^{(Y)}$, 从而 $\sigma_o < \infty$ 当且仅当 $\tau_o^{(Y)} < \infty$. 根据马氏性 (命题 1.1.11), 在 $X_1 = j$ 的条件下, $\{Y_n\}$ 是从 j 出发的马氏链. 于是,

$$P_i(\sigma_o < \infty | X_1 = j) = P_i(\tau_o^{(Y)} < \infty | X_1 = j) = P_j(\tau_o < \infty).$$

令

$$x_i = P_i(\tau_o < \infty), \quad i \in S.$$

将 $\{x_i, i \in S\}$ 视为一组未知数. 根据上面的分析, 它们满足下面的方程组:

$$x_i = \sum_{j \in S} p_{ij} x_j, \ \forall \, i \neq o; \qquad x_o = 1, \tag{1.6.1}$$

其中, $x_o = 1$ 可被视为边界条件. 需要特别注意的是 $x_o = P_o(\tau_o < \infty)$, 而不是 $P_o(\sigma_o < \infty)$.

事实上, 对任意 S 的子集 D, $x_i := P_i(\tau_D < \infty)$ 表示从 i 出发的粒子能击中区域 D 的概率, 它也被称为**击中概率**, 其中 τ_D 是粒子首达 D 的时刻. 类似地, 对 S 的任意子集 D, 这一组击中概率满足如下方程组:

$$x_i = \sum_{j \in S} p_{ij} x_j, \quad \forall \, i \notin D; \quad x_i = 1, \quad \forall \, i \in D, \tag{1.6.2}$$

其中, $x_i = 1$, $i \in D$ 是边界条件. 当 $D = \{o\}$ 时, 上式就是方程组 (1.6.1).

命题 1.6.2 击中概率 $\{P_i(\tau_D < \infty) : i \in S\}$ 是方程组 (1.6.2) 最小的非负解.

证 记 $x_i = P_i(\tau_D < \infty)$. 与 $D = \{o\}$ 的情形类似, 利用首步分析法不难推出 $\{x_i : i \in S\}$ 是方程组 (1.6.2) 的非负解.

下面证明最小性. 具体地, 假设 $\{\tilde{x}_i : i \in S\}$ 也是方程组 (1.6.2) 的非负解, 往证 $\tilde{x}_i \geqslant x_i$ 对任意 $i \in S$ 都成立.

根据边界条件, 对任意 $i \in D$, $\tilde{x}_i = x_i = 1$, 从而 $\tilde{x}_i \geqslant x_i$ 成立. 下面假设 $i \notin D$, 往证 $\tilde{x}_i \geqslant x_i$. 根据方程组 (1.6.2),

$$\tilde{x}_i = \sum_{j \in S} p_{ij} \tilde{x}_j = \sum_{j \in D} p_{ij} \tilde{x}_j + \sum_{j \notin D} p_{ij} \tilde{x}_j.$$

在上式右边第一项中代入边界条件 $\tilde{x}_j = 1$ (因为 $j \in D$), 并对第二项利用方程组 (1.6.2) 进行迭代处理, 我们进一步推出

$$\tilde{x}_i = \sum_{j \in D} p_{ij} + \sum_{j \notin D} p_{ij} \left(\sum_{k \in S} p_{jk} \tilde{x}_k \right).$$

继续将 $k \in S$ 分成 $k \in D$ 和 $k \notin D$, 并对前者代入边界条件, 对后者进行迭代 ······ 我们推出, 对任意 $n \geqslant 1$,

$$\tilde{x}_i = \sum_{i_1 \in D} p_{ii_1} + \sum_{i_1 \notin D, i_2 \in D} p_{ii_1} p_{i_1 i_2} + \cdots + \sum_{i_1, \cdots, i_{n-1} \notin D, i_n \in D} p_{ii_1} p_{i_1 i_2} \cdots p_{i_{n-1} i_n}$$
$$+ \sum_{i_1, \cdots, i_n \notin D} p_{ii_1} p_{i_1 i_2} \cdots p_{i_{n-1} i_n} \tilde{x}_{i_n}.$$

根据 $\tilde{x}_{i_n} \geqslant 0$ 的假设, 上式最后一项非负. 由于

$$\sum_{i_1 \in D} p_{ii_1} = P_i(X_1 \in D) = P_i(\tau_D = 1),$$

$$\sum_{i_1 \notin D, i_2 \in D} p_{ii_1} p_{i_1 i_2} = P_i(X_1 \notin D, X_2 \in D) = P_i(\tau_D = 2),$$

$$\cdots \cdots$$

$$\sum_{i_1, \cdots, i_{n-1} \notin D, i_n \in D} p_{ii_1} p_{i_1 i_2} \cdots p_{i_{n-1} i_n}$$
$$= P_i(X_1, \cdots, X_{n-1} \notin D, X_n \in D) = P_i(\tau_D = n),$$

因此,

$$\tilde{x}_i \geqslant P_i(\tau_D = 1) + P_i(\tau_D = 2) + \cdots + P_i(\tau_D = n) = P_i(\tau_D \leqslant n), \quad \forall n.$$

最后, 令 $n \to \infty$ 知对任意 $i \notin D$, $\tilde{x}_i \geqslant P_i(\tau_D < \infty) = x_i$. $\quad\square$

最后, 我们介绍一个结论. 虽然它与常返性没有太直接的关系, 但是我们可以在证明中看到首步分析法的巧妙应用以及 $\mathbb{Z}^2$ 上简单随机游动的对称性.

例 1.6.3 考虑 $\mathbb{Z}^2$ 上的简单随机游动. 将原点 $(0,0)$ 简记为 0, $e_1 = (1,0)$. 那么,

$$P_0(\tau_{e_1} < \sigma_0) = \frac{1}{2}.$$

证 考虑从 0 出发的简单随机游动 $\{S_n\}$. 由于 S_1 在 $B = \{e_1, e_2, -e_1, -e_2\}$ 中等可能选取, 其中 $e_2 = (0,1)$, 因此根据首步分析法,

$$P_0(\sigma_0 < \tau_{e_1}) = \frac{1}{4} \sum_{i \in B} P_i(\tau_0 < \tau_{e_1}). \tag{1.6.3}$$

记 $B_n = \{y \in \mathbb{Z}^2 \setminus \{0\} : |y_1|, |y_2| \in [n, 2n]\}$, 并将其上的均匀分布记为 μ_n. 由 $\mathbb{Z}^2$ 常返知, $P_{\mu_n}(\tau_B < \infty) = 1$. 下面, 我们考虑 S_{τ_B}. 若 S_0 服从 μ_n, 则该简单随机游动在东、南、西、北四个方向上是对称的. 从而

$$P_{\mu_n}(S_{\tau_B} = i) = \frac{1}{4}, \quad \forall\, i \in B.$$

因为 $S_0 \in B_n$ 且 $e_1 \in B$, 所以 $\tau_0 \geqslant \tau_B$ 且 $\tau_{e_1} \geqslant \tau_B$. 由强马氏性 (命题 1.4.20), 在 $S_{\tau_B} = i$ 的条件下, τ_B 之后的过程 $Y_n = S_{\tau_B + n}$, $n \geqslant 0$ 是从 i 出发的简单随机游动. 由全概率公式,

$$\begin{aligned}
P_{\mu_n}(\tau_0 < \tau_{e_1}) &= \sum_{i \in B} P_{\mu_n}(S_{\tau_B} = i)\, P_{\mu_n}(\tau_0 < \tau_{e_1} | S_{\tau_B} = i) \\
&= \frac{1}{4} \sum_{i \in B} P_i(\tau_0 < \tau_{e_1}) = P_0(\sigma_0 < \tau_{e_1}),
\end{aligned}$$

其中, 最后一个等式就是 (1.6.3) 式. 故 $P_{\mu_n}(\tau_0 > \tau_{e_1}) = P_0(\sigma_0 > \tau_{e_1})$. 往证

$$\lim_{n \to \infty} \left(P_{\mu_n}(\tau_0 < \tau_{e_1}) - P_{\mu_n}(\tau_{e_1} < \tau_0) \right) = 0. \tag{1.6.4}$$

如果上式成立, 那么 $P_0(\sigma_0 < \tau_{e_1}) = P_0(\tau_{e_1} < \sigma_0)$, 从而 $P_0(\sigma_0 < \tau_{e_1}) = 1/2$.

下面, 我们证明 (1.6.4) 式. 首先, 根据 μ_n 在东、西方向上的对称性, $P_{\mu_n}(\tau_{e_1} < \tau_0) = P_{\mu_n}(\tau_{-e_1} < \tau_0)$. 进一步, 根据空间的平移不变性, $P_j(\tau_{-e_1} < \tau_0) = P_{j+e_1}(\tau_0 < \tau_{e_1})$. 当 j 取遍 B_n 时, $j + e_1$ 取遍 $C_n = \{j + e_1 : j \in B_n\}$. 从而,

$$P_{\mu_n}(\tau_{e_1} < \tau_0) = \frac{1}{|B_n|} \sum_{j \in C_n} P_j(\tau_0 < \tau_{e_1}),$$

其中, 我们用到了 $|C_n| = |B_n|$. 然后,

$$\left| P_{\mu_n}(\tau_0 < \tau_{e_1}) - P_{\mu_n}(\tau_{e_1} < \tau_0) \right|$$
$$= \frac{1}{|B_n|} \left| \sum_{j \in B_n} P_j(\tau_0 < \tau_{e_1}) - \sum_{j \in C_n} P_j(\tau_0 < \tau_{e_1}) \right|$$
$$= \frac{1}{|B_n|} \left| \sum_{j \in B_n \setminus C_n} P_j(\tau_{-e_1} < \tau_0) - \sum_{j \in C_n \setminus B_n} P_j(\tau_{-e_1} < \tau_0) \right|$$
$$\leqslant \frac{|B_n \setminus C_n| + |C_n \setminus B_n|}{|B_n|}.$$

最后, 令 $n \to \infty$, 上式右边趋于 0, 从而 (1.6.4) 式成立.

二、击中概率与判别常返性

根据 §1.5 最后的分析, 不妨假设 S 不可约. 此时, 或者所有状态都是常返的 (即 S 常返), 或者所有状态都是非常返的 (即 S 非常返). 下面, 我们给出判断 S 常返与否的一个方法. 取定 $o \in S$. 一方面, 如果 o 常返, 由命题 1.5.6, 那么 $P_i(\tau_o < \infty) = 1$ 对任意 $i \in S$ 成立, 即所有 (击中状态 o 的) 击中概率都是 1. 另一方面, 如果所有击中概率都为 1, 那么根据首步分析法,

$$P_o(\sigma_o < \infty) = \sum_{i \in S} p_{oi} P_o(\sigma_o < \infty | X_1 = i) = \sum_{i \in S} p_{oi} P_i(\tau_o < \infty) = 1.$$

因此, 状态 o 常返当且仅当所有 (击中状态 o 的) 击中概率都是 1.

由于这组击中概率 $\{P_i(\tau_o < \infty) : i \in S\}$ 是方程组 (1.6.1) 的最小的非负解, 因此它们恒为 1 等价于该方程组没有其他满足 $0 \leqslant x_i \leqslant 1$, $i \in S$ 的解. 换言之, 状态 o 常返当且仅当方程组 (1.6.1) 在 [0,1] 中仅有恒为 1 的解. 我们将这个结论写成命题.

命题 1.6.4 假设 S 不可约. 若存在 $o \in S$, 使得方程组

$$x_i = \sum_{j \in S} p_{ij} x_j, \quad \forall\, i \neq o; \quad x_o = 1$$

在 [0,1] 上只有恒为 1 的解, 则 S 常返; 若存在 $o \in S$, 使得上述方程组在 [0,1] 上有不恒为 1 的解, 则 S 非常返.

例 1.6.5 (例 1.2.12 续) 假设 $\{X_n\}$ 为 $\mathbb{Z}_+$ 上的不可约生灭链, 出生概率为 b_i, 死亡概率为 d_i. 记 $x_i = P_i(\tau_0 < \infty)$, 则根据方程组 (1.6.1), 对任意 $i \geqslant 1$, $x_i = b_i x_{i+1} + d_i x_{i-1}$, 从而

$$x_i - x_{i+1} = (x_{i-1} - x_i)\frac{d_i}{b_i} = \cdots = (1 - x_1)\frac{d_1 \cdots d_i}{b_1 \cdots b_i}. \qquad (1.6.5)$$

上式等式两边对 i 求和知

$$1 - x_{i+1} = R_i(1 - x_1),$$

其中

$$R_0 := 1, \quad R_i := 1 + \sum_{k=1}^{i} \frac{d_1 \cdots d_k}{b_1 \cdots b_k}.$$

当 $i \to \infty$ 时, R_i 单调上升到

$$R := 1 + \sum_{k=1}^{\infty} \frac{d_1 \cdots d_k}{b_1 \cdots b_k}.$$

若 $R < \infty$, 取 $x_1 = (R-1)/R$, 则 $0 < x_1 < 1$, 并且 $0 < R_i(1 - x_1) = R_i/R < 1$, 于是

$$x_i := 1 - \frac{R_{i-1}}{R}, \quad i = 1, 2, \cdots$$

就是方程组 (1.6.1) 的一个在 $[0,1]$ 中的不恒为 1 的解, 从而该马氏链非常返.

若 $R = \infty$, 则

$$1 - x_1 = \frac{1}{R_i}(1 - x_{i+1}) \leqslant \frac{1}{R_i} \xrightarrow{i \to \infty} 0.$$

于是 $x_1 = 1$, 从而 x_i 恒为 1, 马氏链常返. 因此, 该马氏链常返当且仅当 $R = \infty$.

例 1.6.6 (例 1.1.10 续, 规则树 $\mathbb{T}^d$ 上的 λ-biased 随机游动)　规则树 $\mathbb{T}^d$ 上的 λ-biased **随机游动**指一个马氏链, 其转移概率为: 对根点 o 的任意子结点 j, $p_{oj} := 1/d$; 对任意 $i \neq o$,

$$p_{ij} = \frac{\lambda}{\lambda + d}, \quad j = i_0; \quad p_{ij} = \frac{1}{\lambda + d}, \quad j \in \{i_1, \cdots, i_d\},$$

其中 i_0 是 i 的父结点, $i_1, \cdots, i_d$ 是 i 的 d 个子结点.

如图 1.16 所示, $\mathbb{T}^d$ 具有如下的球对称性: 假设结点 i, j 满足 $|i| = |j|$, 那么, i, j 的位置可以交换. 具体地, 我们可以建立 $\mathbb{T}^d$ 到自身的一一映射 φ, 交换 i 与 j 的位置. 譬如, 图 1.16 显示的是 $d = 2$ 的情形, 左图是原图, 右图为它在映射 φ 下的像. 于是, 根点 o 到 i 的路径 (图中的虚线) 与 o 到 j 的路径 (图中的点划线) 也交换了. 进一步, 假设 $\{X_n\}$ 是从 i 出发的马氏链. 对任意 $n \geqslant 0$, 令 $Y_n = \varphi(X_n)$. 那么 $\{Y_n\}$ 就是从 j 出发的马氏链.

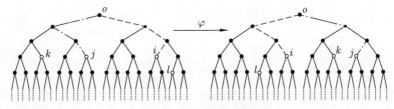

图 1.16　规则树的球对称性

$(\mathbb{T}^2, |i| = |j| = 3)$

根据首达时的定义, $\tau_o^{(X)} = \tau_o^{(Y)}$. 这表明对应的击中概率相等, 即 $P_i(\tau_o < \infty) = P_j(\tau_o < \infty)$. 因此, 击中概率可以简化为 $|i|$ 的函数, 即存在 $a_0, a_1, a_2, \cdots$, 使得 $P_i(\tau_o < \infty) = a_{|i|}$. 而方程组 (1.6.1) 则变为

$$a_n = \frac{\lambda}{\lambda + d} a_{n-1} + \frac{d}{\lambda + d} a_{n+1}, \quad \forall n \geqslant 1; \quad a_0 = 1.$$

我们将其中的递归式变形为 $db_n = \lambda b_{n-1}$, 其中 $b_n = a_n - a_{n+1}$. 令 $\kappa = \lambda/d$, 解得 $b_n = \kappa b_{n-1} = \cdots = \kappa^n b_0$. 因此,

$$a_0 - a_n = b_0 + b_1 + \cdots + b_{n-1} = \left(1 + \kappa + \cdots + \kappa^{n-1}\right) b_0.$$

当 $\lambda < d$ 时, $\kappa < 1$. 此时, 取 $b_0 = 1 - \kappa$, 得到 $a_n = \kappa^n$, $n \geqslant 1$, 这便是方程组 (1.6.1) 的最小非负解, 因此该马氏链非常返. 进一步, 由命题 1.6.2, 对任意 $i \in \mathbb{T}^d$, $P_i(\tau_o < \infty) = \kappa^{|i|}$.

当 $\lambda \geqslant d$ 时, $\kappa \geqslant 1$. 此时, 为保证对任意 $n, a_n \geqslant 0$, 只能取 $b_0 = 0$. 换言之, 方程组 (1.6.1) 的最小非负解就是 $a_n \equiv 1$. 因此, 该马氏链常返.

定义 1.6.7 如果 $p_{ii} = 1$, 则称状态 i 为**吸收态**.

状态 i 是吸收态的意思就是: 粒子一旦到达状态 i, 就被 i 吸收了. 因为一旦 $X_n = i$, 我们就知道 $X_{n+m} = i$, $m = 0, 1, 2, \cdots$. 若状态 o 为吸收态, 则也称 $P_i(\tau_o < \infty)$ 为**吸收概率**, 它表示从 i 出发的粒子最终被状态 o 吸收的概率. 若 D 是闭集, 则也称 $P_i(\tau_D < \infty)$ 为**吸收概率**, 它表示从状态 i 出发的粒子最终被区域 D 吸收的概率.

三*、可配称情形

假设 $\mathbf{P}$ 不可约、可配称, π 为配称测度, 即如下细致平衡条件成立:

$$\pi_i p_{ij} = \pi_j p_{ji}, \quad \forall i, j \in S.$$

由 π 不恒为 0 以及 $\mathbf{P}$ 不可约知, $\pi_i > 0$ 对任意 $i \in S$ 成立. 现在将 S 中的任意状态视为电网络中的一个结点. 对任意 $i \neq j$, 若 $p_{ij} > 0$, 则

我们在 i,j 之间连一条导线, 其电阻设为

$$r_{ij} := \frac{1}{\pi_i p_{ij}}. \tag{1.6.6}$$

由 π 是 $\mathbf{P}$ 的配称测度知 $r_{ji} = r_{ij}$, 因此以上操作是合理的. 由 $\mathbf{P}$ 不可约, 以上配置完成后, 我们便得到一个连通的**加权图**, 称为该马氏链对应的**电网络**. 所谓加权图, 指的是在图 (V, E) 中的每条边 $e = \{i, j\}$ 赋予一个严格正的权重, 记为 w_e 或 w_{ij}. 当然, 在加权图中, $w_{ij} = w_{ji}$. 在马氏链对应的电网络中, 顶点集就是 S, 边集为 $\{\{i, j\} : p_{ij} > 0\}$, 每条边 $e = \{i, j\}$ 上的权重取为

$$w_e = w_{ij} = w_{ji} = \frac{1}{r_{ij}}.$$

当 $p_{ij} = 0$ 时, i, j 之间没有导线连接, 此时补充定义 $r_{ij} = \infty$, $w_{ij} = 0$. 为方便起见, 此时也认为 i, j 之间有一条电阻为无穷大的导线, 即一条权重为 0 的边.

反过来, 假设 (V, E, W) 为连通的加权图, 且满足: 对任意顶点 $i \in V$, $w_i := \sum\limits_{j:j\sim i} w_{ij} < \infty$, 则它对应一个可配称马氏链, 状态空间为 S, 转移概率为 $p_{ij} = w_{ij}/w_i$(若 i, j 之间没有边, 则补充定义 $w_{ij} = 0$), 配称测度就是 $\{w_i : i \in S\}$.

例 1.6.8 (例 1.1.10 续)   如果 $\mathbf{P}$ 就是某个连通图 $G = (V, E)$ 上的随机游动, 那么可以取 $\pi_i = d_i$, 其中 d_i 为结点 i 的度. 此时, $r_{ij} = r_{ji} = 1$. 换言之, $\mathbf{P}$ 对应的电网络就是 $G = (V, E)$, 其中 E 中的每条边的电阻都是 1. 若图 G 上的随机游动常返, 则称**图 G 常返**, 否则称**图 G 非常返**.

现取定某顶点, 记为 o. 在物理上, 如果在 o 点接电势为 1 的电源, 其他地方没有电源 (无穷远接地), 用 V_i 表示电网中结点 i 的电势, 则对任意 i 总有 $0 \leqslant V_i \leqslant 1$, 并且 $\{V_i : i \in S\}$ 满足如下方程组:

$$\sum_{j \in S} \frac{1}{r_{ij}}(V_j - V_i) = 0, \quad \forall\, i \neq o; \quad V_o = 1.$$

将 (1.6.6) 式代入上式并整理, 该方程组便可改写为

$$V_i = \sum_{j \in S} p_{ij} V_j, \quad \forall\, i \neq o; \quad V_o = 1.$$

这就是击中概率 $P_i(\tau_o < \infty)$ 满足的方程组 (1.6.1). 因此, 猜测

$$V_i = P_i(\tau_j < \infty), \quad \forall\, i \in S$$

具有合理性. 事实上, 数学家们证明了下面的命题 1.6.9, 它表明上式是正确的. 根据 §1.5 中常返性的击中概率判别法, 该马氏链是否常返等价于 V_i 是否恒为 1. 用电网的语言来描述就是: 该电网中结点 o 与无穷远点之间的 "总有效电阻 R_o" 是否为无穷大. 根据功率等于 $I^2 R$, 其中 I 是电流, R 是电阻, 并且电流的功率是最小的, 我们可以通过功率来定义电阻 R. 为此, 我们先引入 "单位流" 的概念. 从 o 出发的单位流指的是 S^2 上满足如下要求的函数 f, 其中 $f_{ij} = f(i,j)$:

$$f_{ij} = 0, \quad \text{若 } i \nsim j; \quad f_{ij} = -f_{ji}, \quad \forall\, i \neq j; \quad \sum_{j \sim i} f_{ij} = \mathbf{1}_{\{i=o\}}.$$

假设 $i \sim j$. 若 $f_{ij} = 0$, 则在连接 i, j 的边上没有流通过; 若 $f_{ij} > 0$ (此时, $f_{ji} < 0$), 则有流量为 f_{ij} 的流从 i 流向 j. 关于最后一条, 当 $i = o$ 时, $\sum_{j \sim o} f_{oj} = 1$, 这表明 o 是源, 流量为 1; 当 $i \neq o$ 时, $\sum_{j \sim i} f_{ij} = 0$, 等价地,

$$\sum_{j \sim i: f_{ij} > 0} f_{ij} = \sum_{j \sim i: f_{ij} < 0} f_{ji}.$$

这表明结点 i 既不是源也不是汇. 在 i 处的流入总量 (上式等号右边) 等于流出总量 (上式等号左边). 将 S 上所有从 o 出发的单位流组成的集合记为 $\mathbb{F}_o$. 对任意 $f \in \mathbb{F}_o$, 将 f 带来的功率定义为

$$I(f) := \frac{1}{2} \sum_{i,j} f_{ij}^2 r_{ij},$$

其中, 系数 1/2 是因为在求和号中每条边由端点 i, j 的顺序不同而被

计算了两次. 当 f 为从 o 出发的单位电流时, 它就是 R_o.[①] 根据电流做功最小原理, 结点 o 与无穷远点之间的有效电阻被定义为

$$R_o := \inf\{I(f) : f \in \mathbb{F}_o\}. \tag{1.6.7}$$

命题 1.6.9 假设 **P** 不可约、可配称. 则下面三条等价:

(1) **P** 常返;

(2) 存在 $o \in S$, 使得 $R_o = \infty$;

(3) 对任意 $o \in S$, $R_o = \infty$.

该命题的证明已超出本书的范围, 有兴趣的读者可以参阅文献 [5].

例 1.6.10 对于有限的电网络, $\mathscr{F}_o = \varnothing$, 于是 $R_o = \inf \varnothing$, 根据约定, $\inf \varnothing = \infty$. 因此, 有限马氏链总是常返的.

推论 1.6.11 假设 G_1 是 G_2 的子图. 若 G_2 常返, 则 G_1 也常返.

证 取定 G_1 中的一个点 o. 对 $i = 1, 2$, 将 G_i 中 o 与无穷远点之间的有效总电阻记为 $R_o(G_i)$, 将在 G_i 中从 o 出发的流组成的集合记为 $\mathbb{F}_o(G_i)$. 因为 G_1 是 G_2 的子图, 所以对任意 $f \in \mathbb{F}_o(G_1)$, 我们都可以将 f 放在 G_2 中看, 即 $\mathbb{F}_o(G_1) \subseteq \mathbb{F}_o(G_2)$. 这结合例 1.6.8 与 (1.6.7) 式表明 $R_o(G_1) \geqslant R_o(G_2)$. 因此, 结论成立. □

例 1.6.12 (生灭链的常返性, 例 1.2.12, 1.3.6 和 1.6.5 续) 假设 π 满足细致平衡条件, 那么根据 (1.6.6) 式,

$$\frac{r_{i,i+1}}{r_{i-1,i}} = \frac{r_{i,i+1}}{r_{i,i-1}} = \frac{\pi_i p_{i,i-1}}{\pi_i p_{i,i+1}} = \frac{p_{i,i-1}}{p_{i,i+1}}. \tag{1.6.8}$$

因此,

$$r_{i,i+1} = \frac{d_i}{b_i} r_{i-1,i} = \cdots = \frac{d_1 \cdots d_i}{b_1 \cdots b_i} r_{01}.$$

[①]根据物理学知识, 每条边 $e := \{i, j\}$ 上, 电流的功率 I_e 等于电压 (即电势差) $V_j - V_i$ 乘以电流 $f_{ij} = (V_i - V_j)/r_{ij}$, 也等于 $f_{ij}^2 r_{ij}$. 电流在整个电网络中的总功率等于所有 I_e 之和.

取 $r_{0,1} = 1$. 此电网为所有导线串联, 因此总电阻为

$$R_0 = \sum_{i=0}^{\infty} r_{i,i+1} = 1 + \frac{d_1}{b_1} + \frac{d_1 d_2}{b_1 b_2} + \cdots.$$

由命题 1.6.9 知生灭链常返当且仅当 $\sum_{i=1}^{\infty} \dfrac{d_1 \cdots d_i}{b_1 \cdots b_i}$ 发散.

例 1.6.13 $S = \{0, 1, 2, \cdots\}$, $p_{01} = 1$;

$$p_{i,i+1} = \frac{1}{2}, \quad p_{i,i-1} = \frac{\exp\{-ci^{-\alpha}\}}{2}, \quad p_{ii} = \frac{1 - \exp\{-ci^{-\alpha}\}}{2}, \quad \forall i \geqslant 1.$$

与例 1.6.12 类似, (1.6.8) 式仍然成立. 此时,

$$r_{i,i+1} = \exp\{-ci^{-\alpha}\} r_{i-1,i} = \cdots = \exp\left\{-c \sum_{j=1}^{i} j^{-\alpha}\right\} r_{0,1}.$$

取 $r_{0,1} = 1$ 可得

$$R_0 = 1 + \sum_{i=1}^{\infty} \exp\left\{-c \sum_{j=1}^{i} j^{-\alpha}\right\}.$$

从而, 该马氏链常返当且仅当上面的级数发散. 若 $c = 0$, 则 $R_0 = \infty$, 此马氏链常返, 它就是带反射壁的简单随机游动. 下设 $c > 0$.

当 $\alpha > 1$ 时, $\sum_{j=1}^{i} j^{-\alpha} < \sum_{j=1}^{\infty} j^{-\alpha} < \infty$, 从而对任意 $i \geqslant 1$,

$$\exp\left\{-c \sum_{j=1}^{i} j^{-\alpha}\right\} \geqslant \varepsilon > 0.$$

于是, $R_0 = \infty$, 即该马氏链常返.

当 $0 \leqslant \alpha < 1$ 时, $\sum_{j=1}^{i} j^{-\alpha} \geqslant \int_1^{i+1} x^{-\alpha} \mathrm{d}x = \dfrac{(i+1)^{1-\alpha} - 1}{1-\alpha}$. 于是存在 i_0, 使得对任意 $i \geqslant i_0$, $\exp\left\{c \sum_{j=1}^{i} j^{-\alpha}\right\} \geqslant i^2$. 这表明 $R_0 < \infty$, 即该马氏链非常返.

当 $\alpha = 1$ 时, 一方面, 对任意 $i \geqslant 2$,

$$\sum_{j=1}^{i} j^{-1} \leqslant 1 + \int_{2}^{i} x^{-1}\mathrm{d}x = 1 + \ln i.$$

另一方面, 对任意 $i \geqslant 1$,

$$\sum_{j=1}^{i} j^{-1} \geqslant \int_{1}^{i+1} x^{-1}\mathrm{d}x = \ln(i + 1) \geqslant \ln i.$$

因此, $\exp\left\{-c\sum_{j=1}^{i} j^{-1}\right\} \in [(\mathrm{e}k)^{-c}, k^{-c}]$. 因此, 当 $c \leqslant 1$ 时, $R_0 = \infty$, 即该马氏链常返; 当 $c > 1$ 时, $R_0 < \infty$, 即该马氏链非常返.

总结起来, 该马氏链常返的充要条件是: $\alpha > 1$; 或者 $c = 0$; 或者 $\alpha = 1$ 且 $c \leqslant 1$. 常返性对参数 α, c 的依赖关系如图 1.17 所示, 其中, 实线表示常返, 虚线表示非常返.

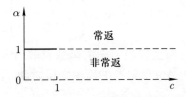

图 1.17   例 1.6.13 的常返性总结

(常返: $\alpha > 1$; $\alpha = 1$ 且 $c \leqslant 1$; $\alpha < 1$ 且 $c = 0$)

在上面的两个例子中, 马氏链对应的电网结构非常简单, 就是一些导线串联起来. 当马氏链对应的电网结构很复杂时, 一般而言我们是无法直接计算其总电阻的. 这使得我们需要一些其他办法来判断图的常返性. 下面, 我们将介绍汤普森原理, 它通常用于证明某马氏链非常返.

命题 1.6.14 (汤普森原理)   若存在从 o 出发的单位流 f, 使得 $I(f) < \infty$, 则该马氏链非常返.

例 1.6.15 当 $d \geqslant 3$ 时, $\mathbb{Z}^d$ 非常返.

证 当 $d \geqslant 3$ 时, $\mathbb{Z}^3$ 是 $\mathbb{Z}^d$ 的子图. 由推论 1.6.11, 我们只须证明 $\mathbb{Z}^3$ 非常返即可.

考虑三维格点图, 其中任意边的电阻都为 1, 即取

$$r_{(i,j,k)(i+1,j,k)} = r_{(i,j,k)(i,j+1,k)} = r_{(i,j,k)(i,j,k+1)} = 1, \quad \forall\, (i,j,k) \in \mathbb{Z}^3.$$

下面, 我们考虑一个单位流 f, 它从 $o = (1,1,1)$ 出发, 在第一象限流向无穷远. 具体地, 对任意 $n \geqslant 0$, 记

$$S_n := \{(i,j,k) \in \mathbb{Z}^3 : i,j,k \geqslant 1, i+j+k = 3+n\}, \quad S = \bigcup_{n=0}^{\infty} S_n.$$

不难看出, $S_0 = \{(1,1,1)\}$, 且

$$|S_n| = \frac{1}{2}(n+1)(n+2).$$

下面, 我们让 f 从 S_n 流向 S_{n+1}. 具体地, 对任意 $n \geqslant 0$, $(i,j,k) \in S_n$, 流可以从 (i,j,k) 流向 $(i+1,j,k)$, $(i,j+1,k)$, $(i,j,k+1)$, 流量分别为

$$f_{(i,j,k),x} := \frac{1}{|S_n|} \cdot \frac{i}{i+j+k},$$

$$f_{(i,j,k),y} := \frac{1}{|S_n|} \cdot \frac{j}{i+j+k},$$

$$f_{(i,j,k),z} := \frac{1}{|S_n|} \cdot \frac{k}{i+j+k},$$

其中, 角标的 x, y, z 分别表示流的方向是沿着 x 轴、y 轴、z 轴. 不难验证, f 确实是从 $(1,1,1)$ 出发的单位流, 它有具体的概率含义: f 其实是 §1.1 习题 12 中的概率流. 进一步,

$$f_{(i,j,k),x}^2 + f_{(i,j,k),y}^2 + f_{(i,j,k),z}^2 = \frac{1}{|S_n|^2} \cdot \frac{i^2 + j^2 + k^2}{(i+j+k)^2} \leqslant \frac{1}{|S_n|^2},$$

其中, 不等号是因为 $i^2 + j^2 + k^2 \leqslant (i+j+k)^2$. 因此,

$$\begin{aligned}
I_n(f) &= \sum_{(i,j,k) \in S_n} \left(f_{(i,j,k),x}^2 + f_{(i,j,k),y}^2 + f_{(i,j,k),z}^2 \right) \leqslant |S_n| \cdot \frac{1}{|S_n|^2} \\
&= \frac{2}{(n+1)(n+2)}.
\end{aligned}$$

于是, $I(f) = \sum\limits_{n=0}^{\infty} I_n(f) < \infty$. 这表明 $\mathbb{Z}^3$ 非常返.

习　题

1. 假设 $\{X_n\}$ 是不可约马氏链, D 为 S 的非空真子集. 令

$$\hat{X}_n = \begin{cases} X_n, & n \leqslant \tau_D, \\ X_{\tau_D}, & n > \tau_D. \end{cases}$$

(1) 证明: $\{\hat{X}_n\}$ 是 S 上的马氏链.

(2) 求 $\{\hat{X}_n\}$ 的转移概率 (用 $\{X_n\}$ 的转移矩阵表达).

(3) 证明: $P_i(\tau_D^{(X)} < \infty) = P_i(\tau_D^{(\hat{X})} < \infty), \forall i \in S$.

2. 假设 S 不可约、常返; A, B 为 S 中的非空子集, 且 $A \cap B = \varnothing$. 记 $x_i = P_i(\tau_A < \tau_B)$, 写出 $\{x_i : i \in S\}$ 满足的方程组.

3. 制造某种产品需要经过前后两道工序. 在完成第一道工序之后, 10% 的加工件成了废品, 20% 的加工件需要返工, 剩余的 70% 则进入第二道工序. 在完成第二道工序之后, 5% 的加工件成了废品, 5% 的加工件需要返回到第一道工序, 10% 的加工件需要返回到第二道工序, 剩余的 80% 可以出厂.

(1) 试用马氏链模拟此系统.

(2) 利用击中概率求整个生产过程的废品率.

4. 某赌徒参加公平博弈, 每次输、赢的概率均为 1/2. 当他的赌资为 i 元时, 他的策略如下: 若 $0 < i \leqslant 5$, 则押注 i 元; 若 $5 < i < 10$, 则押注 $10 - i$ 元; 若 $i = 0$ 或 10, 则结束赌博. 假设他最初有 2 元钱. 求他结束赌博时口袋里有 10 元钱的概率. (注: 假设他押注 j 元, 若赢则赌资增加 j 元, 若输则赌资减少 j 元.)

5. 研究更新过程 (例 1.1.9) 的常返性.

6. 证明: 对任意 $d \geqslant 2$, 规则树 $\mathbb{T}^d$ 上的简单随机游动非常返.

7. 假设 $\{X_n\}$ 为 $\{0, 1, 2, \cdots\}$ 上的马氏链, 转移概率如下:

$$p_{01} = 1; \quad p_{i,i+1} = \frac{i^2 + 2i + 1}{2i^2 + 2i + 1}, \quad p_{i,i-1} = \frac{i^2}{2i^2 + 2i + 1}, \quad i \geqslant 1;$$

若 $|i-j| \geqslant 2$, 则 $p_{ij} = 0$. 证明该马氏链是非常返的, 并计算 $\rho_i = P_i(\sigma_0 < \infty)$. (提示: $\sum_{k=1}^{\infty} \dfrac{1}{k^2} = \dfrac{\pi^2}{6}$.)

8. 假设 $\{X_n\}$ 为离散圆周 $\mathbb{S}_N$ 上的简单随机游动 (定义见例 1.2.8). 试求 $\{X_n\}$ 在首次回到初始点之前走遍所有顶点的概率.

9. 假设 $\{S_n\}$ 是一维简单随机游动, $N \geqslant 2$. 记 $\tau = \inf\{n \geqslant 0 : S_n = 0 \text{ 或 } N\}$. 证明:

(1) $P_k(\tau \leqslant N) \geqslant 2^{-(N-1)}$, $k = 0, 1, \cdots, N$;

(2) $E_k \tau < \infty$, $k = 0, 1, \cdots, N$.

10*. 对任意 $(i,j) \in \mathbb{Z}^2$, 独立抛一枚公平的硬币, 若抛到正面, 则在 (i,j) 与 $(i+1,j)$ 之间连一条边, 否则, 在 (i,j) 与 $(i,j+1)$ 之间连一条边. 于是, 我们得到二维格点的随机子图 G, 以 $\mathbb{Z}^2$ 为顶点. 证明: $P(G \text{ 连通}) = 1$.

§1.7　格　林　函　数

一、格林函数与判别常返性

对任意 $i, j \in S$, 令

$$G_{ij} = E_i V_j = E_i \sum_{n=0}^{\infty} \mathbf{1}_{\{X_n = j\}} = \sum_{n=0}^{\infty} P_i(X_n = j) = \sum_{n=0}^{\infty} p_{ij}^{(n)},$$

并称之为马氏链的**格林函数**. 根据二择一法则 (1.5.4), 状态 i 常返当且仅当 $G_{ii} = \infty$.

例 1.7.1 (例 1.1.6 续)　假设 $\{S_n\}$ 是 d 维简单随机游动. 当 $d = 1$ 或 2 时, $\{S_n\}$ 常返; 当 $d \geqslant 3$ 时, $\{S_n\}$ 非常返.

在推论 1.4.6 中和例 1.6.15 中, 已经用另外的方法分别得到过 $d = 1$ 和 $d \geqslant 3$ 时的结论. 现在我们将利用格林函数来证明. 将 $\mathbb{Z}^d$ 的原点记为 0. 往证当 $d = 1$ 或 2 时, $G_{00} = \infty$; 当 $d \geqslant 3$ 时, $G_{00} < \infty$. 不妨假设 $S_0 = 0$.

不难看出, d 维简单随机游动经过奇数步不能回到原点, 因此 $p_{00}^{2n+1} = 0$, $n = 0, 1, 2, \cdots$. 如果它经过 $2n$ 步回到原点, 那么对任意 $r \in \{1, \cdots, d\}$, 它在第 r 个方向上往前、往后必须走相等的步数, 记为 n_r 步. 于是,

$$p_{00}^{(2n)} = P_0(S_{2n} = 0) = \sum_{n_1 + \cdots + n_d = n} \frac{(2n)!}{(n_1!)^2 \cdots (n_d!)^2} \cdot \frac{1}{(2d)^{2n}}. \quad (1.7.1)$$

在上面的求和以及下文中, $n_1, n_2, \cdots, n_d$ 都只取非负整数.

当 $d = 1$ 时, 我们推出

$$p_{00}^{(n)} = \mathrm{C}_{2n}^n \frac{1}{2^{2n}} = \frac{(2n)!}{(n!)^2} \cdot \frac{1}{2^{2n}}.$$

根据 (1.4.4) 式, 对任意 $\varepsilon > 0$, 存在 n_0, 使得

$$(1 - \varepsilon) \frac{1}{\sqrt{\pi n}} \leqslant \mathrm{C}_{2n}^n \frac{1}{2^{2n}} \leqslant (1 + \varepsilon) \frac{1}{\sqrt{\pi n}}.$$

从而 $G_{00} = \infty$, 即 $\{S_n\}$ 常返.

当 $d = 2$ 时,

$$p_{00}^{(2n)} = \sum_{n_1 + n_2 = n} \frac{(2n)!}{(n_1!)^2 (n_2!)^2} \cdot \frac{1}{4^{2n}} = \frac{(2n)!}{n!n!} \cdot \frac{1}{4^{2n}} \sum_{n_1 + n_2 = n} \frac{n!}{n_1!n_2!} \cdot \frac{n!}{n_2!n_1!}$$

$$= \mathrm{C}_{2n}^n \cdot \frac{1}{4^{2n}} \sum_{n_1 = 0}^{n} \mathrm{C}_n^{n_1} \mathrm{C}_n^{n - n_1} = \mathrm{C}_{2n}^n \cdot \frac{1}{4^{2n}} \cdot \mathrm{C}_{2n}^n = \left(\mathrm{C}_{2n}^n \frac{1}{2^{2n}} \right)^2.$$

这结合 (1.4.8) 式表明 $G_{00} = \infty$, 即 $\{S_n\}$ 常返.

当 $d \geqslant 3$ 时, 我们可以证明当 n 充分大时,

$$P_0(S_{2n} = 0) \leqslant C_d \cdot n^{-d/2}, \quad (1.7.2)$$

其中 C_d 是依赖于 d 的常数. 我们以 $d = 3$ 为例进行证明. 将 $\mathbb{Z}^d$ 中的三个方向分别称为 x, y, z. 考虑一个有三个面的公平骰子, 投掷结果可能为 x, y, z, 以及三个公平硬币, 分别称为 x- 硬币、y- 硬币、z- 硬币. 下面, 我们独立地投掷骰子, 然后抛这三个硬币之一, 并按照如下

操作运行 $\mathbb{Z}^3$ 上的简单随机游动. 每一次先看投掷骰子的结果, 如果投掷结果为 w (其中 w 为 x, y, z 之一), 那么再抛 w- 硬币, 抛到正面则粒子在 w 方向上前进一步, 抛到反面则在 w 方向上后退一步. 将分别由硬币 x, y, z 产生的一维简单随机游动记为 $\{X_m\}, \{Y_m\}, \{Z_m\}$, 它们都从 0 出发. 假设 $2n$ 次操作后, 粒子在 x, y, z 方向上分别运动了 K, L, M 步. 那么, K, L, M 都服从二项分布 $B(2n, 1/3)$. 请注意它们不相互独立, 因为它们满足约束条件 $K + L + M = 2n$. 值得注意的是, 投骰子、抛 x-硬币、抛 y-硬币、抛 z-硬币是相互独立地进行的, 因此, $(K, L, M), \{X_m\}, \{Y_m\}, \{Z_m\}$ 是相互独立的. 由 $S_{2n} = (X_K, Y_L, Z_M)$ 可知: $S_n = 0$ 当且仅当 $X_K = Y_L = Z_M = 0$.

一方面,

$$
\begin{aligned}
p_{00}^{(2n)} &= P(X_K = Y_L = Z_M = 0) \\
&= \sum_{n_1+n_2+n_3=n} P(K=2n_1, L=2n_2, M=2n_3) P(X_{2n_1}=Y_{2n_2}=Z_{2n_3}),
\end{aligned}
$$
$$(1.7.3)$$

其中, 根据 (K, L, M) 服从多项分布

$$
P(K=2n_1, L=2n_2, M=2n_3) = \frac{(2n)!}{(2n_1)!(2n_2)!(2n_3)!} \cdot \frac{1}{3^{2n}},
$$

又根据 $\{X_m\}, \{Y_m\}, \{Z_m\}$ 是相互独立的一维简单随机游动,

$$
\begin{aligned}
&P(X_{2n_1}=Y_{2n_2}=Z_{2n_3}=0) \\
&= \left(C_{2n_1}^{n_1} \frac{1}{2^{2n_1}} \right) \cdot \left(C_{2n_2}^{n_2} \frac{1}{2^{2n_2}} \right) \cdot \left(C_{2n_3}^{n_3} \frac{1}{2^{2n_3}} \right).
\end{aligned}
$$
$$(1.7.4)$$

将上面两式代入 (1.7.3) 式, 我们得到

$$
\begin{aligned}
p_{00}^{(2n)} &= \sum_{n_1+n_2+n_3=n} \frac{(2n)!}{(2n_1)!(2n_2)!(2n_3)!} \cdot \frac{1}{3^{2n}} \cdot \left(C_{2n_1}^{n_1} \frac{1}{2^{2n_1}} \right) \\
&\quad \cdot \left(C_{2n_2}^{n_2} \frac{1}{2^{2n_2}} \right) \cdot \left(C_{2n_3}^{n_3} \frac{1}{2^{2n_3}} \right) \\
&= \sum_{n_1+n_2+n_3=n} \frac{(2n)!}{(n_1!)^2(n_2!)^2(n_3!)^2} \cdot \frac{1}{(2\cdot3)^{2n}},
\end{aligned}
$$

这即是 (1.7.1) 式在 $d = 3$ 时的表达式.

另一方面, 由于 $K \sim B(2n, 1/3)$, 其期望为 $EK = 2n/3$, 因此它不低于 $n/3$ 的概率是很大的. 同理, L 与 M 也一样. 令

$$A = \left\{ K, L, M \geqslant \frac{n}{3} \right\},$$

并进行如下分解:

$$P_0(S_{2n} = 0) = P(A^c, S_{2n} = 0) + P(A, S_{2n} = 0). \tag{1.7.5}$$

对上式中右边的第一项, 我们将证明其概率不超过 $n^{-3/2}$; 对第二项, 我们将用一维简单随机游动的结果进行估计. 具体地, 关于 (1.7.5) 式右边的第一项, 我们用 4 阶切比雪夫不等式, 得到

$$P\left(A^c\right) \leqslant 3P\left(K < \frac{n}{3}\right) \leqslant 3P\left(|K - EK| > \frac{n}{3}\right)$$
$$\leqslant \frac{3E(K - EK)^4}{(n/3)^4} \leqslant \frac{3000}{n^2}.$$

其中, 在第一个不等式中我们用到 K, L, M 同分布, 而最后一个不等式是因为 $K \sim B(2n, 1/3)$, 计算的细节留作习题. 需要说明的是: 我们的目标是证明 (1.7.2) 式, 而 4 阶切比雪夫不等式只能证明 $P(A^c) = O(n^{-2})$. 因此, 当 $d \geqslant 5$ 时, 需要用别的办法给出更精细的估计, 这部分证明留作习题(本节习题 10).

关于 (1.7.5) 式右边的第二项, 假设 K, L, M 分别取值 $2n_1, 2n_2, 2n_3$. 当 $2n_1, 2n_2, 2n_3 \geqslant n/3$ 时,

$$P(K = 2n_1, L = 2n_2, M = 2n_3, S_{2n} = 0)$$
$$= P(K = 2n_1, L = 2n_2, M = 2n_3)P(X_{2n_1} = Y_{2n_2} = Z_{2n_3} = 0), \tag{1.7.6}$$

取 $\varepsilon = 1/3$. 根据 (1.4.8) 式与 (1.7.4) 式, 当 $n \geqslant 6n_0$ 时,

$$P(X_{2n_1} = Y_{2n_2} = Z_{2n_3} = 0) \leqslant \left(\frac{4}{3}\right)^3 \cdot \frac{1}{\sqrt{\pi n_1}} \cdot \frac{1}{\sqrt{\pi n_2}} \cdot \frac{1}{\sqrt{\pi n_3}} \leqslant \frac{8}{n^{3/2}}, \tag{1.7.7}$$

其中, 最后一个不等式用到了 $n_i \geqslant n/6$, 从而 $\pi n_i \geqslant n/2$. 将 (1.7.7) 式代入 (1.7.6) 式, 并对 n_1, n_2, n_3 求和, 我们有

$$P(A, S_n = 0) \leqslant \frac{8}{\sqrt{n^3}} P(A) \leqslant \frac{8}{n^{3/2}}.$$

综上, 当 $n \geqslant \max\{3n_0, 3000^2\}$ 时,

$$p_{00}^{(2n)} \leqslant \frac{3000}{n^2} + \frac{3}{n^{3/2}} \leqslant \frac{4}{n^{3/2}}.$$

这即是 (1.7.2) 式. 它表明 $G_{00} < \infty$, 从而 $\{S_n\}$ 非常返. $\qquad\square$

注 1.7.2 上面的例题表明一维和二维的简单随机游动常返, 而三维以上的简单随机游动非常返. 日本学者角谷静夫 (Shizuo Kakutani) 对此给出了一个有趣的注解: "醉汉总能回到家, 而 '醉' 鸟就可能回不了." (A drunk man can find way home, a drunk bird can not.)

二、格林函数的其他应用

除了判别马氏链的常返性以外, 我们还可以用格林函数证明如下两个结论:

(1) 常返性是互通类的性质, 我们把它写成推论的形式, 因为它是命题 1.5.6 的部分结论;

(2) 不变分布 (若存在, 则) 在非常返的状态上没有权重.

推论 1.7.3 若 i 常返且 $i \to j$, 则 j 常返.

证 若 $j = i$, 则命题成立. 下面假设 $j \neq i$.

首先, 我们用反证法证明 $j \to i$. 假设 $j \to i$ 不成立, 即 $P_j(\tau_i = \infty) = 1$. 由命题 1.3.2, 存在 $n \geqslant 1$ 与 $i_1, \cdots, i_{n-1} \in S \setminus \{i\}$, 使得 $p_{i_0 i_1} > 0, \cdots, p_{i_{n-1} i_n} > 0$, 其中, $i_0 = i, i_n = j$. 于是,

$$P_i(X_1 = i_1, \cdots, X_{n-1} = i_{n-1}, X_n = j, X_{n+m} \neq i, \forall m \geqslant 1)$$
$$= p_{i_0 i_1} \cdots p_{i_{n-1} i_n} P_j(\tau_i = \infty) > 0.$$

然而, 根据 $i_1, \cdots, i_{n-1}$ 都不是 i 并且 $j \neq i$, 上式等号左边中的事件可推出对任意 $m \geqslant 1$, $X_m \neq i$, 即 $\sigma_i = \infty$. 这表明回访概率 $P_i(\sigma_i < \infty) < 1$. 由 (1.5.3) 式, i 非常返, 矛盾. 因此假设不成立, 即 $j \to i$ 为真.

然后, 我们得到 $i \leftrightarrow j$. 根据命题 1.3.2, 存在 $n, m \geqslant 1$, 使得 $p_{ij}^{(n)}$, $p_{ji}^{(m)} > 0$. 根据查普曼–科尔莫戈罗夫等式 (即命题 1.1.13),

$$p_{jj}^{(m+r+n)} = \sum_{k,l \in S} p_{jk}^{(m)} p_{kl}^{(r)} p_{lj}^{(n)} \geqslant p_{ji}^{(m)} p_{ii}^{(r)} p_{ij}^{(n)}, \quad \forall\, r \geqslant 0.$$

上式两边同时对 r 求和, 得 $G_{jj} \geqslant p_{ji}^{(m)} G_{ii} p_{ij}^{(n)} = \infty$, 其中, 最后一个等号是由于 i 常返, 即 $G_{ii} = \infty$. 因此, j 常返. $\qquad\square$

命题 1.7.4 $G_{ij} = P_i(\tau_j < \infty) G_{jj}$.

证 假设 $i \neq j$, 我们研究从 i 出发的马氏链 $\{X_n\}$ 访问 j 的总次数 $V_j = \sum_{n=0}^{\infty} \mathbf{1}_{\{X_n = j\}}$ 的期望. 在 $\tau_j = \infty$ 上, $V_j = 0$; 在 $\tau_j < \infty$ 上, 对任意 $n \geqslant 0$, 令 $Y_n = X_{\tau_j + n}$, 则根据首达时的定义,

$$V_j = V_j^{(Y)} = \sum_{n=0}^{\infty} \mathbf{1}_{\{Y_n = j\}}.$$

于是, 当 $m \geqslant 1$ 时, $V_j = m$ 蕴含着 $\tau_j < \infty$, 这结合在事件 $\tau_j < \infty$ 上, $V_j = V_j^{(Y)}$ 表明

$$\begin{aligned}
P_i(V_j = m) &= P_i\left(V_j^{(Y)} = m, \tau_j < \infty\right) \\
&= P_i(\tau_j < \infty) P_i\left(V_j^{(Y)} = m \,\middle|\, \tau_j < \infty\right) \\
&= P_i(\tau_j < \infty) P_j(V_j = m),
\end{aligned}$$

其中, 在最后一个等式中, 我们用到了强马氏性. 上式两边乘以 m, 再对 $m \geqslant 1$ 求和, 我们得到

$$E_i V_j = P_i(\tau_j < \infty) \cdot E_j V_j,$$

即 $G_{ij} = P_i(\tau_j < \infty) G_{jj}$. $\qquad\square$

推论 1.7.5 若 j 非常返, 则对任意 i, $\lim_{n\to\infty} p_{ij}^{(n)} = 0$.

证 一方面, 由命题 1.7.4, $G_{ij} \leqslant G_{jj}$. 另一方面, j 非常返表明 $G_{jj} < \infty$. 因此,

$$\sum_{n=0}^{\infty} p_{ij}^{(n)} < \infty.$$

这蕴含着结论成立. □

推论 1.7.6 若 π 是不变分布, j 非常返, 则 $\pi_j = 0$.

证 由命题 1.7.4, $G_{ij} \leqslant G_{jj}$, 两边同时乘以 π_i, 并对 i 求和便知: 若 π 是不变分布, 而 j 非常返, 那么,

$$\sum_{i\in S} \pi_i \sum_{n=0}^{\infty} p_{ij}^{(n)} \leqslant G_{jj} < \infty.$$

然而, 上式交换求和次序后可得

$$\sum_{i\in S} \pi_i \sum_{n=0}^{\infty} p_{ij}^{(n)} = \sum_{n=0}^{\infty} \sum_{i\in S} \pi_i p_{ij}^{(n)} = \sum_{n=0}^{\infty} \pi_j,$$

其中, 最后一个等式是因为 π 是不变分布. 综上, $\infty \cdot \pi_j \leqslant G_{jj} < \infty$. 因此, $\pi_j = 0$. □

在下一节中, 我们将证明, 对于不可约马氏链, 就像我们在例 1.2.16 与例 1.2.17 中看到的那样, 如果存在不变分布 π, 那么该马氏链访问 j 的频率就会几乎必然收敛到 π_j, 这一结论参见下一节的公式 (1.8.5). 从这个角度看, 非常返的状态被访问的总次数有限, 从而访问频率几乎必然趋于 0, 于是 $\pi_j = 0$ 就是一个很自然的结论.

三、有限区域中的格林函数

假设 D 是 S 的非空真子集. 记 $\tau = \tau_{D^c}$, 它是粒子首次离开区域 D 的时间. 称

$$G_{ij}^{(D)} := E_i \sum_{n=0}^{\tau-1} \mathbf{1}_{\{X_n=j\}}, \quad i,j \in D$$

为区域 D 上的**格林函数**. 固定 $o \in D$, 则由首步分析法知, $\{G_{io}^{(D)} : i \in D\}$ 是下列方程组的解, 事实上, 它是最小的非负解:

$$x_i = \sum_{j \in S} p_{ij} x_j, \quad \forall i \in D \setminus \{o\}; \quad x_o = 1 + \sum_{j \in S} p_{oj} x_j,$$

其中, 对 $i \in D^c$, 补充定义 $x_i = 0$. 这也可以被视为上述方程组的边界条件.

例 1.7.7 假设 $\{S_n\}$ 是一维简单随机游动. N 为正整数, $N \geqslant 3$, $D = \{1, \cdots, N-1\}$. 那么, 对任意 $i, j \in D$,

$$G_{ij}^{(D)} = \frac{2}{N} \min\{i, j\} \times (N - \max\{i, j\}).$$

证 考虑 $S_0 \in D$. 令 $\tau = \min\{\tau_0, \tau_N\}$. 固定 j, 记 $x_i = G_{ij}^{(D)}$, 则 $\{x_i : 1 \leqslant i < N\}$ 是下列方程组的解:

$$x_i = \frac{1}{2}(x_{i-1} + x_{i+1}), \quad 1 \leqslant i < N \text{ 且} i \neq j; \quad x_j = 1 + \frac{1}{2}(x_{j-1} + x_{j+1}),$$

其中, $x_0 = x_N = 0$.

第一步, 考虑 $i \neq j$ 时的方程组, 不难发现 x_i 是 i 的线性函数. 具体地, 当 $0 \leqslant i \leqslant j$ 时, 根据边界 $x_0 = 0$ 知 $x_i = \delta_1 i$, 其中 $x_i - x_{i-1} \equiv \delta_1$. 由 $x_j = \delta_1 j$ 推出 $\delta_1 = x_j / j$. 同理, 当 $j \leqslant i \leqslant N$ 时, $x_i = \delta_2(N - i)$, 其中 $x_i - x_{i+1} \equiv \delta_2 = x_j / (N - j)$.

第二步, 将 $x_j - x_{j-1} = x_j / j$ 和 $x_j - x_{j+1} = x_j / (N - j)$ 代入 $x_j = 1 + \frac{1}{2}(x_{j-1} + x_{j+1})$, 便推出 $x_j / j + x_j / (N - j) = 2$, 即 $x_j = 2j(N - j)/N$.

第三步, 将 x_j 的值代入第一步的结论, 便知当 $1 \leqslant i \leqslant j$ 时, $x_i = 2i(N - j)N$; 当 $j \leqslant i \leqslant N - 1$ 时, $x_i = 2j(N - i)/N$.

综上, 结论成立. $\square$

特别地, $G_{ij}^{(D)}$ 关于 i, j 是对称的.

我们还可以考虑离开区域 D (即首达区域 D^c) 的平均时间

$$E_i \tau = \sum_{j \in D} G_{ij}^{(D)}.$$

若 $i \in D$, 则 $E_i\tau = 0$; 若 $i \notin D$, 则由首步分析法知, $\{E_i\tau : i \in S\}$ 是下列方程组的解, 事实上, 它是最小的非负解:

$$y_i = 1 + \sum_{j \in S} p_{ij}y_j, \quad \forall i \in D; \quad y_i = 0, \quad \forall i \notin D. \tag{1.7.8}$$

例 1.7.8 (例 1.6.1 续) 在例 1.6.1中, $\tau := \min\{\tau_0, \tau_{i+j}\}$ 为甲、乙的这场赌博进行的时间, 则

$$E_i\tau = ij.$$

证 方法一 记 $y_k = E_k\tau$, 则 $\{y_k : 0 \leqslant k \leqslant i+j\}$ 满足如下方程组:

$$y_k = 1 + \frac{1}{2}y_{k+1} + \frac{1}{2}y_{k-1}, \quad 1 \leqslant k \leqslant i+j-1; \quad y_0 = y_{i+j} = 0.$$

记 $\delta_k = y_k - y_{k-1}, k = 1, \cdots, i+j$, 则

$$\delta_k - \delta_{k+1} = 2, \quad k = 1, \cdots, i+j-1.$$

上式两边对 k 求和, 便得

$$\delta_1 - \delta_k = 2(k-1), \quad k = 2, \cdots, i+j.$$

特别地, $\delta_1 - \delta_{i+j} = 2(i+j-1)$. 根据边界条件, $\delta_1 = y_1, \delta_{i+j} = -y_{i+j-1}$. 根据简单随机游动的空间对称性, $y_{i+j-1} = y_1$, 即 $\delta_1 = -\delta_{i+j}$. 具体地, 假设 $\{S_n\}$ 是从 1 出发的简单随机游动, 则 $\{i+j-S_n\}$ 是从 $i+j-1$ 出发的简单随机游动, 由 $\tau := \inf\{n \geqslant 0 : T_n = N或0\}$ 知, $y_{i+j-1} = y_1$. 于是 $\delta_1 = i+j-1$, 从而 $\delta_l = \delta_1 - 2(l-1)$,

$$y_k = \delta_1 + \cdots + \delta_k = k(i+j-1) - 2\sum_{l=1}^{k}(l-1)$$
$$= k(i+j-1) - k(k-1) = k(i+j-k).$$

特别地, 取 $k = i$ 便得到赌博平均进行的时间.

方法二 令 $N = i + j$, 取 $D = \{1, \cdots, N-1\}$. 对任意 $k \in D$, 考虑从 k 出发的简单随机游动 $\{S_n\}$, 则

$$\tau = \sum_{n=0}^{\tau-1} 1 = \sum_{n=0}^{\tau-1} \sum_{l \in D} \mathbf{1}_{\{S_n=l\}} = \sum_{l \in D} \sum_{n=0}^{\tau-1} \mathbf{1}_{\{S_n=l\}}.$$

因此,

$$E_k\tau = \sum_{l \in D} E_k \sum_{n=0}^{\tau-1} \mathbf{1}_{\{S_n=l\}} = \sum_{l \in D} G_{kl}^{(D)}.$$

利用例 1.7.7 的结论, 可以推出

$$E_k\tau = \frac{2}{N} \sum_{l=1}^{k} l(N-k) + \frac{2}{N} \sum_{l=k+1}^{i+j-1} k(N-l)$$

$$= \frac{2}{N} \cdot \frac{k(k+1)(N-k)}{2} + \frac{2}{N} \cdot \frac{k(N-k)(N-k-1)}{2} = k(N-k).$$

特别地, $E_i\tau = i(N-i) = ij$. $\qquad\qquad\square$

需要注意的是, 在例 1.7.7 与例 1.7.8 的方法一中, 解方程的第一步都需要假设未知数是实数, 而不是正无穷. 不过, 由于所求为对应方程的最小解, 并且最终我们也确实得到一组实数解, 因此这个假设是可行的. 另一方面, 我们还可以利用马氏性直接证明 $E_k \min\{\tau_0, \tau_N\} < \infty$, $0 \leqslant k \leqslant N$. 证明留作习题.

四*、瓦尔德等式

假设 $0 \leqslant i \leqslant N$. 考虑从 i 出发的一维简单随机游动 $\{S_n\}$. 它首达边界 0 或 N 时的位置即为 S_τ, 其中 $\tau = \min\{\tau_0, \tau_N\}$. 在赌徒破产问题 (即例 1.6.1) 中, 我们已经得到 S_τ 的分布:

$$P_i(S_\tau = 0) = P_i(\tau_0 < \tau_N) = \frac{N-i}{N},$$

$$P_i(S_\tau = i+j) = P_i(\tau_0 > \tau_N) = \frac{i}{N}.$$

在赌博结束时, 该赌徒的平均赌资为

$$E_i S_\tau = 0 \cdot P_i(S_\tau = 0) + N \cdot P_i(S_\tau = N) = i = S_0.$$

上面的式子表明在赌博结束时, 该赌徒赢到的钱 $S_\tau - S_0$ 的平均值为 0. 从这个角度看, 赌博是公平的. 进一步,

$$\mathrm{Var}_i(S_\tau) = E_i S_\tau^2 - (E_i S_\tau)^2 = 0^2 \cdot \frac{N-i}{N} + N^2 \cdot \frac{i}{N} - i^2 = i(N-i).$$

结合例 1.7.8 的结论, 我们发现 $\mathrm{Var}_i(S_\tau) = E_i\tau$. 进一步, 根据随机游动 $\{S_n\}$ 的步长分布的方差为 1, 我们推出

$$\mathrm{Var}_i(S_\tau) = E_i\tau \cdot \mathrm{Var}(\xi_1).$$

事实上, 上述关于 S_τ 的期望和方差的结论分别是瓦尔德等式与瓦尔德第二等式的特殊情形. 下面, 我们将介绍这两个等式.

假设 $\xi_1, \xi_2, \cdots$ 是一列独立同分布的、非退化的随机变量. 令

$$S_0 = 0, \quad S_n = \xi_1 + \cdots + \xi_n, \quad n \geqslant 1.$$

假设 τ 是 $\{S_n\}$ 的停时 (参见定义 1.4.16). 将 ξ_1 简记为 ξ.

定理 1.7.9 (瓦尔德等式) 若 $E\tau < \infty, E|\xi| < \infty$, 则

$$ES_\tau = E\tau \cdot E\xi.$$

证 我们需要先验证 S_τ 的期望存在, 即 $E|S_\tau| < \infty$. 由于

$$S_\tau = \sum_{n=1}^{\tau} \xi_n = \sum_{n=1}^{\infty} \xi_n \mathbf{1}_{\{\tau \geqslant n\}},$$

因此

$$|S_\tau| \leqslant |\xi_1| + \cdots + |\xi_\tau| = \sum_{n=1}^{\infty} |\xi_n| \mathbf{1}_{\{\tau \geqslant n\}}.$$

因为 τ 是停时, 所以 $\{\tau \geqslant n\} = \{\tau \leqslant n-1\}^c$ 是否发生只依赖于 $S_0, S_1, \cdots, S_{n-1}$ 的值, 即只依赖于 $\xi_1, \cdots, \xi_{n-1}$ 的值. 从而 $\mathbf{1}_{\{\tau \geqslant n\}}$ 与 ξ_n 相互独立. 于是我们推出

$$\sum_{n=1}^{\infty} E|\xi_n| \mathbf{1}_{\{\tau \geqslant n\}} = \sum_{n=1}^{\infty} E|\xi_n| \cdot P(\tau \geqslant n) = E\tau \cdot E|\xi| < \infty.$$

于是, 由推论 0.3.8 知

$$ES_\tau = E\sum_{n=1}^\infty \xi_n \mathbf{1}_{\{\tau \geqslant n\}} = \sum_{n=1}^\infty E\xi_n \mathbf{1}_{\{\tau \geqslant n\}} = \sum_{n=1}^\infty E\xi_n \cdot P(\tau \geqslant n) = E\xi \cdot E\tau.$$

从而结论成立.   □

注 1.7.10 在上面的证明中, 本质上只用到 $\xi_1, \xi_2, \cdots$ 的期望相同. 可见, 若在定理 1.7.9 的叙述中将 "独立同分布" 这一假设改为 "相互独立, 且具有相同的期望", 则结论仍然成立.

例 1.7.11 (例 1.6.1 续) 假设赌徒与其对手的初始赌资分别为 i, j, 则赌徒的赌资扣除 i 就是从 0 出发的随机游动, 记为 $\{S_n\}$. 赌博结束的时间为 $\{S_n\}$ 首达 $-i$ 或 j 的时间, 记为 τ, 它是停时. 根据 §1.6 的习题 9, $E\tau < \infty$. 由定理 1.7.9,

$$ES_\tau = E\xi \cdot E\tau = 0 \cdot E\tau = 0.$$

于是, 我们得到方程组

$$\begin{cases} P_0(S_\tau = -i) + P_0(S_\tau = j) = 1, \\ -iP_0(S_\tau = -i) + jP_0(S_\tau = j) = E_0 S_\tau = 0, \end{cases}$$

解得

$$P_0(S_\tau = -i) = \frac{j}{i+j}, \quad P_0(S_\tau = j) = \frac{i}{i+j}.$$

这给出了求赌徒破产概率与完胜概率的另一种方法.

注 1.7.12 在定理 1.7.9 中, $E\tau < \infty$ 的假设不能去掉. 例如: 考虑从 0 出发的一维简单随机游动, 可得 $E\xi_1 = 0$, 但此时不能认为所有停时都满足 $E_0 S_\tau = 0$. 比如说, 对于首达 1 的时刻 τ_1, 总有 $S_\tau = 1$, 从而 $E_0 S_\tau = 1 \neq 0$.

定理 1.7.13 (瓦尔德第二等式) 假设 $E\tau < \infty$, $E\xi = 0$, $E\xi^2 < \infty$, 且存在 $M \geqslant 0$, 使得对任意 $n \leqslant \tau$, $|S_n| \leqslant M$, 则 $ES_\tau^2 = E\tau \cdot E\xi^2$.

证 不妨设 $E\xi^2 = 1$, 否则用 $\eta_n := \xi/\sqrt{E\xi^2}$ 与 $T_n := S_n/\sqrt{E\xi^2}$ 分别代替 ξ_n 与 S_n 即可. 对任意 $n \geq 1$, 记 $\tau \wedge n := \min\{\tau, n\}$, 它是停时, 且

$$S_{\tau \wedge n} = \sum_{i=1}^{\tau \wedge n} \xi_i = \sum_{i=1}^{n} \xi_i \mathbf{1}_{\{\tau \geq i\}}.$$

于是

$$ES_{\tau \wedge n}^2 = E\left(\sum_{i=1}^{n} \xi_i \mathbf{1}_{\{\tau \geq i\}}\right)^2 = E\sum_{i=1}^{n} \xi_i^2 \mathbf{1}_{\{\tau \geq i\}} + 2E\sum_{1 \leq i < j \leq n} \xi_i \xi_j \mathbf{1}_{\{\tau \geq j\}}.$$

由定理 1.7.9, 上式右边第一项就是 $E(\tau \wedge n) \cdot E\xi^2$. 关于第二项, 由于 $\{\tau \geq j\}$ 是否发生仅依赖于 $\xi_1, \cdots, \xi_{j-1}$ 的值, 因此 $\xi_i \mathbf{1}_{\{\tau \geq j\}}$ 与 ξ_j 相互独立, 从而 $E(\xi_i \xi_j \mathbf{1}_{\{\tau \geq j\}}) = E(\xi_i \mathbf{1}_{\{\tau \geq j\}}) \cdot E\xi_j = 0$. 于是,

$$ES_{\tau \wedge n}^2 = E(\tau \wedge n) \cdot E\xi^2.$$

下面令 $n \to \infty$. 一方面, 由引理 0.3.4, 因为 $0 \leq S_{\tau \wedge n}^2 \leq M$ 且 $S_{\tau \wedge n} \to S_\tau$, 所以

$$\lim_{n \to \infty} ES_{\tau \wedge n}^2 = ES_\tau^2.$$

另一方面, 由引理 0.3.5, $\lim_{n \to \infty} E(\tau \wedge n) = E\tau$. 从而结论成立. □

注 1.7.14 瓦尔德等式刻画了 S_τ 的期望, 瓦尔德第二等式则刻画了 S_τ 的方差, 它需要更多的假设条件, 除了要求 ξ 的方差存在外, 为了保证证明中 n 趋于 ∞ 时, 极限号可以和求期望的符号交换, 我们还要求随机游动在直到停时 τ 为止, 不能超出某个给定的有界区域 $[-M, M]$.

例 1.7.15 (例 1.7.11 续) 对于赌徒赌博模型, τ 为赌博停止的时间, 则 M 可取为 $\max\{i, j\}$. 瓦尔德等式给出了赌徒破产和完胜的概率 (见例 1.7.11), 再利用瓦尔德第二等式, 可推出

$$\begin{aligned} E\tau = ES_\tau^2 &= (-i)^2 P(S_\tau = -i) + j^2 P(S_\tau = j) \\ &= i^2 \frac{j}{i+j} + j^2 \frac{i}{i+j} = ij. \end{aligned}$$

这也给出了例 1.7.8 中结论的另一个证明.

习 题

1. 一只青蛙在正立方体的 8 个顶点上做随机游动, 每次以 1/4 的概率停留不动, 以 1/4 的概率选取一条边并跳至相邻的顶点. 试求:

(1) 从正方体的一个顶点 v 出发首次回到 v 的平均时间;

(2) 从 v 出发首次到达对径点 w 的平均时间.

2. 假设 $\{S_n\}$ 是从 0 出发的一维随机游动, 步长分布为 $P(\xi = k) = 1/6, k = 1, \cdots, 6$. 令 $T = \min\{n \geqslant 1 : S_n - 1$ 可以被 8 整除$\}$. 试求: $E_0 T$.

3. 某商家设计了一套小画片, 共有 N 种, 并在每一产品包装里塞入一张小画片, 种类等可能出现. 假设某人每天购买一包该产品, 第 n 天见过 X_n 种不同的小画片.

(1) 写出 $\{X_n\}$ 的转移概率.

(2) 假设此人总共花了 τ 天收集齐整套小画片, 试求 $E\tau$.

4. 设 $\{X_n\}$ 为随机游动, 步长分布为 $P(\xi = 2) = P(\xi = -1) = 1/2$. 令 $\phi(s) := E_1 s^{\tau_0}$, 其中 $s \in (0, 1)$. 证明: $s\phi(s)^3 - 2\phi(s) + s = 0$.

5. 证明: $\{E_i \sigma_D : i \in S\}$ 是方程组 (1.7.8) 最小的非负解.

6. 假设 i, j 是两个互不相等的状态. 证明下面三条等价:

(1) $\rho_{ij} > 0$; (2) $i \to j$; (3) $G_{ij} > 0$.

7. 证明: $\rho_{ii} = 1 - 1/G_{ii}$.

8. 对任意 $i, j \in S$, 令 $F_{ij}(s) := \sum_{n=0}^{\infty} P_i(\tau_j = n)s^n$, $G_{ij}(s) := \sum_{n=0}^{\infty} P_i(X_n = j)s^n$. 证明: $G_{ij}(s) = F_{ij}(s)G_{jj}(s)$.

9. 假设 $\xi_1, \cdots, \xi_n$ 独立同分布, $P(\xi_1 = 1) = 1 - P(\xi_1 = 0) = p \in (0, 1)$. 记 $K = \xi_1 + \cdots + \xi_n$.

(1) 证明: $E(K - EK)^4 = nE(\xi_1 - p)^4 + C_n^2 C_4^2 (\text{Var}(\xi_1))^2$.

(2) 假设 $0 < q < p$, 对任意 $a > 0$, 令 $\varphi(a) = \mathrm{e}^{-aq}(pe^a + 1 - p)$. 证明: 对任意 $a > 0$, $P(K < qn) \leqslant \varphi(a)^n$, 并证明: 存在 a, 使得 $\varphi(a) < 1$.

10. 假设 $d \geqslant 3$. 证明: 存在常数 C_d, 使得 $P_0(S_{2n} = 0) \leqslant C_d \cdot n^{-d/2}$. (提示: 仿照 (1.7.6) 式与 (1.7.7) 式, 并利用上题结论.)

11*. 某研究员每隔一段独立同分布的随机时间观察一次实验进度, 间隔时间 ξ 等概率地为 1 分钟, 2 分钟, $\cdots$, 30 分钟. 假设研究员在某整点进行了一次观察. 请问: 平均多长时间后研究员再一次恰好在整点进行观察?

12*. 假设 $\{S_n\}$ 为一维简单随机游动. 令 $M_n^{(1)} = S_n$, $M_n^{(2)} = S_n^2 - n$, $M_n^{(3)} = S_n^3 - 3nS_n$, $M_n^{(4)} = S_n^4 - 6nS_n^2 + 3n^2 + 2n$.

(1) 证明: $EM_n^{(k)} = 0$, $k = 1, 2, 3, 4$.

(2) 假设 τ 是 $\{S_n\}$ 的停时. 试给出一个充分条件, 使得 $EM_\tau^{(k)} = 0$. (注: $k = 1, 2$ 时, 分别对应瓦尔德等式与瓦尔德第二等式.)

§1.8 遍历定理与正常返

在接下来的几节中, 我们讨论 §1.2 中最后的几个关于不变分布的问题. 在本节, 我们研究不变分布的存在性和表达式. 由上节的推论 1.7.6, 若 π 为不变分布, 则 π 在非常返的状态上全是 0. 所以, 我们只研究常返类. 由命题 1.5.6, 常返类是闭集. 于是, 我们可以将马氏链限制在每一个常返类上. 换言之, 因为本节在讨论不变分布, 所以我们总假设马氏链不可约.

一、频率的极限

令

$$V_i(n) := \sum_{m=0}^{n-1} \mathbf{1}_{\{X_m=i\}} = \left| \{0 \leqslant m \leqslant n-1 : X_m = i\} \right|,$$

它表示马氏链在前 n 步 (即第 0 步, 第 1 步, $\cdots$, 第 $n-1$ 步) 中访问 i 的总次数. 这是随机变量, 它是随机向量 $(X_0, \cdots, X_{n-1})$ 的函数.

定理 1.8.1 假设 $\mathbf{P}$ 不可约, 则对任意 $i \in S$, 访问 i 的频率 $V_i(n)/n$ 几乎必然收敛于 $1/E_i\sigma_i$. 具体地, 对任意初分布 μ,

$$P_\mu\left(\lim_{n\to\infty} \frac{V_i(n)}{n} = \frac{1}{E_i\sigma_i}\right) = 1, \quad \forall i \in S.$$

证 假设 $\mathbf{P}$ 非常返, 那么

$$V_i = \sum_{n=0}^{\infty} \mathbf{1}_{\{X_n=i\}} < \infty.$$

于是结论成立. 具体地, 一方面, 若 $V_i > 0$, 则 $\tau_i < \infty$. 此时, 令 $Y_n := X_{\tau_i+n}, n = 0, 1, 2, \cdots$. 于是 $V_i = V_i^{(Y)}$. 根据强马氏性以及非常返性, 对任意状态 $j \in S$,

$$P_j(V_i = \infty | \tau_i < \infty) = P_j(V_i^{(Y)} = \infty | \tau_i < \infty) - P_i(V_i = \infty) = 0.$$

于是

$$P_j(V_i = \infty) = P_j(\tau_i < \infty)P_i(V_i = \infty) = 0.$$

因此, $P_\mu(V_i < \infty) = \sum_{j \in S} \mu_j P_j(V_i < \infty) = 1$. 由于对任意 n, $V_i(n) \leqslant V_i$, 因此 $\{V_i < \infty\} \subseteq \left\{\lim_{n\to\infty} V_i(n)/n = 0\right\}$. 从而,

$$P_\mu\left(\lim_{n\to\infty} \frac{V_i(n)}{n} = 0\right) = 1.$$

另一方面, 因为状态 i 非常返, 所以 $P_i(\sigma_i = \infty) > 0$, 这表明 $E_i\sigma_i = \infty$, 即 $1/E_i\sigma_i = 0$. 从而命题成立.

下面假设 $\mathbf{P}$ 常返. 取定 i, 记

$$A = \left\{\lim_{n\to\infty} \frac{V_i(n)}{n} = \frac{1}{E_i\sigma_i}\right\}.$$

往证对任意初分布 μ, $P_\mu(A) = 1$ 成立.

首先, 假设 $X_0 = i$, 即 $\mu_i = 1$. 根据命题 1.5.5, 粒子回访状态 i 的时间间隔 $\sigma_{i,1}, \sigma_{i,2}, \cdots$ 是独立同分布的随机变量序列. 在更新定理 (定

理 1.2.15) 中, 将 L_i 取为 $\sigma_{i,r}$, 那么 $V_i(n)$ 就是更新定理中的 $1 + R_{n-1}$,
于是
$$\lim_{n\to\infty} \frac{V_i(n)}{n} = \lim_{n\to\infty} \frac{1+R_{n-1}}{n} = \frac{1}{EL_1},$$
其中 $EL_1 = E_i\sigma_i$. 从而 $P_i(A) = 1$.

其次, 假设 $X_0 = j$, 即 $\mu_j = 1$, 其中 $j \neq i$. 由于马氏链不可约、常
返, 根据命题 1.5.6, $P_j(\tau_i < \infty) = 1$. 于是我们可以先让粒子到达状态
i, 再在后续的运动中考虑访问 i 的次数或频率. 具体地, 对任意 $n \geqslant 0$,
令 $Y_n = X_{\tau_i+n}$. 因为在 $[0, \tau_i - 1]$ 这个时间段内, 粒子不会访问状态 i,
所以
$$V_i(n) = V_i^{(Y)}(n - \tau_i),$$
其中对任意 $m \geqslant 0$, $V_i^{(Y)}(m) = \sum_{l=0}^{m-1} \mathbf{1}_{\{Y_l=i\}}$. 由推论 1.4.13, 对任意给
定的 $m \geqslant 1$, 在 $\{\tau_i = m\}$ 的条件下, $\{Y_n\}$ 是从 i 出发的、以 $\mathbf{P}$ 为转移
矩阵的马氏链. 这表明
$$P_j\left(\lim_{n\to\infty} \frac{V_i^{(Y)}(n)}{n} = \frac{1}{E_i\sigma_i}\Big|\tau_i = m\right) = P_i(A) = 1.$$
于是, 在 $\{\tau_i = m\}$ 的条件下,
$$\frac{V_i(n)}{n} = \frac{V_i^{(Y)}(n-\tau_i)}{n} = \frac{V_i^{(Y)}(n-m)}{n-m} \cdot \frac{n-m}{n} \xrightarrow{n\to\infty} \frac{1}{E_i\sigma_i},$$
即 $P_j(A|\tau_i = m) = 1$. 根据全概率公式,
$$P_j(A) = \sum_{m=1}^{\infty} P_j(\tau_i = m) \cdot P_j(A|\tau_i = m) = \sum_{m=1}^{\infty} P_j(\tau_i = m) \cdot 1 = 1.$$

最后, 对于任意初分布 μ, 由全概率公式, $P_\mu(A) = \sum_{j\in S} \mu_j P_j(A) = 1$.
从而命题成立. $\qquad\square$

上述命题表明: 在不可约、常返的马氏链中, 对任意 $i \in S$, 粒子访
问状态 i 的频率 $V_i(n)/n$ 几乎必然有极限, 其极限就是 $1/E_i\sigma_i$. 进一

步, 我们将在下面的命题中证明, 如果不变分布 π 存在, 那么访问 i 的频率 $V_i(n)/n$ 的极限就是 π_i. 因此, 不变分布具有唯一性.

命题 1.8.2 假设 $\mathbf{P}$ 不可约, π 为 $\mathbf{P}$ 的不变分布, 则对所有状态 i, 均有 $\pi_i > 0$, 且

$$\pi_i = \frac{1}{E_i\sigma_i}. \tag{1.8.1}$$

证 我们先证明对任意 $i \in S$, $\pi_i > 0$. 首先, 由分布列的规范性, 存在 $o \in S$, 使得 $\pi_o > 0$. 对任意 $i \in S$, 因为 $\mathbf{P}$ 不可约, 所以 $o \to i$. 于是根据命题 1.3.2, 存在 $n \geqslant 0$, 使得 $p_{oi}^{(n)} > 0$. 根据 π 是不变分布,

$$\pi_i = \sum_{j \in S} \pi_j p_{ji}^{(n)} \geqslant \pi_o p_{oi}^{(n)} > 0.$$

下面, 考虑以 π 为初分布的马氏链. 一方面, 因为 π 是不变分布, 所以

$$E_\pi \frac{V_i(n)}{n} = E_\pi \left(\frac{1}{n} \sum_{m=0}^{n-1} \mathbf{1}_{\{X_m = i\}} \right) = \frac{1}{n} \sum_{m=0}^{n-1} P_\pi(X_m = i) = \pi_i.$$

另一方面, 定理 1.8.1 表明 $P_\pi \left(\lim_{n \to \infty} V_i(n)/n = 1/E_i\sigma_i \right) = 1$. 因为对任意 n, $0 \leqslant V_i(n)/n \leqslant 1$, 所以由有界收敛定理 (引理 0.3.4) 可推出

$$\lim_{n \to \infty} E_\pi \frac{V_i(n)}{n} = E_\pi \left(\lim_{n \to \infty} \frac{V_i(n)}{n} \right) = \frac{1}{E_i\sigma_i}.$$

因此, $\pi_i = 1/E_i\sigma_i$. □

上面的命题表明, 对于不可约马氏链, 不变分布如果存在则唯一. 将这个唯一的不变分布记为 π, 那么对任意状态 i, $E_i\sigma_i = 1/\pi_i < \infty$. 我们将在下面的定理 1.8.5 中证明其逆命题, 也就是反过来, 若 $E_i\sigma_i < \infty$, 令 $\pi_i = 1/E_i\sigma_i$, $i \in S$, 则 π 就是不变分布.

二、正常返与不变分布

定义 1.8.3 若 $E_i \sigma_i < \infty$, 则称状态 i 是**正常返态**, 或说 i 是**正常返的** (positive recurrent); 若 i 常返但 $E_i \sigma_i = \infty$, 则称状态 i 为**零常返态**, 或说 i 是**零常返的** (null recurrent).

取定状态 o, 令

$$\mu_i := E_o \sum_{n=0}^{\sigma_o - 1} \mathbf{1}_{\{X_n = i\}}, \quad \forall i \in S. \tag{1.8.2}$$

它表示在从状态 o 出发再回到 o 的游弋中, 粒子访问状态 i 的平均次数.

命题 1.8.4 假设 o 常返, 则如上定义的 μ 满足下面的不变方程:

$$\sum_{j \in S} \mu_j p_{ji} = \mu_i, \quad \forall i \in S.$$

证 由推论 0.3.8, 对任意 $j \in S$,

$$\mu_j = E_o \sum_{n=0}^{\sigma_o - 1} \mathbf{1}_{\{X_n = j\}} = E_o \sum_{n=0}^{\infty} \mathbf{1}_{\{X_n = j, \sigma_o > n\}}$$

$$= \sum_{n=0}^{\infty} P_o(X_n = j, \sigma_o > n). \tag{1.8.3}$$

将时刻 n 视为现在. 因为 $\{\sigma_o > n\} = \{X_1 \neq o, \cdots, X_n \neq o\}$, 这是一个关于过去及现在的状态的事件, 所以根据马氏性可以推出

$$p_{ji} = P(X_{n+1} = i | X_n = j) = P(X_{n+1} = i | X_n = j, \sigma_o > n).$$

于是,

$$\sum_{j\in S}\mu_j p_{ji} = \sum_{j\in S}\sum_{n=0}^{\infty} P_o(X_n=j,\sigma_o>n)P(X_{n+1}=i|X_n=j,\sigma_o>n)$$

$$= \sum_{n=0}^{\infty}\sum_{j\in S} P_o(X_n=j,\sigma_o>n,X_{n+1}=i)$$

$$= \sum_{n=0}^{\infty} P_o(\sigma_o>n,X_{n+1}=i).$$

现仿照 (1.8.3) 式, 将 $\sum_{n=0}^{\infty} P_o(\sigma_o>n,X_{n+1}=i)$ 写回粒子访问状态 i 的平均次数的形式:

$$\sum_{n=0}^{\infty} P_o(\sigma_o>n,X_{n+1}=i) = E_o\sum_{n=0}^{\infty}\mathbf{1}_{\{\sigma_o>n,X_{n+1}=i\}}$$

$$= E_o\sum_{n=0}^{\sigma_o-1}\mathbf{1}_{\{X_{n+1}=i\}}$$

$$= E_o\sum_{n=1}^{\sigma_o}\mathbf{1}_{\{X_n=i\}},$$

其中, 最后一个等式是将其左边的 $n+1$ 视为新的求和哑元 n. 综上,

$$\sum_{j\in S}\mu_j p_{ji} = E_o\sum_{n=1}^{\sigma_o}\mathbf{1}_{\{X_n=i\}}. \tag{1.8.4}$$

由于 o 常返, 因此 $P_o(\sigma_o<\infty)=1$. 如果 $i=o$, 那么在 $[0,\sigma_o]$ 这个时间段中, 粒子只有在时刻 0 和时刻 σ_o 的状态为 i, 在其他时刻的状态都不是 i, 于是 $\sum_{n=1}^{\sigma_o}\mathbf{1}_{\{X_n=i\}}=1=\sum_{n=0}^{\sigma_o-1}\mathbf{1}_{\{X_n=i\}}$; 如果 $i\neq o$, 那么 X_0 与 X_{σ_o} 都不是 i, 于是 $\sum_{n=1}^{\sigma_o}\mathbf{1}_{\{X_n=i\}}=\sum_{n=1}^{\sigma_o-1}\mathbf{1}_{\{X_n=i\}}=\sum_{n=0}^{\sigma_o-1}\mathbf{1}_{\{X_n=i\}}$. 总结起来, 对任意 i, 可得

$$\sum_{n=1}^{\sigma_o}\mathbf{1}_{\{X_n=i\}} = \sum_{n=0}^{\sigma_o-1}\mathbf{1}_{\{X_n=i\}}.$$

这结合 (1.8.2) 式表明 (1.8.4) 式中等号的右边就是 μ_i. □

定理 1.8.5 假设 **P** 不可约, 则下列三条等价:

(1) 所有状态都是正常返的; (2) 存在正常返态; (3) 不变分布存在.
特别地, 若 π 是不变分布, 则

$$\pi_i = \frac{1}{E_i\sigma_i}, \quad \forall i \in S.$$

证 往证 (1) $\Rightarrow$ (2) $\Rightarrow$ (3) $\Rightarrow$ (1), 于是它们等价. 首先, (1) $\Rightarrow$ (2) 是显然的.

(2) $\Rightarrow$ (3): 假设 (2) 成立. 任取一个正常返态, 记为 o. 根据命题 1.8.4, (1.8.2) 式定义的 μ 是不变测度. 由于 $\sum_{i\in S} \mu_i = E_o\sigma_o < \infty$, 可将 μ 归一化, 得到 $\{\mu_i/E_o\sigma_o : i \in S\}$ 是不变分布. 因此 (3) 成立.

(3) $\Rightarrow$ (1): 假设 (3) 成立. 由命题 1.8.2, 不变分布唯一, 其表达式就是 $\pi_i = 1/E_i\sigma_i$. 并且, 对任意 $i \in S$ 都有 $\pi_i > 0$, 即 $E_i\sigma_i < \infty$. 根据定义, 即 i 是正常返态. 因此, (1) 成立. □

注 1.8.6 在定义正常返和零常返时, 并不需要假设马氏链不可约. 由于它们都蕴含着常返, 因此定理 1.8.5 表明对于一般的马氏链, 正常返也是互通类的性质.

推论 1.8.7 假设状态空间 S 有限、不可约, 则不变分布存在.

证 由定理 1.8.1, 当 $n \to \infty$ 时, 对任意 i, $V_i(n)/n \to 1/E_i\sigma_i$. 由 S 有限知

$$\sum_{i\in S} \frac{V_i(n)}{n} \to \sum_{i\in S} \frac{1}{E_i\sigma_i},$$

这是因为有限的求和号可以和极限符号交换. 由 $\sum_{i\in S} V_i(n)/n = 1$ 知 $\sum_{i\in S} 1/E_i\sigma_i = 1$. 从而, 存在 $i \in S$, 使得 $E_i\sigma_i < \infty$, 即 i 正常返. 这表明存在正常返态, 由定理 1.8.5, 不变分布存在. □

三、遍历定理

结合定理 1.8.1, 定理 1.8.5 和命题 1.8.2 可得: 如果马氏链不可约、正常返, 那么

$$P_\mu \left(\lim_{n \to \infty} \frac{1}{n} V_i(n) = \pi_i \right) = 1, \quad \forall i \in S. \tag{1.8.5}$$

即访问状态 i 的频率几乎必然收敛于 i 在 (唯一的) 不变分布 π 下的概率 π_i. 事实上, 我们还可以得到频率 (作为分布列) 是 l^1 收敛到不变分布的这个更强结论 (命题 1.8.9), 并进一步得到遍历定理 (定理 1.8.10). 为证明这些结论, 我们先给出一个引理.

引理 1.8.8　假设 $\pi, \pi^{(1)}, \pi^{(2)}, \cdots$ 是分布列, 满足: 对任意 $i \in S$, $\lim\limits_{n \to \infty} \pi_i^{(n)} = \pi_i$, 则

$$\lim_{n \to \infty} \sum_{i \in S} |\pi_i^{(n)} - \pi_i| = 0.$$

证　若 S 有限, 则 $\lim\limits_{n \to \infty} \sum\limits_{i \in S} |\pi_i^{(n)} - \pi_i| = \sum\limits_{i \in S} \lim\limits_{n \to \infty} |\pi_i^{(n)} - \pi_i| = 0$. 下设 S 可列, 将所有状态编号罗列为 $s_0, s_1, s_2, \cdots$. 对任意 $\varepsilon > 0$, 存在 m, 使得 $\sum\limits_{r=m+1}^{\infty} \pi_{s_r} < \varepsilon$. 由三角不等式,

$$\sum_{i \in S} |\pi_i^{(n)} - \pi_i| \leqslant \sum_{r=1}^{m} |\pi_{s_r}^{(n)} - \pi_{s_r}| + \sum_{r=m+1}^{\infty} \pi_{s_r}^{(n)} + \sum_{r=m+1}^{\infty} \pi_{s_r}.$$

当 $n \to \infty$ 时, 上式右边第一项收敛到 0; 第三项与 n 无关, 它总不超过 ε; 第二项收敛于第三项, 这是因为 $\pi^{(n)}$ 与 π 都是分布列, 从而

$$\sum_{r=m+1}^{\infty} \pi_{s_r}^{(n)} - \sum_{r=m+1}^{\infty} \pi_{s_r} = \sum_{r=1}^{m} \pi_{s_r} - \sum_{r=1}^{m} \pi_{s_r}^{(n)} \overset{n \to \infty}{\longrightarrow} 0.$$

于是

$$\limsup_{n \to \infty} \sum_{i \in S} |\pi_i^{(n)} - \pi_i| \leqslant 2 \sum_{r=m+1}^{\infty} \pi_{s_r} < 2\varepsilon.$$

最后, 令 $\varepsilon \to 0$ 知结论成立. □

命题 1.8.9 假设 **P** 不可约、正常返, π 是不变分布. 对任意初分布 μ,

$$P_\mu\left(\lim_{n\to\infty}\sum_{i\in S}\left|\frac{V_i(n)}{n}-\pi_i\right|=0\right)=1,$$

$$\lim_{n\to\infty}\sum_{i\in S}\left|\frac{1}{n}\sum_{m=0}^{n-1}P_\mu(X_m=i)-\pi_i\right|=0.$$

特别地, 对任意 $j\in S$,

$$\lim_{n\to\infty}\sum_{i\in S}\left|\frac{1}{n}\sum_{m=0}^{n-1}p_{ji}^{(m)}-\pi_i\right|=0.$$

证 命题叙述中依次有三个结论, 我们将先证明第二个, 然后证明第三个, 最后证明第一个.

因为 $0\leqslant V_i(n)/n\leqslant 1$, 所以根据有界收敛定理可以推出, 当 $n\to\infty$ 时, $E_\mu V_i(n)/n\to\pi_i$. 于是

$$a_i(n):=\frac{1}{n}\sum_{m=0}^{n-1}P_\mu(X_m=i)=E_\mu\frac{V_i(n)}{n}\overset{n\to\infty}{\longrightarrow}\pi_i.$$

又由于 $\{a_i(n):i\in S\}$ 是分布列. 由引理 1.8.8 知 $\displaystyle\sum_{i\in S}|a_i(n)-\pi_i|\to 0$. 这即是第二个结论. 特别地, 取 $\mu_j=1$; 对任意 $k\notin j$, 取 $\mu_k=0$. 则 $P_\mu(X_m=i)=p_{ji}^{(m)}$, 因此第三个结论成立.

下面, 我们证明第一个结论. 为了符号更清晰, 我们将样本 ω 写出来, 记

$$V_i(n,\omega)=V_i(n)=\sum_{m=0}^{n-1}\mathbf{1}_{\{X_m(\omega)=i\}}.$$

一方面, 当 ω 取定时, $\{V_i(n,\omega)/n:i\in S\}$ 是分布列. 另一方面, 记

$$\Omega_0=\left\{\lim_{n\to\infty}\frac{1}{n}V_i(n)=\pi_i:\ \forall i\in S\right\}.$$

根据 (1.8.5) 式与概率的次可列可加性,

$$P_\mu(\Omega_0^c) \leqslant \sum_{i \in S} P_\mu \left(\lim_{n \to \infty} \frac{1}{n} V_i(n) = \pi_i \text{不成立} \right) = 0,$$

即 $P_\mu(\Omega_0) = 1$. 于是, 对任意 $\omega \in \Omega_0$ 和 $i \in S$, $V_i(n,\omega)/n \to \pi_i$.

根据引理 1.8.8, 结合上面的两个方面可推出

$$\sum_{j \in S} |V_i(n,\omega)/n - \pi_i| \to 0, \quad \forall \omega \in \Omega_0.$$

这表明

$$\Omega_0 \subseteq \left\{ \lim_{n \to \infty} \sum_{i \in S} \left| \frac{V_i(n)}{n} - \pi_i \right| = 0 \right\}. \tag{1.8.6}$$

将上式右边的事件记为 Ω_1, 则 $P_\mu(\Omega_1) \geqslant P_\mu(\Omega_0) = 1$, 从而 $P_\mu(\Omega_1) = 1$. 这即是第一个结论. $\qquad \square$

定理 1.8.10 (遍历定理) 假设 $\mathbf{P}$ 不可约、正常返, π 是不变分布. 假设 f 是 S 上的函数, 满足 $\sum_{i \in S} \pi_i |f(i)| < \infty$, 则对任意初分布 μ,

$$P_\mu \left(\lim_{n \to \infty} \frac{1}{n} \sum_{m=0}^{n-1} f(X_m) = \sum_{i \in S} \pi_i f(i) \right) = 1.$$

证 首先, 假设 f 是有界函数. 记 $M := \sup_{i \in S} |f(i)|$, 假设 $M < \infty$. 沿用 (1.8.6) 式中定义的 Ω_1. 由命题 1.8.9, $P_\mu(\Omega_1) = 1$. 因为

$$\frac{1}{n} \sum_{m=0}^{n-1} f(X_m) = \frac{1}{n} \sum_{i \in S} f(i) V_i(n) = \sum_{i \in S} \frac{V_i(n)}{n} f(i),$$

所以在 Ω_1 上,

$$\left| \frac{1}{n} \sum_{m=0}^{n-1} f(X_m) - \sum_{i \in S} \pi_i f(i) \right| \leqslant M \sum_{i \in S} \left| \frac{V_i(n)}{n} - \pi_i \right| \to 0.$$

结论成立.

对于一般情形, 证明有一定难度, 我们将它放在本节的补充知识中. □

四、应用

1. 公式 (1.8.1) 的应用

假设 **P** 不可约、正常返. 结合命题 1.8.2 和定理 1.8.5, 我们推出公式 (1.8.1) 成立, 即

$$\pi_i = \frac{1}{E_i \sigma_i}.$$

此关系式有两类应用: 一类是通过求解不变分布来得到 $E_i \sigma_i$, 并判断正常返性, 如例 1.8.11; 另一类是通过求解平均回访时间 $E_i \sigma_i$ 来判别不变分布是否存在, 或者计算不变分布, 如例 1.8.12 与例 1.6.6.

例 1.8.11 (例 1.1.8 续, 埃伦费斯特模型的不变分布) 因为埃伦费斯特模型是生灭链, 所以我们可以仿照例 1.2.12 来计算其不变分布, 并得到如下表达式:

$$\pi_i = \frac{N(N-1)\cdots(N-(i-1))}{i!}\pi_0 = \mathrm{C}_N^i \pi_0, \quad \forall\, i \in S = \{0, 1, \cdots, N\}.$$

由规范性 $\displaystyle\sum_{i=0}^{N} \pi_i = 1$ 知 $\pi_0 = 2^{-N}$. 事实上, π 就是参数为 N 与 $1/2$ 的二项分布 $B(N, 1/2)$. 进一步,

$$E_i \sigma_i = \frac{1}{\pi_i} = \frac{2^N}{\mathrm{C}_N^i}.$$

特别地, 设 $N = 2M$, $M = 10^4$, 单位时间为 1 s, 则

$$E_0 \sigma_0 = \frac{1}{\pi_0} = 2^{20000}\ (\mathrm{s}), \quad E_M \sigma_M = \frac{1}{\pi_M} = \frac{2^{2M}}{\mathrm{C}_{2M}^M} \approx 100\sqrt{\pi}\ (\mathrm{s}),$$

其中, 最后一个约等号用到了 Stirling 公式 (1.4.4).

例 1.8.12 (老化过程) 设 $S = \mathbb{Z}_+$. 对任意 $i \geqslant 0$, 转移概率如下:

$$p_{i,i+1} = p_i, \quad p_{i0} = 1 - p_i,$$

其中, $0 < p_i < 1$.

考虑从 0 出发的粒子. 根据题设给出的转移概率, 它在跳跃 n 步时首次返回 0 当且仅当它先往前跳 $n-1$ 步 (于是到达状态 $n-1$), 然后在第 n 步跳回 0. 换言之,

$$P_0(\sigma_0 = 1) = 1 - p_0, \quad P_0(\sigma_0 = n) = p_0 \cdots p_{n-2}(1 - p_{n-1}), \quad n \geqslant 2.$$

于是

$$E_0 \sigma_0 = \sum_{n=1}^{\infty} n P_0(\sigma_0 = n)$$

$$= 1 - p_0 + \sum_{n=2}^{\infty} n p_0 \cdots p_{n-2}(1 - p_{n-1}) = 1 + \sum_{n=1}^{\infty} p_0 \cdots p_{n-1}.$$

将上式右边的级数记为 R, 则该马氏链正常返 (等价于不变分布存在) 当且仅当 $R < \infty$, 此时 $\pi_0 = 1/E_0\sigma_0$.

例 1.8.13 在中国象棋的棋盘上有一匹"马", 起点是象棋开局时它所在的位置, 且棋盘上没有其他棋子造成蹩马腿问题. 假设每经过一个单位时间, 这匹"马"移动一步 (在象棋规则允许的范围内等可能选一个目的地, 然后跳跃). 经过 T 步后它首次回到起点. 试求 ET.

因为"马"的运动可以视为图 $G = (V, E)$ 上的随机游动, 其中 V 就是棋盘中的所有 9×10 个交叉点, 所以在居中的 5×6 个交叉点上, "马"有 8 个 (规则允许的) 目的地, 即这些交叉点的度是 8; 在 4 个角上, "马"只有 2 个目的地, 即这 4 个交叉点的度为 2. 依据象棋规则, 我们还可以数出, 度分别为 $3, 4, 6$ 的交叉点的数目分别为 $8, 26, 22$. 我们将每一类的交叉点的数目乘以度再求和, 得到

$$\sum_{j \in V} d_j = 4 \times 2 + 8 \times 3 + 26 \times 4 + 22 \times 6 + 30 \times 8 = 508.$$

将 "马" 的起点记为 o, 则 $d_o = 2$. 因此, 由例 1.2.13, $\pi_o = d_0/508 = 1/254$, 从而 $ET = 1/\pi_o = 254$.

例 1.8.14 (例 1.1.10, 例 1.6.6 续, 规则树 $\mathbb{T}^d$ 上的 λ-biased 随机游动) 在例 1.6.6 中, 若 $|i| = |j|$, 则存在 $\mathbb{T}^d$ 到自身的一一映射 φ, 使得: 如果 $\{X_n\}$ 是从 i 出发的马氏链, 且令 $Y_n = \varphi(X_n)$, $n = 0, 1, 2, \cdots$, 那么 $\{Y_n\}$ 就是从 j 出发的马氏链. 根据首达时的定义, $\sigma_i^{(X)} = \sigma_j^{(Y)}$. 这表明 $E_i\sigma_i = E_j\sigma_j$. 因此, 如果规则树 $\mathbb{T}^d$ 上的 λ-biased 随机游动的不变分布 π 存在, 则它也具有球对称性, 即如果 $|i| = |j|$, 那么 $\pi_i = \pi_j$. 换言之, 存在 $\{c_n, n \geq 0\}$, 使得对任意 $i \in \mathbb{T}^d$, $\pi_i = c_{|i|}$. 取 $A = \{i : |i| \geq n\}$, (1.2.2) 式就变为

$$(d^{n-1}c_{n-1}) \cdot \frac{d}{\lambda + d} = (d^n c_n) \cdot \frac{\lambda}{\lambda + d},$$

即对任意 $n \geq 1$, $c_n = c_{n-1}/\lambda$. 迭代后便可推出, 对任意 $n \geq 1$, $c_n = c_0/\lambda^n$. 最后, 规范性条件 $\sum\limits_{n=0}^{\infty} d^n c_n = 1$ 表明 $c_0 = 1/R$, 其中 $R = \sum\limits_{n=0}^{\infty} (d/\lambda)^n$. 综上, 当 $\lambda \leq d$ 时, $R = \infty$, 该马氏链不存在不变分布; 当 $\lambda > d$ 时, $R < \infty$. 令 $\pi_i = 1/(R \cdot \lambda^{|i|})$. 不难验证 $\{\pi_i : i \in \mathbb{T}^d\}$ 是不变分布. 此时, 该马氏链正常返.

2. 遍历定理的应用

例 1.8.15 假设 $\{X_n\}$ 是马氏链, 状态空间为 S, 转移矩阵 $\mathbf{P}$ 不可约、正常返. 对任意 $i, j \in S$, 考虑从 i 到 j 的跳跃出现的频率

$$f_{ij}(n) = \frac{1}{n} \sum_{m=0}^{n} \mathbf{1}_{\{X_m=i, X_{m+1}=j\}},$$

则 $f_{ij}(n)$ 几乎必然收敛于 $\pi_i p_{ij}$.

证 记 $Y_n = (X_n, X_{n+1})$, $n = 0, 1, 2, \cdots$. 不难验证, $\{Y_n\}$ 是不可

约、正常返马氏链, 状态空间为 $\tilde{S} = \{(i,j) : p_{ij} > 0\}$, 转移概率为

$$\tilde{p}_{(i,j),(l,k)} = 0, \quad \text{若 } l \neq j; \quad \tilde{p}_{(i,j),(j,k)} = p_{jk}. \tag{1.8.7}$$

不变分布为 $\tilde{\pi}$, 其表达式为 $\tilde{\pi}_{(i,j)} = \pi_i p_{ij}$. 对 $\{Y_n\}$ 用遍历定理便知

$$f_{ij}(n) = \frac{1}{n} \sum_{m=0}^{n} \mathbf{1}_{\{Y_m = (i,j)\}} \xrightarrow{\text{a.s.}} \tilde{\pi}_{(i,j)} = \pi_i p_{ij}. \qquad \Box$$

假设 $\mathbf{P}$ 不可约、正常返, π 为其不变分布. 当 $n \to \infty$ 时, 任意状态 i 出现的频率会几乎必然收敛到 π_i, 即存在 Ω_0, 使得 $P(\Omega_0) = 1$, 且对任意 $\omega \in \Omega_0$, $\lim\limits_{n \to \infty} V_i(n,\omega)/n = \pi_i$. 特别地, 给定 ω, 对任意的正整数子列 $n_1, n_2, \cdots$, 也有

$$\lim_{r \to \infty} \frac{1}{n_r} V_i(n_r, \omega) = \pi_i. \tag{1.8.8}$$

从下面的例题可以看到, 适当地选取 $n_1, n_2, \cdots$ 可以帮助我们巧妙地解决问题.

例 1.8.16 假设马氏链不可约、正常返. 对给定的正整数 m, 令 $\sigma := \inf\{n \geq m : X_n = i\}$, 则

$$E_i \sum_{n=0}^{\sigma-1} \mathbf{1}_{\{X_n = j\}} = \pi_j E_i \sigma. \tag{1.8.9}$$

证 首先, 验证 (1.8.9) 式的等号两边所涉及的期望都是有限的. 因为 $\sum\limits_{n=0}^{\sigma-1} \mathbf{1}_{\{X_n = j\}} \leqslant \sigma$, 所以我们只须验证 $E_i \sigma < \infty$ 即可. 考虑从 i 出发的粒子, 将其第 r 次回访 i 的时间记为 T_r. 那么, $T_m \geqslant m$, 这表明 $\sigma \leqslant T_{m+1}$. 因此,

$$E_i \sigma \leqslant E_i T_{m+1} < (m+1) E_i \sigma_i < \infty,$$

其中, 最后一步用到了该马氏链正常返.

其次, 因为 σ 是停时, $X_\sigma = i$, 并且该马氏链常返, 所以我们可以将轨道切割成独立同分布的有限步轨道, 具体操作如下: 记 $S_0 = 0$, $S_r = \inf\{n \geqslant m + S_{r-1} : X_n = i\}$, $r \geqslant 1$. 令 $\xi_r = S_r - S_{r-1}$, $r \geqslant 1$. 根据强马氏性 (命题 1.4.20), $\xi_1, \xi_2, \cdots$ 独立同分布, 事实上, $(X_{S_{r-1}}, \cdots, X_{S_r} - 1)$, $r \geqslant 1$ 是独立同分布的.

然后, 记 $\eta_r = \sum_{t=S_{r-1}}^{S_r - 1} \mathbf{1}_{\{X_t = i\}}$. 那么, $\eta_1, \eta_2, \cdots$ 独立同分布. 将 (1.8.8) 式中的 n_r 取为 S_r, 便得到 $V_i(S_r, \omega) = \eta_1 + \cdots + \eta_r$. 因此,

$$\lim_{r \to \infty} \frac{\eta_1 + \cdots + \eta_r}{\xi_1 + \cdots + \xi_r} = \lim_{r \to \infty} \frac{V_i(S_r, \omega)}{S_r} = \pi_i.$$

最后, 根据强大数定律,

$$\lim_{r \to \infty} \frac{\eta_1 + \cdots + \eta_r}{\xi_1 + \cdots + \xi_r} = \lim_{r \to \infty} \frac{(\eta_1 + \cdots + \eta_r)/r}{(\xi_1 + \cdots + \xi_r)/r} = \frac{E\eta_1}{E\xi_1}.$$

因此, $E\eta_1 = \pi_i E\xi_1$. 由 $E\xi_1 = E_i\sigma$, 而 $E\eta_1 = E_i \sum_{n=0}^{\sigma-1} \mathbf{1}_{\{X_n = j\}}$, 我们便可推出结论成立. □

我们还可以结合遍历定律与大数定律来推广应用, 譬如, 下面的例题.

例 1.8.17 假设某同学每天中午去食堂甲或食堂乙吃饭. 如果他某天去食堂甲, 则第二天去食堂乙的可能性为 0.7; 如果他某天去食堂乙, 则第二天去食堂甲的可能性为 0.5. 假设他每次去食堂甲, 餐费(单位: 元) 独立地等可能为 14, 15, 16; 每次去食堂乙, 餐费独立地等可能为 9, 10, 11. 试问: 他一顿午餐平均花费多少元?

解 我们可以建立一个马氏链描述该同学前往的食堂, 将食堂甲记为 0, 食堂乙记为 1. 将他第 n 天去的食堂记为 X_n, 则 $\{X_n\}$ 是马氏链, 状态空间为 $S = \{0, 1\}$, 转移概率为 $p_{01} = 0.7$, $p_{00} = 0.3$; $p_{10} = p_{11} = 0.5$. 我们可以解出其对应的不变分布为 $\pi_0 = 5/12$, $\pi_1 = 7/12$.

将他每次去食堂甲的花费记为 $\xi_1, \xi_2, \cdots$, 它们独立同分布. 假设他在 n 天中去了食堂甲 $V_0(n)$ 次, 那么他去食堂甲的总消费就为 $F(n) := \xi_1 + \cdots + \xi_{V_0(n)}$. 于是,

$$\frac{1}{n}F(n) = \frac{V_0(n)}{n} \cdot \frac{\xi_1 + \cdots + \xi_{V_0(n)}}{V_0(n)} \xrightarrow{\text{a.s.}} \pi_0 \cdot E\xi_1,$$

其中, 第一项用了遍历定理, 而第二项用了强大数定律.

同理, 我们可以分析他去食堂乙的平均花费. 因此, 所求为

$$\frac{5}{12} \times \frac{14 + 15 + 16}{3} + \frac{7}{12} \times \frac{9 + 10 + 11}{3} = \frac{145}{12}.$$

补 充 知 识

假设 $\mathbf{P}$ 不可约、常返. 由命题 1.8.4, (1.8.2) 式定义的 μ 满足不变方程. 下面的命题 1.8.19 表明, 在忽略常数倍的意义下, μ 实际上是 $\mathbf{P}$ 唯一的不变测度. 为此, 先给出一个引理.

引理 1.8.18 假设 $\mathbf{P}$ 不可约, 对任意 $i \in S$, $0 \leqslant \lambda_i \leqslant \infty$ 且 $\lambda = \{\lambda_i : i \in S\}$ 满足不变方程, 则以下三种情况之一属实:

(1) $0 < \lambda_i < \infty, \forall i$; (2) $\lambda_i = 0, \forall i$; (3) $\lambda_i = \infty, \forall i$.

证 首先, 存在 o, 使得 $0 < \lambda_o < \infty$, 那么情况 (1) 属实. 这是因为, 根据不变方程, $\lambda = \lambda\mathbf{P}$. 进一步, 对任意 $n \geqslant 1$, $\lambda = \lambda\mathbf{P}^n$. 换言之,

$$\lambda_i = \sum_{j \in S} \lambda_j p_{ji} = \sum_{j \in S} \lambda_j p_{ji}^{(n)}, \quad \forall i, j.$$

一方面, 取 $j = o$, 由不可约知, 对任意 i, 存在 n, 使得 $p_{oi}^{(n)} > 0$, 因此, $\lambda_i \geqslant \lambda_o p_{oi}^{(n)} > 0$. 另一方面, 取 $i = o$, 由不可约知, 对任意 j, 存在 n, 使得 $p_{jo}^{(n)} > 0$, 因此, $\lambda_o \geqslant \lambda_j p_{jo}^{(n)}$. 这表明 $\lambda_j < \infty$. 综合这两方面, 我们推得对任意 i, $0 < \lambda_i < \infty$.

然后, 如果存在 o, 使得 $\lambda_o = 0$, 那么情况 (2) 属实. 这是因为, 对任意 j 和 n, $0 = \lambda_o \geqslant \lambda_j p_{jo}^{(n)}$. 于是, 对任意 j, 取 n, 使得 $p_{jo}^{(n)} > 0$, 则根据不变方程知 $0 = \nu_o \geqslant \nu_j p_{jo}^{(n)}$. 这表明 $\nu_j \equiv 0$.

最后, 结合上面的结论, 反证法可以证明: 如果存在 o, 使得 $\lambda_o = \infty$, 那么情况 (3) 属实. □

给定状态 o, 考虑 (1.8.2) 式定义的 μ, 即

$$\mu_i = E_o \sum_{n=0}^{\sigma_o-1} \mathbf{1}_{\{X_n=i\}}, \quad \forall i \in S.$$

命题 1.8.19 假设 $\mathbf{P}$ 不可约、常返, 并假设对任意 $i \in S$, $0 \leqslant \lambda_i \leqslant \infty$, $\lambda = \{\lambda_i : i \in S\}$ 满足不变方程, 并且 $\lambda_o = 1$, 则对任意 $i \in S$, $\lambda_i = \mu_i$.

证 首先, 根据命题 1.8.4 与引理 1.8.18, 对所有 i, $0 < \lambda_i < \infty$.

然后, 我们证明对任意 $i \in S$, $\lambda_i \geqslant \mu_i$. 根据不变方程,

$$\lambda_i = \sum_{j \in S} \lambda_j p_{ji} = \lambda_o p_{oi} + \sum_{j \neq o} \lambda_j p_{ji} = p_{oi} + \sum_{j \neq o} \lambda_j p_{ji},$$

其中, 最后一个等式是因为命题假设 $\lambda_o = 1$. 当 $j \neq o$ 时, 对 λ_j 进行上面的分解操作. 于是,

$$\begin{aligned}
\lambda_i &= p_{oi} + \sum_{j \neq o} \left(p_{oj} + \sum_{k \in S, k \neq o} \lambda_k p_{kj} \right) p_{ji} \\
&= p_{oi} + \sum_{j \neq o} p_{oj} p_{ji} + \sum_{j \neq o} \sum_{k \neq o} \lambda_k p_{kj} p_{ji}.
\end{aligned}$$

将上式中最后一个求和号中的 λ_k 再迭代一次便可推出

$$\lambda_i = p_{oi} + \sum_{j \neq o} p_{oj} p_{ji} + \sum_{j,k \neq o} \lambda_o p_{ok} p_{kj} p_{ji} + \sum_{j,k,l \neq o} \lambda_l p_{lk} p_{kj} p_{ji}. \quad (1.8.10)$$

将上式右边第一个求和号中的 j 改写成 i_1, 第二个求和号中的 k, j 分别改写成 i_1, i_2. 因为所有 λ_l 均非负, 所以

$$\lambda_i \geqslant p_{oi} + \sum_{i_1 \neq o} p_{oi_1} p_{i_1 i} + \sum_{i_1, i_2 \neq o} \lambda_o p_{oi_1} p_{i_1 i_2} p_{i_2 i}.$$

在上式右边的三项中, 分别将 i 视为 X_1, X_2, X_3 的值, 那么, 上面的不等式就可以改写为

$$\lambda_i \geqslant P_o(X_1 = i) + P_o(X_1 \neq o, X_2 = i) + P_o(X_1, X_2 \neq o, X_3 = i)$$
$$= P_o(\sigma_o > 1, X_1 = i) + P_o(\sigma_o > 2, X_2 = i) + P_o(\sigma_o > 3, X_3 = i).$$

我们可以将 (1.8.10) 式中的 λ_ℓ 再改写, 继续迭代下去, 便知, 对任意 $n \geqslant 1$, 都有

$$\lambda_i \geqslant P_o(\sigma_o > 1, X_1 = i) + P_o(\sigma_o > 2, X_2 = i) + \cdots + P_o(\sigma_o > n, X_n = i).$$

令 $n \to \infty$, 可得

$$\lambda_i \geqslant \sum_{n=1}^{\infty} P_o(\sigma_o > n, X_n = i) = E_o \sum_{n=1}^{\infty} \mathbf{1}_{\{\sigma_o > n, X_n = i\}}$$
$$= E_o \sum_{n=1}^{\sigma_o - 1} \mathbf{1}_{\{X_n = i\}} = \mu_i, \quad \forall i.$$

最后, 我们证明 $\lambda = \mu$. 这是因为, 若令 $\nu_i = \lambda_i - \mu_i$, 则 $\nu = \{\nu_i : i \in S\}$ 也满足不变方程, 且 $\nu_o = 0$. 根据引理 1.8.18, 对任意 $j \in S$, $\nu_j = 0$. □

根据上述命题, 对于不可约、常返的马氏链, 如果不变方程有一个非负解 λ, 那么存在常数 c, 使得对任意 i, $\lambda_i = c\mu_i$. 事实上, $c = \lambda_o$. 于是, 进一步, 如果 λ 可以归一化, 那么我们将其归一化便得到不变分布; 如果 λ 不可以归一化, 那么不变分布不存在, 这即是下面的推论.

推论 1.8.20 假设 **P** 不可约. 若存在不变测度 $\{\lambda_i : i \in S\}$, 使得 $\sum_{i \in S} \lambda_i = \infty$, 则不变分布不存在.

证 假设 **P** 非常返, 那么由推论 1.7.6 知不变分布不存在.

假设 **P** 常返, 那么我们用反证法进行证明. 假设不变分布 π 存在. 由引理 1.8.18 知, $\pi_i, \lambda_i > 0$ 对所有 i 都成立. 特别地, $\pi_o, \lambda_o > 0$, 因此

$\{\pi_i/\pi_o : i \in S\}$ 与 $\{\lambda_i/\lambda_o : i \in S\}$ 都是不变测度. 于是, 由命题 1.8.19,

$$\frac{\pi_i}{\pi_o} = \mu_i = \frac{\lambda_i}{\lambda_o}, \quad \forall\, i \in S.$$

这表明

$$\pi_i = \frac{\pi_o}{\lambda_o} \lambda_i, \quad \forall\, i \in S.$$

然而, 上式左边的求和为 1, 但右边的求和发散, 矛盾, 因此假设不成立, 即不变分布不存在. □

值得一提的是, 在命题 1.8.19 中, $\mathbf{P}$ 常返的这一假设不能去掉. 反例如下: 考虑 $\mathbb{Z}$ 上的非对称紧邻随机游动, 比如说,

$$p_{i,i+1} = 1 - p_{i,i-1} = p \in (0, 0.5).$$

那么, 对任意 $i \in \mathbb{Z}$, $\pi_i = 1$ 和 $\mu_i = p^i/(1-p)^i$ 都是 $\mathbf{P}$ 不变的, 但它们之间不是相差常数倍的关系.

定理 1.8.10 的证明 假设 $X_0 = i$. 将轨道分解为一系列相互独立的从 i 出发的游弋. 具体地, 将马氏链第 r 次返回 i 的时刻记为 T_r, 即

$$T_0 = 0, \quad T_1 = \sigma_i = \inf\{n \geqslant 1 : X_n = i\},$$
$$T_{r+1} = \inf\{n \geqslant T_r : X_n = i\},$$

则第 s 个游弋为 $(X_{T_{s-1}}, \cdots, X_{T_s})$. 记

$$\xi_s = \sum_{m=T_{s-1}}^{T_s - 1} f(X_m), \quad \eta_s = \sum_{m=T_{s-1}}^{T_s - 1} |f(X_m)|.$$

那么, $\xi_1, \xi_2, \cdots$ 独立同分布, $\eta_1, \eta_2, \cdots$ 独立同分布. 将 η_1 改写为

$$\sum_{m=0}^{\sigma_i - 1} |f(X_m)| = \sum_{j \in S} \left(|f(j)| \sum_{m=0}^{\sigma_i - 1} \mathbf{1}_{\{X_m = j\}} \right).$$

由推论 0.3.8 知 $E\eta_1 = \sum\limits_{j \in S} |f(j)| \mu_j$, 其中 μ_j 由 (1.8.2) 式定义, 即 $\mu_j = E_i \sum\limits_{m=0}^{\sigma_i - 1} \mathbf{1}_{\{X_m = j\}}$. 由定理 1.8.5 可推出 $\mu_j = \pi_j E_i \sigma_i$, 从而

$$E\eta_1 = E_i \sigma_i \cdot \sum_{j \in S} \pi_j |f(j)| < \infty.$$

同理, ξ_1 的期望存在, 且

$$E\xi_1 = E_i \sigma_i \cdot \sum_{j \in S} \pi_j f(j).$$

将 $V_i(n) = \sum\limits_{m=0}^{n-1} \mathbf{1}_{\{X_m = i\}}$ 简记为 r. 那么, $T_{r-1} \leqslant n < T_r$, 并且根据强大数律, 当 $n \to \infty$ 时, n/r 几乎必然收敛于 $E_i \sigma_i$. 由

$$\sum_{m=0}^{n-1} f(X_m) = \sum_{s=1}^{r} \xi_s + \sum_{m=T_{r-1}}^{n-1} f(X_m)$$

推出

$$\frac{1}{n} \sum_{m=0}^{n-1} f(X_m) = \frac{r}{n} \cdot \frac{1}{r} \sum_{s=1}^{r} \xi_s + \frac{1}{n} \sum_{m=T_{r-1}}^{n-1} f(X_m).$$

令 $n \to \infty$, 强大数律表明

$$\frac{r}{n} \cdot \frac{1}{r} \sum_{s=1}^{r} \xi_s \xrightarrow{\text{a.s.}} \frac{1}{E_i \sigma_i} \cdot E\xi_1 = \sum_{j \in S} \pi_j f(j).$$

由推论 0.3.2,

$$\frac{1}{n} \left| \sum_{m=T_{r-1}}^{n-1} f(X_m) \right| \leqslant \frac{\eta_r}{n} \leqslant \frac{\eta_r}{r} \xrightarrow{\text{a.s.}} 0.$$

从而结论成立.   □

习　题

1. 对于马氏链而言, "不可约"是不变分布唯一的必要条件吗? 如果是, 试证明之; 如果不是, 试将之改为一个必要条件.

2. 假设状态空间 S 有限. 证明:

(1) 存在正常返态; (2) 存在不变分布.

3. 仿照命题 1.8.4, 证明: 例 1.8.16 中的 $\left\{E_i \sum_{n=0}^{\sigma-1} \mathbf{1}_{\{X_n=j\}} : i \in S\right\}$ 是不变测度. (注: 将其归一化可得 (1.8.9) 式的另一个证明.)

4. 某考试从题库中随机选取 100 道判断题. 若某题的正确答案为 "是", 则下一题的正确答案为 "是"的概率为 0.6; 若某题的正确答案为 "否", 则下一题的正确答案为 "是"的概率为 0.5. 某学生把所有题都独立地以概率 p 回答 "是", 以概率 $1-p$ 回答 "否".

(1) 建立马氏链模型刻画该学生每道题回答正确与否.

(2) 试估计该学生的得分.

(3) 求 p 的最优选择.

5. 假设 $\{S_n\}$ 是一维随机游动, 步长分布为 $P(\xi = k) = 1/6$, $k = 1, \cdots, 6$. 令 $A_n =$ "S_n 能被 13 整除". 试求: $\lim_{n\to\infty} P_0(A_n)$.

6. 假设 $\{X_n\}$ 是离散圆周 $\mathbb{S}_N$ 上的随机游动 (参见例 1.2.8). 试用两种不同的方法求 $E_0\sigma_0$.

7. 假设 d 为整数且 $d \geqslant 2$, $p_0, p_1, \cdots, p_{d-1} \in (0,1), \{X_n\}$ 是 $\mathbb{Z}$ 上的马氏链, 转移概率为

$$p_{nd+i,nd+i+1} = p_i, \quad p_{nd+i,nd+i-1} = 1 - p_i,$$
$$\forall n \in \mathbb{Z}, i \in \{0, 1, \cdots, d-1\}.$$

证明: X_n/n 几乎必然收敛. (提示: 取 $Y_n \in S = \{0, 1, \cdots, d-1\}$ 满足 $Y_n \equiv X_n(\bmod d)$, 则 $\{Y_n\}$ 是 S 上的马氏链.)

8. 在例 1.8.15 中, 证明:

(1) $\{Y_n\}$ 是 $\tilde{S} := \{(i,j) : p_{ij} > 0\}$ 上的马氏链, 转移概率由 (1.8.7) 式给出;

(2) 若 $\{X_n\}$ 不可约 (常返, 或正常返), 则 $\{Y_n\}$ 也相应地不可约 (常返, 或正常返).

9. 假设 $\{X_n\}$ 是不可约、正常返马氏链, π 为其不变分布. 用两种方法证明: 对任意 $l \geqslant 1$, $i_0, \cdots, i_l \in S$,

$$\frac{1}{n}\Big|\{0 \leqslant m \leqslant n-1 : X_m = i_0, X_{m+1} = i_1, \cdots, X_{m+l} = i_l\}\Big|$$
$$\xrightarrow{\text{a.s.}} \pi_{i_0} p_{i_0 i_1} \cdots p_{i_{l-1} i_l}.$$

10. 考虑从 i 出发的马氏链第 r 次回访 i 的时间 T_r, 其中 $T_0 := 0$. 令 $\xi_r = \mathbf{1}_{\{X_{T_{r-1}+1}=j\}}$, $r = 1, 2, \cdots$. 试仿照例 1.8.17 给出例 1.8.15 的另一证明.

11. 假设马氏链不可约, 其转移矩阵 $\mathbf{P}$ 是幂等的, 即 $\mathbf{P} = \mathbf{P}^2$. 证明: 对于任意状态 i, j, $p_{ij} = p_{jj}$.

12. 假设 $\{X_n\}$ 是 N 个顶点的完全图上的随机游动.

(1) 求 $P_i(\sigma_i = n)$, $n = 1, 2, \cdots$, 并由此计算 $E_i \sigma_i$.

(2) 根据不变分布的定义列方程并解出 π, 然后验证 (1.8.1) 式. (注: 在完全图中, 任意两个不同的顶点之间有且仅有一条边相连.)

13*. 假设 $\{X_n\}$ 是 N 个顶点的完全图上的随机游动. 将 $\{X_n\}$ 走遍所有顶点的时间记为 T, 即 $T = \max\limits_{i \in S} \tau_i$. 求 $E_i T$.

14*. 假设某马氏链不可约、正常返, 并假设观察该马氏链 n 步, 依次得到状态 $i_0, \cdots, i_n$.

(1) 求该马氏链的转移概率矩阵的最大似然估计 $\hat{\mathbf{P}} = (\hat{p}_{ij})_{S \times S}$.

(2) 证明: 最大似然估计 $\hat{\mathbf{P}}$ 具有强相合性.

§1.9   强遍历定理

一、正常返、非周期情形

本节研究当 $n \to \infty$ 时, $p_{ij}^{(n)}$ 的极限问题. 假设 $\mathbf{P}$ 正常返, 不变分布为 π. 那么根据遍历定理, 若 $p_{ij}^{(n)}$ 的极限存在, 则它应该为 π_i, 于是极限存在的必要条件是当 n 充分大时, $p_{ij}^{(n)} > 0$.

定义 1.9.1 若存在 N, 使得对任意 $n \geqslant N$, 都有 $p_{ii}^{(n)} > 0$, 则称 i 为**非周期的** (aperiodic).

命题 1.9.2 假设 $\mathbf{P}$ 不可约, 存在非周期态, 则所有状态都非周期, 并且对任意 $i, j \in S$, 存在 N, 使得对任意 $n \geqslant N, p_{ij}^{(n)} > 0$.

证 假设 i 非周期, 当 $m \geqslant N$ 时 $p_{ii}^{(m)} > 0$. 对任意 $j \in S$, 取 r, s 使得 $p_{ij}^{(r)}, p_{ji}^{(s)} > 0$. 于是, 当 $n \geqslant N + r + s$ 时, $m := n - r - s \geqslant N$, $p_{jj}^{(n)} \geqslant p_{ji}^{(s)} p_{ii}^{(m)} p_{ij}^{(r)} > 0$, 从而 j 非周期, 因此所有状态都非周期. 进一步, i, j, N, r 同上, 那么当 $n \geqslant N + r$ 时, $m := n - r \geqslant N, p_{ij}^{(n)} \geqslant p_{ii}^{(m)} p_{ij}^{(r)} > 0$, 从而命题成立. $\qquad\square$

定理 1.9.3 (强遍历定理) 假设 $\mathbf{P}$ 不可约、正常返、非周期, 则对任意初分布 μ,

$$\lim_{n \to \infty} \sum_{j \in S} |P_\mu(X_n = j) - \pi_j| = 0,$$

其中, π 为 $\mathbf{P}$ 的不变分布. 特别地,

$$\lim_{n \to \infty} p_{ij}^{(n)} = \pi_j, \quad \forall i, j \in S.$$

证 考虑状态空间 $\tilde{S} = S \times S$ 以及 $\tilde{S}$ 上的转移矩阵 $\mathbf{R}$:

$$r_{(i,j)(k,l)} := p_{ik} p_{jl}, \quad \forall (i, j), (k, l) \in \tilde{S}.$$

假设 $\{Z_n\}$ 是 $\tilde{S}$ 上的以 $\mathbf{R}$ 为转移矩阵的马氏链. 记 $Z_n = (W_n, Y_n)$. 为方便起见, 将 $\{Z_n\}$ 的初分布记为 ν. 我们在之后的证明中会选取特定的初分布, 不过目前 ν 可以是 $\tilde{S}$ 上的任意分布.

下面, 我们分步骤证明定理的结论.

第一步 不难验证,

$$r_{(i,j)(k,l)}^{(n)} := p_{ik}^{(n)} p_{jl}^{(n)}, \quad \forall (i, j), (k, l) \in \tilde{S}. \tag{1.9.1}$$

对任意 $j \in S$,

$$P(W_n = k) = \sum_{l \in S} P(W_n = k, Y_n = l) = \sum_{(i,j) \in \tilde{S}, l \in S} \nu_{(i,j)} p_{ik}^{(n)} p_{jl}^{(n)}$$

$$= \sum_{(i,j) \in \tilde{S}} \nu_{(i,j)} p_{ik}^{(n)} \left(\sum_{l \in S} p_{jl}^{(n)} \right) = \sum_{i \in S} \left(\sum_{j \in S} \nu_{(i,j)} \right) p_{ik}^{(n)}.$$

同理,

$$P(Y_n = l) = \sum_{j \in S} \left(\sum_{i \in S} \nu_{(i,j)} \right) p_{jl}^{(n)}.$$

第二步   对任意 $(i,j) \in \tilde{S}$, 令 $\tilde{\pi}_{(i,j)} := \pi_i \pi_j$. 不难验证, $\tilde{\pi} = \{\tilde{\pi}_{(i,j)} : (i,j) \in \tilde{S}\}$ 是 **R** 的不变分布.

第三步   **R** 不可约. 对任意 $i,j,k,l \in S$, 由于 **P** 不可约、非周期, 由定理 1.9.6 中的 (2), 存在 $N_1, N_2 \geqslant 0$, 使得 $p_{ik}^{(n_1)}, p_{jl}^{(n_2)} > 0$ 对任意 $n_1 \geqslant N_1$, $n_2 \geqslant N_2$ 都成立. 于是 $r_{(i,j)(k,l)}^{(n)} > 0$ 对任意 $n \geqslant \max\{N_1, N_2\}$ 成立. 这表明 (i,j) 可达 (k,l), 从而 **R** 不可约.

第四步   假设 $\{Z_n\}$ 是 $\tilde{S}$ 上以 **R** 为转移矩阵的马氏链. 由 **R** 有不变分布 $\tilde{\pi}$ 知 **R** 正常返. 从而, **R** 常返. 记 $Z_n = (W_n, Y_n)$. 令

$$\tau := \inf\{n \geqslant 0 : W_n = Y_n\},$$

它表示 $\{W_n\}$ 与 $\{Y_n\}$ 首次相遇的时刻. 这即是二维马氏链 $\{Z_n\}$ 首达对角线

$$\tilde{D} = \{(i,i) : i \in S\}$$

的时间, 它不超过 $\{Z_n\}$ 首达某个具体的状态 (i,i) 的时间. 具体地, 取定 $i \in S$, 则 $\tau \leqslant \tau_{(i,i)} := \inf\{n \geqslant 0 : Z_n = (i,i)\}$. 因为 $\{Z_n\}$ 常返, 由命题 1.5.6, $P(\tau_{(i,i)} < \infty) = 1$, 从而 $P(\tau < \infty) = 1$. 换言之, $\{W_n\}$ 与 $\{Y_n\}$ 必然相遇.

第五步   往证在 $\{W_n\}$ 与 $\{Y_n\}$ 相遇之后, 它们有同样的分布, 即

$$P(W_n = j, \tau \leqslant n) = P(Y_n = j, \tau \leqslant n).$$

假设 $\{W_n\}$ 与 $\{Y_n\}$ 在时刻 m 相遇于状态 i, 那么直观上, 从时刻 m 开始, 它们后续的运动都是从 i 出发、以 $\mathbf{P}$ 为转移矩阵的马氏链, 从而它们在任何时刻有相同的分布. 严格的证明如下:

$$P(W_n = j, \tau \leqslant n) = \sum_{m=0}^{n} \sum_{i \in S} P(W_n = j, \tau = m, Z_m = (i,i))$$

$$= \sum_{m=0}^{n} \sum_{i \in S} P(\tau = m, Z_m = (i,i)) \cdot P(Z_n \in A_j | \tau = m, Z_m = (i,i)),$$

其中 $A_j = \{(j,k) : j \in S\}$. 如果我们将时刻 m 视为现在, 那么

$$\{\tau = m, Z_m = (i,i)\} = \{Z_0, \cdots, Z_{m-1} \notin \tilde{D}, Z_m = (i,i)\}$$

是过去及现在的事件, 而 $Z_n \in A_j$ 则可视为一个将来的事件. 于是, 由 $\{Z_n\}$ 是马氏链知,

$$P(Z_n \in A_j | \tau = m, Z_m = (i,i)) = P(Z_n \in A_j | Z_m = (i,i))$$

$$= \sum_{k \in S} r_{(i,i)(j,k)}^{(n-m)} = \sum_{k \in S} p_{ij}^{(n-m)} \cdot p_{ik}^{(n-m)} = p_{ij}^{(n-m)}.$$

综上,

$$P(W_n = j, \tau \leqslant n) = \sum_{m=0}^{n} \sum_{i \in S} P(\tau = m, Z_m = (i,i)) \cdot p_{ij}^{(n-m)}.$$

同理, 令 $B_j = \{(k,j) : k \in S\}$, 可得

$$P(Z_n \in B_j | \tau = m, Z_m = (i,i)) = P(Z_n \in B_j | Z_m = (i,i))$$

$$= \sum_{k \in S} r_{(i,i)(k,j)}^{(n-m)} = \sum_{k \in S} p_{ik}^{(n-m)} \cdot p_{ij}^{(n-m)} = p_{ij}^{(n-m)}.$$

从而, 也有

$$P(Y_n = j, \tau \leqslant n) = \sum_{m=0}^{n} \sum_{i \in S} P(\tau = m, Z_m = (i,i)) \cdot p_{ij}^{(n-m)}.$$

因此 $P(W_n = j, \tau \leqslant n) = P(Y_n = j, \tau \leqslant n)$.

第六步　由于 $P(W_n = j) = P(W_n = j, \tau \leqslant n) + P(W_n = j, \tau > n)$, 并且对 Y_n 类似, 所以根据第五步的结论, 我们可以推出

$$P(W_n = j) - P(Y_n = j) = P(W_n = j, \tau > n) - P(Y_n = j, \tau > n).$$

从而,

$$\sum_{j \in S} |P(W_n = j) - P(Y_n = j)|$$

$$\leqslant \sum_{j \in S} \big(P(W_n = j, \tau > n) + P(Y_n = j, \tau > n) \big) = 2P(\tau > n).$$

当 $n \to \infty$ 时, 第四步的结论 $P(\tau < \infty) = 1$ 表明上式右边趋于 0.

最后, 将 $\{Z_n\}$ 的初分布设置为

$$\nu_{(i,j)} = \mu_i \pi_j. \tag{1.9.2}$$

那么, 根据第一步结论, $P(W_n = j) = P_\mu(X_n = j)$, 可得 $P(Y_n = j) = P_\pi(X_n = j) = \pi_j$, 其中, 我们用到 π 是 $\mathbf{P}$ 的不变分布. 将其代入第六步的结论中就可推出定理成立. □

例 1.9.4 (Wright-Fisher 模型)　该模型来源于遗传学, 不过此处我们借用 "社交网相互学习" 这个模型中的语言来进行描述. 假设现在有 N 个人, 他们可以对某件事进行表态, "支持" 或 "反对". 每一天, 每个人 (称之为甲) 独立地在 N 个人中随机挑选一人 (称之为乙, 乙可以是甲自己). 如果乙前一天表态支持, 那么甲今天以概率 u 改为表态反对, 以概率 $1-u$ 跟着表态支持; 如果乙前一天表态反对, 那么甲今天以概率 v 改为表态支持, 以概率 $1-v$ 跟着表态反对, 其中 $0 < u, v < 1$. 记 X_n 为第 n 天表态支持的人数. 那么, $\{X_n\}$ 为马氏链, 取值于 $\{0, 1, 2, \cdots, N\}$, 转移概率如下:

$$p_{ij} = \mathrm{C}_N^j \rho_i^j (1 - \rho_i)^{N-j}, \quad \text{其中 } \rho_i = (1 - u)\frac{i}{N} + v\frac{N - i}{N}.$$

下面我们考虑选择支持的平均人数, 即 $EX_n = \sum_{j=0}^{N} jP(X_n = j)$.

因为转移概率全部为正, 所以该马氏链是不可约的、非周期的, 因此 $\lim\limits_{n\to\infty} P(X_n = j) = \pi_j$, 其中 π 为该马氏链唯一的不变分布, 其存在性由推论 1.8.7 保证. 故 $\lim\limits_{n\to\infty} EX_n = \sum\limits_{j=0}^{N} j\pi_j =: a$. 因为

$$a = \sum_{j=0}^{N} j \sum_{i=0}^{N} \pi_i p_{ij} = \sum_{i=0}^{N} \pi_i \sum_{j=0}^{N} j p_{ij} = \sum_{i=0}^{N} \pi_i \sum_{j=0}^{N} j C_N^j \rho_i^j (1-\rho_i)^{N-j}$$

$$= \sum_{i=0}^{N} \pi_i N \rho_i = \sum_{i=0}^{N} \pi_i [(1-u)i + v(N-i)] = (1-u-v)a + vN,$$

解得 $a = vN/(u+v)$. 特别地, 当 $u = v = 1/2$ 时, 对任意 i, $\{p_{ij} : j \in S\}$ 都是二项分布 $B(N, 1/2)$. 于是, $X_1, X_2, \cdots$ 独立同分布, 它们都服从 $B(N, 1/2)$. 故 π 就是 $B(N, 1/2)$.

例 1.9.5 (例 1.1.8 和例 1.8.11 续) 考虑埃伦费斯特模型, 其中 $S = \{0, 1 \cdots, N\}$, 转移概率为

$$p_{01} = p_{N,N-1} = 1, \quad p_{i,i-1} = 1 - p_{i,i+1} = i/N, \quad 1 \leqslant i \leqslant N-1,$$

则 $\mathbf{P}$ 不可约, 且在例 1.8.11 中得到不变分布 $\pi_i = C_N^i 2^{-N}$, $i = 0, 1, \cdots$, N. 假设马氏链从状态 0 出发. 若经过奇数步, 则它向前与向后的跳跃次数必然不等, 于是它不可能回到状态 0. 这说明 $p_{00}^{(2n+1)} = 0$, $n = 0, 1, 2, \cdots$. 因此, $\lim\limits_{n\to\infty} p_{00}^{(n)} = \pi_0$ 不成立. 不难发现, 若 i 与 j 的奇偶性不同, 则 $p_{ij}^{(2n+1)} > 0$, $n \geqslant N$ 且 $p_{ij}^{(2n)} = 0$, $n \geqslant 0$; 若 i 与 j 的奇偶性相同, 则 $p_{ij}^{(2n)} > 0$, $n \geqslant N$ 且 $p_{ij}^{(2n+1)} = 0$, $n \geqslant 0$.

二、正常返、周期情形

定理 1.9.6 假设 $\mathbf{P}$ 不可约, 则存在唯一的正整数 d 以及 S 的一个分割 $D_0, D_1, \cdots, D_{d-1}$, 使得下面的结论成立: 补充定义 $D_{nd+r} := D_r$, $n \geqslant 1$, 则

(1) 对任意 $r \geqslant 0$, $i \in D_r$ 以及 $s \geqslant 0$, 均有 $\displaystyle\sum_{j \in D_{r+s}} p_{ij}^{(s)} = 1$;

(2) 对任意 $r \geqslant 0$ 和 $i, j \in D_r$, 存在 $N \geqslant 0$, 使得对任意 $n \geqslant N$, 均有 $p_{ij}^{(nd)} > 0$.

上述定理的证明过程比较复杂, 涉及较多技术细节, 因此证明移至本节的补充知识中.

定理 1.9.6 中的结论 (1) 表明, 从某个区域 D_r 中的任意状态出发, 走一步必然到下一个区域 D_{r+1} 中, 取 $s = 1$ 即可. 如图 1.18 中的左图所示. 定理 1.9.6 中的结论 (2) 则是为了保证 d 确实是这个马氏链的周期. 例如, 在图 1.18 中, 带圆圈的数字 i 表示状态 i. 在右图中, $S = \{0, 1, \cdots, 5\}$, 转移概率为: $p_{i,i+1} = 1$, $i \neq 6$; $p_{60} = 1$. 那么, 该马氏链的周期应该为 6: $D_i = \{i\}$, $i \in S$. 然而, 如果我们按照图示将 S 分成 $\tilde{d} = 3$ 个区域: $\tilde{D}_0 = \{0, 3\}$, $\tilde{D}_1 = \{1, 4\}$, $\tilde{D}_2 = \{2, 5\}$, 那么定理 1.9.6 中的结论 (1) 仍然对 $\tilde{d}$ 与 $\tilde{D}_0$, $\tilde{D}_1$, $\tilde{D}_2$ 也成立. 此时, $p_{00}^{((2m+1)\tilde{d})} = p_{00}^{(6m+3)} = 0$, 于是 $p_{00}^{(n\tilde{d})} \to \pi_0$ 还是不成立. 本质原因是, 如果考虑 $Y_0 = X_0 = 0$, $Y_n = X_{n\tilde{d}}$, 那么 $\{Y_n\}$ 仍然具有周期性, 其周期为 2. 总结起来, 定理 1.9.6 中的结论 (2) 在说, 如果我们考虑 $Y_n = X_{nd}$, $n = 0, 1, 2, \cdots$, 那么 $\{Y_n\}$ 不再具有周期性, 这才使得 $p_{ii}^{(nd)} \to \pi_i$ 成为可能.

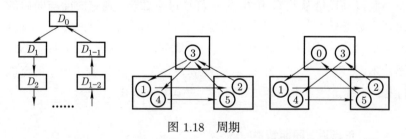

图 1.18　周期

定义 1.9.7　定理 1.9.6 中的 d 被称为 **P** 的**周期** (period), 也称为 S 或马氏链的**周期**.

例 1.9.8　假设 $S = \{1, 2, 3, 4\}$,

$$\mathbf{P} = \begin{pmatrix} 0 & 0 & 0.6 & 0.4 \\ 0 & 0 & 0.2 & 0.8 \\ 0.25 & 0.75 & 0 & 0 \\ 0.5 & 0.5 & 0 & 0 \end{pmatrix}.$$

不难验证

$$\mathbf{P}^2 = \begin{pmatrix} \mathbf{A} & \mathbf{0} \\ \mathbf{0} & \mathbf{B} \end{pmatrix}, \quad \text{其中 } \mathbf{A} = \begin{pmatrix} 0.35 & 0.65 \\ 0.45 & 0.55 \end{pmatrix}, \quad \mathbf{B} = \begin{pmatrix} 0.3 & 0.7 \\ 0.4 & 0.6 \end{pmatrix}.$$

因为 $\mathbf{A}$ 是 $\{1,2\}$ 上不可约、非周期的转移矩阵, $\mathbf{B}$ 是 $\{3,4\}$ 上不可约、非周期的转移矩阵, 所以 $\mathbf{P}$ 的周期为 2. 又因为 $\mathbf{A}$ 与 $\mathbf{B}$ 的不变分布分别为 $(9/22, 13/22), (4/11, 7/11)$. 由定理 1.9.3,

$$\lim_{n\to\infty} \mathbf{P}^{2n} = \lim_{n\to\infty} \begin{pmatrix} \mathbf{A}^n & \mathbf{0} \\ \mathbf{0} & \mathbf{B}^n \end{pmatrix} = \begin{pmatrix} \dfrac{9}{22} & \dfrac{13}{22} & 0 & 0 \\ \dfrac{9}{22} & \dfrac{13}{22} & 0 & 0 \\ 0 & 0 & \dfrac{4}{11} & \dfrac{7}{11} \\ 0 & 0 & \dfrac{4}{11} & \dfrac{7}{11} \end{pmatrix}.$$

不难验证 $(9/44, 13/44, 4/22, 7/22)$ 为 $\mathbf{P}$ 的不变分布.

三、零常返情形

命题 1.9.9 若 $\mathbf{P}$ 不可约、零常返, 则对任何 $i, j \in S$, $\lim_{n\to\infty} p_{ij}^{(n)} = 0$.

证 假定该马氏链是非周期的, 否则可以考虑 $\mathbf{P}^d$. 考虑定理 1.9.3 证明中的马氏链 $\{(W_n, Y_n)\}$, 其状态空间 $\tilde{S}$ 与转移概率 $\mathbf{R}$ 分别如下:

$$\tilde{S} = S \times S, \quad r_{(i,j)(k,l)} = p_{ij}p_{kl}.$$

由定理 1.9.3 证明的第一步, $\mathbf{R}$ 不可约. 下面我们分 $\mathbf{R}$ 非常返、常返两种情形讨论.

情形 (i) 假设 **R** 非常返. 由推论 1.7.5 与 (1.9.1) 式可知, 当 $n \to \infty$ 时,

$$\left(p_{ij}^{(n)}\right)^2 = r_{(i,i)(j,j)}^{(n)} \to 0.$$

从而 $p_{ij}^{(n)} \to 0$.

情形 (ii) 假设 **R** 常返, 则它必然碰到对角线. 与定理 1.9.3 证明的第六步类似, 我们此时仍然有

$$\lim_{n \to \infty} |P(W_n = j) - P(Y_n = j)| = 0. \tag{1.9.3}$$

特别地, 我们取如下的初始分布:

$$P\big((W_0, Y_0) = (k, j)\big) = \mathbf{1}_{\{k=i\}} \cdot p_{ij}^{(m)}, \quad \forall (k, j) \in \tilde{S},$$

即

$$W_0 = i, \quad P(Y_0 = j) = p_{ij}^{(m)}, \quad \forall j \in S.$$

由命题 1.1.13 与定理 1.9.3 证明的第一步,

$$P(W_n = j) = p_{ij}^{(n)}, \quad P(Y_n = j) = p_{ij}^{(n+m)}, \quad \forall j \in S.$$

这结合 (1.9.3) 式表明

$$\lim_{n \to \infty} |p_{ij}^{(n)} - p_{ij}^{(n+m)}| = 0, \quad \forall m \geqslant 1. \tag{1.9.4}$$

为了证明 $\lim_{n \to \infty} p_{ij}^{(n)} = 0$. 由 (1.9.4) 式, 只须证明: $\exists M \geqslant 1$, 使得对任意 $n \geqslant 0$,

$$\{p_{ij}^{(n+m)}, m = 0, 1, \cdots, M-1\} \text{中至少有一个不超过} \frac{\varepsilon}{2}. \tag{1.9.5}$$

这是因为: 如果上式成立, 那么由 (1.9.4) 式知, 存在 N, 使得对任意 $n \geqslant N$,

$$|p_{ij}^{(n)} - p_{ij}^{(n+m)}| < \varepsilon/2, \quad \forall m \in \{0, 1, \cdots, M-1\}.$$

由 (1.9.5) 式知, 存在 $m \in \{0, 1, \cdots, M-1\}$, 使得 $p_{ij}^{(n+m)} \leqslant \varepsilon/2$, 于是

$$p_{ij}^{(n)} \leqslant p_{ij}^{(n+m)} + |p_{ij}^{(n)} - p_{ij}^{(n+m)}| < \varepsilon.$$

最后, 往证 (1.9.5) 式. 考虑 S 上以 $\mathbf{P}$ 为转移矩阵的马氏链 $\{X_n\}$. 考察事件 $A =$ "$\{X_n\}$ 在时间区间 $[n, n+M-1]$ 上访问过状态 j", 即

$$A = \bigcup_{m=0}^{M-1} \{X_{n+m} = j\}.$$

当 A 发生时, 将 $\{X_n\}$ 最后一次访问状态 j 的时刻记为 κ. 那么,

$$\{\kappa = n+m\} = \{X_{n+m} = j, X_{n+r} \neq j, \forall m+1 \leqslant r \leqslant M-1\}.$$

将时刻 $n+m$ 视为现在, 则后续的轨道从 j 出发, 它经过了 $M-1-n$ 的时间还没有回到 j. 由马氏性,

$$
\begin{aligned}
&P_i(\kappa = n+m) \\
&= P_i(X_{n+m} = j) \cdot P_i(X_{n+m+r} \neq j, \forall 1 \leqslant r \leqslant M-1-m | X_{n+m} = j) \\
&= p_{ij}^{(n+m)} P_j(\sigma_j > M-1-m).
\end{aligned}
$$

由于上面的事件互不相交, 事实上, 它们是事件 A 的划分, 因此,

$$\sum_{m=0}^{M-1} p_{ij}^{(n+m)} P_j(\sigma_j > M-1-m) = \sum_{m=0}^{M-1} P_i(\tau = n+m) = P_i(A) \leqslant 1.$$

用反证法, 假设 (1.9.5) 式不成立. 那么, 对任意 M, 存在 n, 使得

$$p_{ij}^{(n+m)} > \frac{\varepsilon}{2}, \quad 0 \leqslant m \leqslant M-1.$$

于是,

$$
\begin{aligned}
\frac{\varepsilon}{2} \cdot \sum_{l=0}^{M-1} P_j(\sigma_j > l) &= \frac{\varepsilon}{2} \cdot \sum_{m=0}^{M-1} P_j(\sigma_j > M-1-m) \\
&\leqslant \sum_{m=0}^{M-1} p_{ij}^{(n+m)} P_j(\sigma_j > M-1-m) \leqslant 1.
\end{aligned}
$$

然而, 令 $M \to \infty$ 便知

$$\sum_{l=0}^{M-1} P_j(\sigma_j > l) \to \sum_{l=0}^{\infty} P_j(\sigma_j > l) = E_j \sigma_j = \infty,$$

其中, 最后一个等式是因为 j 是零常返的. 上面的两个式子是相互矛盾的, 从而假设不成立, 即 (1.9.5) 式成立. □

补充知识: 定理 1.9.6 的证明

取定状态 o. 令

$$\mathbf{N} := \{n \geqslant 0 : p_{oo}^n > 0\}, \quad d := \min\{m - n : m, n \in \mathbf{N} \text{ 且 } m > n\}.$$

假设最小值在 n_0 处达到, 即假设

$$p_{oo}^{(n_0)}, \ p_{oo}^{(n_0+d)} > 0. \tag{1.9.6}$$

对 $r \in \{0, 1, \cdots, d-1\}$, 令

$$D_r := \{i \in S : \exists\, n \geqslant 0, \text{ 使得 } p_{oi}^{(nd+r)} > 0\}.$$

那么, 由 S 不可约知

$$S = D_0 \cup \cdots \cup D_{d-1}.$$

首先, 证明: 事实上, $D_0, \cdots, D_{d-1}$ 互不相交, 从而它们是 S 的分割. 即如果 $r, s \in \{0, 1, \cdots, d-1\}$ 且 $r \neq s$, 那么 $D_r \cap D_s = \varnothing$. 反证法, 若不然, 存在 $i \in D_r \cap D_s$. 根据 D_r, D_s 的定义, 存在 $n, \hat{n} \geqslant 0$, 使得

$$p_{oi}^{(nd+r)}, \ p_{oi}^{(\hat{n}d+s)} > 0. \tag{1.9.7}$$

不妨假设 $n \geqslant \hat{n}$, 否则交换 r 与 s. 因为 S 互通, 所以存在 m, 使得

$$p_{io}^{(m)} > 0. \tag{1.9.8}$$

于是, 如果令

$$n_1 = nd + r + m + n_0(n - \hat{n}),$$
$$n_2 = \hat{n}d + s + m + (n_0 + d)(n - \hat{n}),$$

那么, 结合 (1.9.6) 式, (1.9.7) 式与 (1.9.8) 式, 我们推出

$$p_{oo}^{(n_1)} \geqslant p_{oi}^{(nd+r)} p_{io}^{(m)} \left(p_{oo}^{(n_0)}\right)^{n-\hat{n}} > 0,$$

即 $n_1 \in \mathbf{N}$. 同理, $n_2 \in \mathbf{N}$. 然而,

$$n_1 - n_2 = nd + r + m + n_0(n - \hat{n}) - \hat{n}d - s - d(n - \hat{n}) = r - s.$$

这表明 $\tilde{m} := \max\{n_1, n_2\}$ 与 $\tilde{n} := \min\{n_1, n_2\}$ 都属于 $\mathbf{N}$, 并且 $\tilde{m} > \tilde{n}$, 但 $\tilde{m} - \tilde{n} = |r - s| < d$, 这与 d 的定义矛盾. 因此, 假设不成立, 即 $D_0, \cdots, D_{d-1}$ 互不相交.

下面证明定理 1.9.6 的结论 (1). 等价地, 我们需要验证: 如果 $i \in D_r$, 且 $p_{ij}^{(s)} > 0$, 那么 $j \in D_{r+s}$. (此即 $\sum\limits_{j \in S} p_{ij}^{(s)} = \sum\limits_{j \in D_{r+s}} p_{ij}^{(s)}$, 即结论 (1).) 根据 D_r 的定义以及 $i \in D_r$, 可以取 $n \geqslant 0$, 使得 $p_{oi}^{(nd+r)} > 0$. 于是,

$$p_{oj}^{(nd+r+s)} \geqslant p_{oi}^{(nd+r)} p_{ij}^{(s)} > 0.$$

这表明 $j \in D_{r+s}$.

最后证明定理 1.9.6 的结论 (2). 一方面, 结合结论 (1) 与 (1.9.6) 式, 可推出 $d|n_0$ (即 n_0 是 d 的整数倍). 当 $nd \geqslant n_0^2$ 时, 存在 $q \geqslant n_0$, $r \in \{0, 1, \cdots, n_0 - 1\}$, 使得 $nd = qn_0 + r$. 这表明, $r = nd - qn_0$ 是 d 的整数倍, 将其写成 md, 其中 $m \geqslant 0$. 于是,

$$nd = qn_0 + r = qn_0 + md = (q - m)n_0 + m(n_0 + d).$$

由 $m \leqslant r < n_0 \leqslant q$ 知,

$$p_{oo}^{(nd)} \geqslant \left(p_{oo}^{(n_0)}\right)^{q-m} \left(p_{oo}^{(n_0+d)}\right)^m > 0.$$

另一方面, 对任意 $r \geqslant 0$, $i, j \in D_r$, 由 S 不可约, 可以取 a, b, 使得 $p_{io}^{(a)}, p_{oj}^{(b)} > 0$, 于是

$$p_{ij}^{(a+b)} \geqslant p_{io}^{(a)} p_{oj}^{(b)} > 0.$$

这结合结论 (1) 表明, 存在非负整数 k, 使得 $a + b = kd$.

综合以上两个方面, 取 $N = k + n_0^2/d$, 那么当 $n \geqslant N$ 时, $nd - (a + b) = (n-k)d \geqslant n_0^2$, 于是,

$$p_{ij}^{(nd)} \geqslant p_{io}^{(a)} p_{oo}^{((n-k)d)} p_{oj}^{(b)} > 0.$$

因此结论 (2) 成立.　　　　　　　　　　　　　　　　　　　　□

习　　题

1. 设有 6 个车站, 道路连接情况如图 1.19 所示. 假设汽车每天可以从一个车站驶到与之直接有公路相连的相邻车站, 在夜间到达车站接受加油、清洗、检修等服务, 次日清晨各车站按相同比例将各汽车派往其相邻车站.

(1) 试说明: 在运行了很多日子以后, 各车站每晚留宿的汽车比例趋于稳定.

(2) 求出这些稳定值, 以便正确地设置各车站的服务规模.

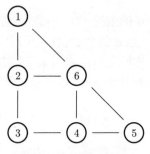

图 1.19　道路连接图

2. (1) 求平面正六边形平铺图和平面正三角形平铺图 (见第一章中的图 1.4) 上的简单随机游动的周期.

(2) 对任意连通图, 试讨论其上的简单随机游动的周期.

3. 在埃伦费斯特模型 (例 1.1.8 与例 1.8.11) 中, 设 $N = 8, X_0 = 0$, 描述 n 很大时 X_n 的分布. (注: 按照 n 的奇偶分别讨论.)

4. 假设 **P** 不可约、非周期. 证明: 定理 1.9.3 的证明中定义的转移矩阵 **R** 也是非周期的.

5. 假设 **P** 不可约、正常返, 周期 $d \geqslant 2$. 若 $i \in D_r$, $j \in D_{r+s}$, 则 $\lim\limits_{n \to \infty} p_{ij}^{(nd+s)} = d\pi_j$, 其中 π 为 **P** 的不变分布.

6. 证明: (1.9.1) 式成立.

7*. 证明: 定理 1.9.3 的证明中定义的 $\{W_n\}$ 与 $\{Y_n\}$ 都是 S 上以 **P** 为转移矩阵的马氏链.

§1.10 收 敛 速 度

将 S 上的所有分布组成的集合记为 $\mathcal{M}$. 对任意 $\mu, \nu \in \mathcal{M}$, 令

$$d_{TV}(\mu, \nu) := \frac{1}{2} \sum_{i \in S} |\mu_i - \nu_i|,$$

并称之为 μ 与 ν 之间的**全变差距离**.

引理 1.8.8 给出了一列分布 $\pi^{(1)}, \pi^{(2)}, \cdots$ 在全变差距离下收敛于极限分布 π 的充要条件.

假设 **P** 不可约、非周期、正常返. 由强遍历定理, $\lim\limits_{n \to \infty} d_{TV}(\mu \mathbf{P}^n, \pi) = 0$, 其中 π 为 **P** 的不变分布. 本节讨论 $d_{TV}(\mu \mathbf{P}^n, \pi)$ 趋于 0 的速度. 不难验证,

$$d_{TV}(\mu \mathbf{P}, \nu \mathbf{P}) \leqslant d_{TV}(\mu, \nu). \tag{1.10.1}$$

上式中的等号有可能成立. 例如, **P** 的周期 $d \geqslant 2$, μ 和 ν 分别集中在 D_r 与 D_s 上, 其中 $0 \leqslant r < s < d$, 而 D_r 由定理 1.9.6 中定义, 此时, (1.10.1) 式的左右两边总为 1.

命题 1.10.1 (Dobrushin 准则) 假设 S 有限, 转移矩阵 $\mathbf{P} = (p_{ij})_{S \times S}$ 满足: 所有 p_{ij} 均为正. 则存在常数 $0 \leqslant \alpha < 1$, 使得

$$d_{TV}(\mu \mathbf{P}, \nu \mathbf{P}) \leqslant \alpha d_{TV}(\mu, \nu), \quad \mu, \nu \in \mathcal{M}. \tag{1.10.2}$$

144 第一章 马氏链

特别地, 若 π 是 $\mathbf{P}$ 的不变分布, 则

$$d_{TV}(\mu\mathbf{P}^n,\pi) \leqslant \alpha^n, \quad \forall n \geqslant 0. \tag{1.10.3}$$

证 记 $\delta := \min\limits_{i,j\in S} p_{ij}$, 那么 $\delta > 0$, 并且 $N\delta \leqslant \sum\limits_{j\in S} p_{ij} = 1$, 其中 $N = |S|$. 因为

$$\sum_{i\in S}\mu_i p_{ij} = \delta + \sum_{i\in S}\mu_i(p_{ij}-\delta),$$

所以

$$\begin{aligned}
d_{TV}(\mu\mathbf{P},\nu\mathbf{P}) &= \frac{1}{2}\sum_{j\in S}\left|\sum_{i\in S}\mu_i p_{ij} - \sum_{i\in S}\nu_i p_{ij}\right| \\
&= \frac{1}{2}\sum_{j\in S}\left|\sum_{i\in S}\mu_i(p_{ij}-\delta) - \sum_{i\in S}\nu_i(p_{ij}-\delta)\right| \\
&\leqslant \frac{1}{2}\sum_{j\in S}\sum_{i\subset S}|\mu_i - \nu_i|(p_{ij}-\delta) \\
&= \frac{1}{2}\sum_{i\in S}|\mu_i - \nu_i|\sum_{j\in S}(p_{ij}-\delta).
\end{aligned}$$

取

$$\alpha := \sum_{j\in S}(p_{ij}-\delta) = 1 - N\delta < 1,$$

即得不等式 (1.10.2). 进一步, 假设 π 是不变分布, 那么 $\pi = \pi\mathbf{P}^n$. 取 $\nu = \pi$, 将不等式 (1.10.2) 迭代 n 次便知

$$\begin{aligned}
d_{TV}(\mu\mathbf{P}^n,\pi) = d_{TV}(\mu\mathbf{P}^n,\pi\mathbf{P}^n) &\leqslant \alpha d_{TV}(\mu\mathbf{P}^{n-1},\pi\mathbf{P}^{n-1}) \\
&\leqslant \cdots \leqslant \alpha^n d_{TV}(\mu,\pi).
\end{aligned}$$

这结合 $d_{TV}(\mu,\pi) \leqslant 1$ 便推出不等式 (1.10.3). □

在上面的命题中, 转移矩阵中的元素都为正. 这样的条件往往难以满足, 一种放宽条件的做法是先用 $\mathbf{P}^m$ 代替 $\mathbf{P}$.

命题 1.10.2 假设 S 有限, $\mathbf{P}$ 不可约、非周期, π 为 $\mathbf{P}$ 的不变分布, 则存在常数 $C > 0$, $\beta > 0$, 使得对任意 $\mu \in \mathcal{M}$,

$$d_{TV}(\mu \mathbf{P}^n, \pi) \leqslant Ce^{-\beta n}, \quad \forall\, n \geqslant 0.$$

证 因为 $\mathbf{P}$ 不可约、非周期, 所以对任意 $i, j \in S$, 存在 N_{ij}, 当 $n \geqslant N_{ij}$ 时, $p_{ij}^{(n)} > 0$. 取 $m = \max\limits_{i,j \in S} N_{ij}$. 那么, 对所有的 $i, j \in S$, 都有 $p_{ij}^{(m)} > 0$. 将任意正整数写为 $rm + s$ 的形式, 其中 $0 \leqslant s \leqslant m - 1$. 由 Dobrusion 准则和 (1.10.1) 式, 存在 $0 \leqslant \alpha < 1$, 使得

$$d_{TV}(\mu \mathbf{P}^{rm+s}, \pi) = d_{TV}\left((\mu \mathbf{P}^{rm})\mathbf{P}^s, \pi \mathbf{P}^s\right) \leqslant d_{TV}(\mu(\mathbf{P}^m)^r, \pi) \leqslant \alpha^r.$$

取 $C = 1/\alpha$, $\beta = -(\ln \alpha)/m$, 便知命题成立. $\qquad\square$

命题 1.10.2 表明: 从任意初分布出发, X_n 的分布都将收敛到不变分布, 而且收敛速度是指数阶的. 这几乎是人们能指望的最好结论. 在很长一段时间, 人们热衷于讨论指数阶的大小, 即 β 的大小, 尤其是 β 随着状态数目 $|S|$ 的增大而下降的规律, 特别关心 β 是否下降到 0. 然而在 20 世纪 80 年代, Persi Diaconis 发现 $d_{TV}(\pi, \nu \mathbf{P}^k)$ 的典型曲线不是一条指数曲线, 而会出现门阈现象 (threshold). 比如说, 通常的洗牌模型, 一副牌有 52 张 (不含大、小王), 摞成一叠可设想为 1 至 52 的一个排列, 所以状态空间为 1 至 52 的所有排列, $|S| = 52!$. 洗牌就是从一个排列变为另一个排列, 不变分布就是所有 1 至 52 的排列上的均匀分布. 在此情形, 人们发现只要洗 7 次效果就很好了, 再多洗效果改进不大. 这在实践中很有价值, 尤其在随机算法的收敛方面.

习　题

1. 证明: d_{TV} 是 $\mathcal{M}$ 上的距离, 即满足以下三条性质:
(i) 非负性: $d_{TV}(\mu, \nu) \geqslant 0$, 等号成立当且仅当 $\mu = \nu$;
(ii) 对称性: $d_{TV}(\mu, \nu) = d_{TV}(\nu, \mu)$;
(iii) 三角不等式: $d_{TV}(\mu, \nu) \leqslant d_{TV}(\mu, \pi) + d_{TV}(\pi, \nu)$.

2. 证明下列对偶表达式成立, 并给出达到极值的子集 A 和函数 f:

$$d_{TV}(\mu, \nu) = \sup_{A \subseteq S} |\mu(A) - \nu(A)| = \sup_{0 \leqslant f_i \leqslant 1, i \in S} \left| \sum_{i \in S} \mu_i f_i - \sum_{i \in S} \nu_i f_i \right|.$$

3. 证明不等式 (1.10.1) 成立.

4. 假设存在 $\mu \in \mathcal{M}$, 使得 $\lim_{n \to \infty} d_{TV}(\mu \mathbf{P}^n, \pi) = 0$. 证明: π 是不变分布.

§1.11   分 支 过 程

在 1874 年, 英国人 Francis Galton 和 Reverend H.W. Watson 发现一些英国的古老姓氏消失了. 他们在研究这个问题时建立了本节介绍的**分支过程**这个模型, 它也称为 **Galton-Watson 过程**, 或简称为 **GW 过程**. 此模型也可用于描述某动物种群的个体数量变化, 或核反应中裂变的原子个数. 因为这一原因, 第二次世界大战以后, 一些国家都对此非常重视.

假设所有孩子都跟父亲姓. 在某个家族中, 我们用 $\xi_{n,i}$ 表示第 n 代第 i 个男丁的儿子数, 用 X_n 表示第 n 代的男丁总数, 则如下的递归式成立:

$$X_{n+1} := \sum_{i=1}^{X_n} \xi_{n,i} \, . \tag{1.11.1}$$

我们假设 $\{\xi_{n,i} : n \geqslant 0, i \geqslant 1\}$ 独立同分布, 这蕴含着 $\{X_n\}$ 为马氏链. 此时, 称 $\{X_n\}$ 为**分支过程**. 分支过程的另一个常用描述如下: 将每个男丁视为一个粒子, 假设每个粒子过一个单位时间死亡, 它死亡时立刻分裂为若干个新粒子 (新粒子的数目也可以为 0). 如果没有特别声明, 我们总假设 $X_0 = 1$, 并将 P_1 简记为 P.

在分支过程中, 我们称一个男丁的儿子为其**子代**, 其所有子孙为其**后代**. 将 $\xi := \xi_{0,1}$ 的分布记为 $p_k, k \geqslant 0$, 即

$$p_k = P(\xi = k), \quad \forall \, k \geqslant 0.$$

该分布 (列) 被称为分支过程的子代分布 (列). 于是, 分支过程的转移概率由其子代分布完全确定. 换言之, 欲刻画分支过程, 只须交代其子代分布即可. 为排除平凡情形, 下面我们总假设 $p_1 \neq 1$, 否则, 对任意 $n \geqslant 0$, $X_n \equiv 1$.

如果在某个时刻 n, $X_n = 0$, 那么对任意 $m \geqslant 1$, $X_{n+m} = 0$. 即一旦在某一代 (第 n 代) 已经没有男丁, 那么之后就再也不会有男丁, 过程就停止不动了, 处于状态 0. 换言之, 状态 0 为吸收态. 称

$$\tau_0 := \inf\{n \geqslant 0 : X_n = 0\}$$

为该分支过程的**灭绝时间**, 因为整个家族的男丁在第 τ_0 代灭绝. 若 $\tau_0 < \infty$, 我们称该过程**灭绝**, 否则称该过程**存活**. 注意, 灭绝和存活都是事件. 将灭绝这一事件发生的概率

$$\rho := P(\tau_0 < \infty)$$

称为该过程的**灭绝概率**. 由于除 0 外的其他状态都是暂态 (这一结论留作习题), 因此若过程存活, 则 $X_n \to \infty$. 换言之, $\{\tau = \infty\} \subseteq \{X_n \to \infty\}$.

在分支过程的研究中, 母函数是重要而基本的工具. 将随机变量 X 的母函数记为 f_X, 即

$$f_X(s) = Es^X;$$

将 ξ 的母函数简记为 f, 即

$$f(s) = \sum_{k=0}^{\infty} p_k s^k = p_0 + p_1 s + p_2 s^2 + \cdots.$$

命题 1.11.1 $f_{X_n}(s) = f^{(n)}(s)$, $n \geqslant 1$.

证 用归纳法. 当 $n = 1$ 时, 由 $X_1 = \xi_{0,1} = \xi$ 知 $f_{X_1} = f$, 命题成立. 假设 $f_{X_n}(s) = f^{(n)}(s)$, 往证 $f_{X_{n+1}}(s) = f^{(n+1)}(s)$. 根据归纳定义 (1.11.1) 式与全概率公式,

$$f_{X_{n+1}}(s) = Es^{X_{n+1}} = Es^{\sum_{i=1}^{X_n} \xi_{n,i}} = \sum_{k=0}^{\infty} P(X_n = k) E\left(s^{\sum_{i=1}^{k} \xi_{n,i}} \bigg| X_n = k\right).$$

由于 X_n 仅依赖于 $\{\xi_{m,i} : 0 \leqslant m \leqslant n-1, i \geqslant 1\}$, 它与 $\{\xi_{n,i} : i \geqslant 1\}$ 相互独立, 因此,

$$E\left(s^{\sum\limits_{i=1}^{k} \xi_{n,i}} \middle| X_n = k\right) = E s^{\sum\limits_{i=1}^{k} \xi_{n,i}} = f^k(s),$$

其中, 我们用到 $\{\xi_{n,i} : i \geqslant 1\}$ 独立同分布, 且都与 ξ 同分布. 将其代入上面的式子便得到

$$f_{X_{n+1}}(s) = \sum_{k=0}^{\infty} P(X_n = k) f^k(s) = f_{X_n}(f(s)).$$

最后, 由归纳假设, 上式右边就是 $f^{(n+1)}(s)$. 综上, 命题成立.   □

在判别分支过程是否以概率 1 灭绝时, 一个至关重要的指标就是平均子代数

$$m = E\xi = \sum_{k=0}^{\infty} k p_k.$$

命题 1.11.2 对任意 $n \geqslant 0$, $EX_n = m^n$. 进一步, 若 $m < 1$, 则 $\rho = 1$.

证 当 $n = 0$ 和 1 时, $EX_0 = 1 = m^0$, $EX_1 = E\xi = m$.

$$EX_{n+1} = E \sum_{j=1}^{X_n} \xi_{n,j} = \sum_{k=0}^{\infty} P(X_n = k) E\left(\sum_{j=1}^{k} \xi_{n,j} \middle| X_n = k\right)$$
$$= \sum_{k=0}^{\infty} P(X_n = k) k E\xi = m E X_n.$$

由归纳法知对任意 $n \geqslant 0$, $EX_n = m^n$.

进一步, 如果 $m < 1$, 那么由马尔可夫不等式知, 当 $n \to \infty$ 时,

$$P(\tau_0 = \infty) \leqslant P(\tau_0 > n) = P(X_n \geqslant 1) \leqslant EX_n = m^n \to 0.$$

于是 $P(\tau_0 = \infty) = 0$, 即 $\rho = 1$.   □

我们还可以用"分支树"来更精细地刻画分支过程. 具体地, 如图 1.20 所示, 每个男丁用一个顶点表示, 父子关系用顶点之间的边表示. 第 0 代的男丁 (下称"甲") 有 $\xi_{0,1}$ 个儿子, 甲对应着根点 (记为 ρ), 因此由根点往下连出来 $\xi_{0,1}$ 条边 (从左到右画). 最左边的边连接着甲的大儿子 (称为"乙") 对应的顶点 (记为 u), 乙有 $\xi_{1,1}$ 个儿子, 因此从 u 往下又连出 $\xi_{1,1}$ 条边; 左起第二条边连接着甲的二儿子 (称为"丙") 对应的顶点 (记为 v), 丙有 $\xi_{1,2}$ 个儿子, 因此从 v 往下又连出 $\xi_{1,2}$ 条边 (图示 $\xi_{1,2} = 0$, 因此实际上图中并没有往下画边) ……

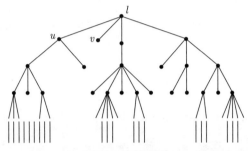

图 1.20 分支树

($\xi_{0,1} = 4$; $\xi_{1,1} = 2$, $\xi_{1,2} = 0$, $\xi_{1,3} = 1$, $\xi_{1,4} = 3$; $\xi_{2,1} = 3$, $\xi_{2,2} = 0$, $\xi_{2,3} = 5$, $\xi_{2,4} = 0$, $\xi_{2,5} = 2$, $\xi_{2,6} = 3$, …)

因为 $\{\xi_{n,i} : n \geqslant 0, i \geqslant 1\}$ 都是随机变量, 所以按上述方法画出来的是一棵随机的树, 记为 $\mathbb{T}$. 在 $\mathbb{T}$ 中借用父子关系的称呼, 例如, 也称 u, v 为 ρ 的儿子. 这与例 1.1.10 中类似. 将根点的第 i 个儿子记为 v_i. 考虑 v_i 的子树 $\mathbb{T}_i$, 即断开 v_i 与根点之间的边以后, v_i 与其子孙所在的连通分支, 其中 v_i 被视为新的根点. 那么, 由 $\xi_{n,i}$, $n \geqslant 0, i \geqslant 1$ 独立同分布, 不难看出, 如果 $\xi_{0,i} = n \geqslant 1$, 那么 $\mathbb{T}_1, \cdots, \mathbb{T}_n$ 独立同分布, 此时, 每个 $\mathbb{T}_i$ 仍然是子代分布为 p_k, $k \geqslant 0$ 的分支树, 即 $\mathbb{T}_i$ 与 $\mathbb{T}$ 的原始结构是相似的. 这是分支树的自相似性. 我们可以由此自相似得到很多递归式, 例如, 下面的命题中的结论 $\rho = f(\rho)$.

命题 1.11.3 ρ 是方程 $s = f(s)$ 的最小非负解. 于是, $\rho < 1$ 当且

仅当 $m > 1$.

证　由全概率公式,

$$\rho = \sum_{k=0}^{\infty} P(\tau_0 < \infty, X_1 = k) = p_0 + \sum_{k=1}^{\infty} p_k P_k(\tau_0 < \infty).$$

下面我们研究 $P_k(\tau_0 < \infty)$, $k \geqslant 1$. 如果最初有 k 个粒子, 记 $A_r =$ "第 r 个粒子对应的分支灭绝", 即 "$\mathbb{T}_r$ 有限". 一方面, $P_k(A_r) = P(\tau_0 < \infty) = \rho$, $r = 1, \cdots, k$; 另一方面, 由粒子的分裂具有独立性知 $A_1, \cdots, A_k$ 相互独立, 故

$$P_k(\tau_0 < \infty) = P_k(A_1 \cap \cdots \cap A_k) = P_k(A_1) \cdots P_k(A_k) = \rho^k.$$

于是我们推出

$$\rho = p_0 + \sum_{k=1}^{\infty} p_k \rho^k = f(\rho).$$

因为 $p_1 \neq 1$, 所以 $f(\rho) = \rho$ 的解就是图 1.21 中的曲线与斜线的交点.

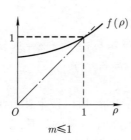 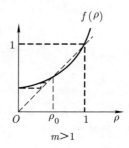

图 1.21　灭绝概率

因为 $m = f'(1)$, 所以当 $m \leqslant 1$ 时 (如图 1.21 中的左图), 方程 $f(s) = s$ 在 $[0,1]$ 上只有一个不动点, 该不动点就是 1, 所以 $\rho = 1$; 当 $m > 1$ 时 (如图 1.21 中的右图), 方程 $s = f(s)$ 有两个不动点: ρ_0 和 1, 其中 $0 \leqslant \rho_0 < 1$. 因为

$$\rho = P(\tau_0 < \infty) = \lim_{n \to \infty} P(\tau_0 \leqslant n) = \lim_{n \to \infty} P_1(X_n = 0)$$
$$= \lim_{n \to \infty} f_{X_n}(0) = \lim_{n \to \infty} f^{(n)}(0) \leqslant \lim_{n \to \infty} f^{(n)}(\rho_0) = \rho_0.$$

因此 $\rho = \rho_0$. □

注 1.11.4 图 1.21 的右图中的折线反映了 $f^{(n)}(0)$ 的迭代过程.

定义 1.11.5 根据 $m < 1$, $m = 1$ 和 $m > 1$, 我们分别称对应的分支过程为**次临界的** (或**下临界的**)、**临界的**和**超临界的** (或**上临界的**).

根据命题 1.11.3, 次临界和临界的分支过程都以概率 1 灭绝, 而超临界的分支过程以正概率存活, 其存活概率为 $1 - \rho$, 灭绝概率为 ρ.

例 1.11.6 假设子代分布列为 $p_k = p(1 - p)^k$, $k \geqslant 0$, 其中 $0 < p < 1$. 试求灭绝概率 ρ.

解 首先, 计算平均后代数,

$$m = \sum_{k=0}^{\infty} k p_k = \sum_{k=0}^{\infty} k p(1-p)^k = \frac{p(1-p)}{[1-(1-p)]^2} = \frac{1-p}{p}.$$

然后判别 $m > 1$ 是否成立并求 ρ. 当 $p \geqslant 1/2$ 时, $m \leqslant 1$, 故 $\rho = 1$. 而当 $p < 1/2$ 时, $m > 1$,

$$\rho = f(\rho) = \sum_{k=0}^{\infty} \rho^k p_k = \sum_{k=0}^{\infty} \rho^k p(1-p)^k = \frac{p}{1 - \rho(1-p)}.$$

解得 $\rho = p/(1-p)$ 或 1, 舍弃 1 这个根, 得到 $\rho = p/(1-p)$.

习 题

1. 证明: 分支过程中, 除状态 0 以外的其他状态都是暂态.
2. 假设子代分布为 $B(2, p)$.
   (1) 求灭绝概率 $\rho = P_1(\tau_0 < \infty)$.
   (2) 求 $P_1(\tau_0 = 3)$.
   (3) 假设 X_0 服从参数为 λ 的泊松分布, 试求 $P(\tau_0 < \infty)$.
3. 假设平均子代数 $m = E\xi < 1$. 证明: $E_1\tau_0 < \infty$.

4. 设分支过程 $\{X_n\}$ 的子代分布的均值为 μ, 方差为 σ^2. 试证:

$$EX_{n+1}^2 = \mu^n \sigma^2 + \mu^2 EX_n^2.$$

5. 假设子代分布为 $p_1 = p_2 = q/2$, $p_0 = 1 - q$.

(1) 试问: q 取何值时灭绝概率 $\rho = 1$?

(2) 假设 $q = 0.9$, 初值 $X_0 = 4$. 试求存活概率 $P_4(\tau_0 = \infty)$.

6. 假设某物种的每个成年个体独立地生出若干幼年个体, 幼年个体数目服从参数为 λ 的泊松分布, 且每个幼年个体独立地以概率 p 活到成年.

(1) 将第 n 代中成年的个体数记为 Y_n, $n = 0, 1, 2, \cdots$, 并假设 $Y_0 = 1$, 则 $\{Y_n\}$ 是分支过程. 试求 $\{Y_n\}$ 的子代分布以及 $\{Y_n\}$ 为超临界的充要条件.

(2) 将第 n 代中幼年的个体数记为 Z_n, $n = 0, 1, 2, \cdots$, 并假设 $Z_0 = 1$, 则 $\{Z_n\}$ 是分支过程. 试求 $\{Z_n\}$ 的子代分布以及 $\{Z_n\}$ 为超临界的充要条件. (注: 以上充要条件均用 λ, p 的多项式来表示.)

7*. 假设 $\xi_{n,r}, Y_n$, $n \geqslant 0$, $r \geqslant 1$ 相互独立, 取值非负整数; 分布列为 $P(\xi_{n,r} = k) = p_k$, $P(Y_n = k) = h_k$, $n, r, k \geqslant 0$, $r \geqslant 1$. 令 $X_0 = 0$, 并递归定义 $X_{n+1} = \sum_{r=1}^{X_n} \xi_{n,r} + Y_{n+1}$, $n = 0, 1, 2, \cdots$, 称 $\{X_n\}$ **为带移民的分支过程**. 其中, 每个个体以概率 p_k 产生 k 个后代, 每一代以概率 h_k 进来 k 个新移民. 进一步假设 $\sum_{k=0}^{\infty} kp_k < 1$, $\sum_{k=0}^{\infty} kh_k < \infty$.

(1) 证明: $\{X_n\}$ 具有不变分布 π.

(2) 记 $\pi(s) = \sum_{k=0}^{\infty} \pi_k s^k$, $\phi(s) = \sum_{k=0}^{\infty} p_k s^k$, $h(s) = \sum_{k=0}^{\infty} h_k s^k$. 证明: $\pi(\phi(s))h(s) = \pi(s)$.

§1.12 综合练习题

1. 试举出三个生灭过程的例子, 分别是非常返的、正常返的和零常返的.

2. 假设 S 有限且 $\mathbf{P}$ 不可约.

(1) 证明: 若 $\mathbf{P}$ 可逆, 则 $\mathbf{P}$ 的所有特征根为实数. (注: $\mathbf{P}$ 与对称矩阵 $\mathbf{Q}$ 相似, 其中 $q_{ij} = \sqrt{\pi_i} p_{ij} / \sqrt{\pi_j}$.)

(2) 举例说明: 特征根为实数的转移矩阵未必是可逆的.

3. 假设某地区的天气可分为晴天、阴天、雨天. 若某天是晴天, 则第二天等可能为阴天或雨天; 若某天为阴天 (或雨天), 则第二天有 1/2 的可能继续为阴天 (或雨天), 有 1/4 的可能为晴天, 有 1/4 的可能为雨天 (或阴天).

(1) 试建立马氏链以描述该地区的天气变化.

(2) 这个马氏链有可逆分布吗?

(3) 试求出平均而言, 该地区出现晴天、阴天、雨天的比例.

(4) 两年后的元旦节该地区下雨的概率大概是多少?

4. 假设 $\{X_n\}$ 是 $\mathbb{Z}_+$ 上的马氏链, 转移概率如下:

$$p_{01} = 1, \quad p_{i,i+1} + p_{i,i-1} = 1, \quad p_{i,i+1} = \left(\frac{i+1}{i}\right)^\alpha p_{i,i-1}, \quad i \geqslant 1.$$

(1) 试根据 α 的取值判断该马氏链是否常返.

(2) 若正常返, 试求不变分布.

(3) 若非常返, 试求 $P_0(\sigma_0 < \infty)$.

5. 设 $\{S_n\}$ 是一维随机游动, $S_0 = 0$, 步长分布为 $P(\xi = 1) = 1 - P(\xi = -1) = p$, 其中 $1/2 < p < 1$. 对任意整数 k, 记 $\tau_k = \inf\{n \geqslant 0 : S_n = k\}$. 试求:

(1) $P_0(\tau_k = n)$, $n = 0, 1, 2, \cdots$;

(2) $E_0 \tau_k$;

(3) $Y := \min\{S_0, S_1, S_2, \cdots\}$ 的概率分布.

6. 符号同上题. 假设 N, M 为正整数, 记 $\tau = \min\{\tau_{-M}, \tau_N\}$.

(1) 证明 $P_0(\tau < \infty) = 1$.

(2) 求 $P_0(S_\tau = N)$ 与 $E_0\tau$.

7. 设 $\{X_n\}$ 是状态空间 $\{1,2,3,4,5\}$ 上的马氏链, 转移矩阵如下:

$$\mathbf{P} = \begin{pmatrix} 0 & \dfrac{1}{2} & \dfrac{1}{2} & 0 & 0 \\ 0 & 0 & 0 & \dfrac{1}{5} & \dfrac{4}{5} \\ 0 & 0 & 0 & \dfrac{2}{5} & \dfrac{3}{5} \\ 1 & 0 & 0 & 0 & 0 \\ \dfrac{1}{2} & 0 & 0 & 0 & \dfrac{1}{2} \end{pmatrix}.$$

(1) 该马氏链是否不可约? 是否非周期?

(2) 求其不变分布.

(3) 设 $X_0 = 1$, 求再次回到状态 1 所需要的平均步数.

(4) 求从状态 1 出发到达状态 4 所需要的平均步数.

(5) 设 $X_0 = 1$, 求该马氏链到达状态 3 之前到达状态 5 的概率.

8. 设 $J_1, J_2, \cdots$ 为一列独立同分布随机变量, $P(J_1 = 1) = p$, $P(J_1 = 0) = 1 - p$, 其中 $0 < p < 1$. 令 $X_0 = J_0 = 0$. 对任意 $n \geqslant 1$, 若 $J_n = 0$, 则令 $X_n = 0$; 若 $J_n = \cdots = J_{n-k+1} = 1$ 且 $J_{n-k} = 0$, 则令 $X_n = k$.

(1) 写出 $\{X_n\}$ 的状态空间和转移概率.

(2) 证明: 该马氏链不可约、正常返, 并求其不变分布.

(3) 对于正整数 k, 令 $T_k = \min\{n \geqslant k : J_n = J_{n-1} = \cdots = J_{n-k+1} = 1\}$, 试求 ET_k.

9*. 假设马氏链 $\{X_n\}$ 不可约, 有可逆分布. 试证明下列两个命题等价:

(1) 对任意 $i, j \in S$ 与 $n \geqslant 0$, $P_i(X_n = i) = P_j(X_n = j)$;

(2) 对任意 $i, j \in S$ 与 $n \geqslant 0$, $P_i(\tau_j = n) = P_j(\tau_i = n)$.

第二章 跳 过 程

这一章我们所讨论的过程仍然是一族取值于某个可数集 S 的随机变量, 它的许多内容与第一章是平行的, 只是时间参数不是离散的, 而是连续的. 在本章中, $t, s, \cdots$ 总表示 $\mathbb{R}_+ := [0, \infty)$ 中的点, 它们为连续时间参数; $n, m, \cdots$ 总表示 $\mathbb{Z}_+ := \{0, 1, 2, \cdots\}$ 中的点, 它们为离散时间参数. 假设 $\{X_t : t \in \mathbb{R}_+\}$ 是一族随机变量, 那么也将其记为 $\{X_t : t \geqslant 0\}$, 并简记为 $\{X_t\}$, 此时默认指标 t 取遍所有非负实数; 假设 $\{Y_n : n \in \mathbb{Z}_+\}$ 是一族随机变量, 那么也将其记为 $\{Y_n : n = 0, 1, 2, \cdots\}$, 并简记为 $\{Y_n\}$, 此时默认指标 n 取遍所有非负整数.

定义 2.0.1 假设 S 为非空可数集, $\{X_t : t \geqslant 0\}$ 为一族取值于 S 的随机变量. 若对任意 $0 \leqslant t_1 < \cdots < t_n < t < t + s$, 以及 $i_1, \cdots, i_n, i, j \in S$,

$$P(X_{t+s} = j | X_t = i, X_{t_1} = i_1, \cdots, X_{t_n} = i_n) = P(X_{t+s} = j | X_t = i),$$

则称 $\{X_t\}$ 是 (**连续时间参数的**) **马氏链**. 若 $P(X_{t+s} = j | X_t = i)$ 不依赖于 t, 则称 $\{X_t\}$ 是**时齐的**, 称 $p_{ij}(t) := P(X_{t+s} = j | X_s = i)$ 为过程的**转移概率**, 称 $\mathbf{P}(t) := (p_{ij}(t))_{i,j \in S}$ 为**转移概率矩阵**, 简称**转移矩阵**.

本章重点介绍的跳过程是最常见的连续时间参数马氏链, 泊松过程又是跳过程的特例. 它们结构简单、性质丰富、应用广泛, 与第一章的内容紧密相连. 我们将在本章最后一节讨论一般的连续时间参数马氏链.

§2.1 泊 松 过 程

泊松过程 (Poisson process) 的结构很简单, 但其性质相当丰富. 它是最简单的跳过程, 也是讨论其他跳过程的基础. 泊松过程还常常用于构造更复杂的连续时间参数的过程. 在本节中, 我们将从两个角度介绍泊松过程: 第一个角度基于指数分布, 侧重于强调指数分布的无记忆性蕴含着泊松过程的马氏性; 第二个角度则基于泊松分布与均匀分布, 侧重于介绍泊松流的叠加和细分.

一、基于指数分布

假设有一个闹钟, 它等待 ξ_1 时间后响一下, 然后再等待 ξ_2 时间后再响一下, 然后再等待 ξ_3 时间后再响一下 $\cdots\cdots$ 称这样的闹钟为**指数闹钟**. 于是, 对任意 $n \geqslant 1$, 闹钟第 n 次响起的时刻为

$$S_n = \xi_1 + \xi_2 + \cdots + \xi_n.$$

补充定义 $S_0 := 0$. 对任意 $t \geqslant 0$, 令

$$X_t := |\{n \geqslant 1 : S_n \leqslant t\}| = \sup\{n \geqslant 0 : S_n \leqslant t\}, \quad \forall t \geqslant 0. \quad (2.1.1)$$

那么, X_t 表示时刻 t 之前闹钟响起的总次数.

定义 2.1.1　若 $\xi_1, \xi_2, \cdots$ 独立同分布, 并且 $\xi_1 \sim \mathrm{Exp}(\lambda)$, 则称如上定义的 $\{X_t : t \geqslant 0\}$ 为**泊松过程**, 称 $\{S_n : n \geqslant 1\}$ 为**泊松流**, $\xi_1, \xi_2, \cdots$ 为 $\{X_t\}$ 的**等待时间**, λ 为**速率**.

在不同的文献中, 速率也称为**参数**或**强度**. 根据 (2.1.1) 式, 从泊松流 $\{S_n : n \geqslant 1\}$ 可以计算出泊松过程 $\{X_t : t \geqslant 0\}$. 反过来, 从泊松过程 $\{X_t\}$ 也可以按如下方式计算出泊松流及其等待时间:

$$S_n = \inf\{t \geqslant 0 : X_t \geqslant n\}, \quad \forall n \geqslant 0; \quad \xi_n = S_n - S_{n-1}, \quad \forall n \geqslant 1. \quad (2.1.2)$$

事实上, 上式对更大范围的随机过程都适用.

定义 2.1.2　假设 $\{X_t\}$ 是一族连续时间参数的随机变量. 若 $\{X_t\}$ 满足如下三条:

(i) 非负性: $X_0 = 0$, 对任意 $t > 0$, X_t 取非负整数值,

(ii) 单调性: X_t 关于 t 单调上升,

(iii) 右连左极性(càdlàg): X_t 右连续, 即对任意 $t \geqslant 0$, $\lim\limits_{s \searrow t} X_s = X_t$, 并且 X_t 具有左极限, 即对任意 $t > 0$, $\lim\limits_{s \nearrow t} X_s$ 存在,

则称它为**计数过程**.

泊松过程是计数过程的特例. 对任意计数过程 $\{X_t\}$, 可利用 (2.1.2) 式计算出 $S_1, S_2, \cdots$ 与 $\xi_1, \xi_2, \cdots$, 并且 $\{S_n : n \geqslant 1\}$ 自然满足 (2.1.1) 式. 若得到的 $\{S_n : n \geqslant 1\}$ 是泊松流, 等价地, $\xi_1, \xi_2, \cdots$ 独立同分布且 $\xi_1 \sim \mathrm{Exp}(\lambda)$. 从而 $\{X_t\}$ 就是泊松过程. 因此, 泊松流与泊松过程是等价的, 对应关系如图 2.1 所示. 但它们的侧重点不同, 一个是闹钟响起的时刻, 另一个是闹钟响过的次数. 泊松流是离散时间参数取非负实数值的随机过程, 它记录所有闹钟响起的时刻, 而泊松过程则是连续时间参数取非负整数值的随机过程, 它记录到任意时刻 t 为止闹钟响起的总次数.

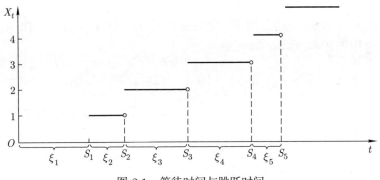

图 2.1 等待时间与跳跃时间

以下总假设 $\{X_t\}$ 是速率为 λ 的泊松过程, 即假设 $\xi_1, \xi_2, \cdots$ 独立同分布, $\xi_1 \sim \mathrm{Exp}(\lambda)$, 且 X_t 由 (2.1.1) 式定义. 下面的定理表明, 对任意 $t > 0$, X_t 均服从泊松分布, 这也是 $\{X_t\}$ 被称为泊松过程的缘由. 证明主要用到了 $\{X_t\}$ 与 $\{S_n\}$ 的如下关系式:

$$\{X_t = k\} = \{S_k \leqslant t < S_{k+1}\}, \quad \forall t \in \mathbb{R}_+, \ k \in \mathbb{Z}_+. \tag{2.1.3}$$

该关系式可以将关于 $\{X_t\}$ 的事件转化为关于 $\{S_n\}$ 的事件, 继而转化为关于 $\xi_1, \xi_2, \cdots$ 的事件. 于是, 我们便可以求出该事件的概率.

定理 2.1.3 对任意 $t \geqslant 0$, X_t 服从参数为 λt 的泊松分布.

证 固定 $t \geqslant 0$, 我们计算 X_t 的分布列. 当 $k = 0$ 时,

$$P(X_t = 0) = P(\xi_1 > t) = \mathrm{e}^{-\lambda t}.$$

下面假设 $k \geqslant 1$. 由 (2.1.3) 式, 我们需要计算事件 $\{S_k \leqslant t < S_{k+1}\}$ 的概率. 注意到该事件只涉及 $\xi_1, \cdots, \xi_{k+1}$. 为此, 我们用 $\vec{x} = (x_1, \cdots, x_k)$ 表示 $(\xi_1, \cdots, \xi_k)$ 的具体取值, 同时, 用 x_{k+1} 表示 ξ_{k+1} 的具体取值. 将 $(x_1, \cdots, x_k, x_{k+1})$ 简记为 $(\vec{x}, x_{k+1})$. 对任意 $n \geqslant 1$, 将 $x_1 + \cdots + x_n$ 记为 s_n. 下面, 考虑两个欧氏空间中的区域. 令

$$\begin{aligned}
C(k;t) &= \{\vec{x} \in \mathbb{R}^k : x_1, \cdots, x_k \geqslant 0,\ \text{且}\ s_k \leqslant t\}, \\
D(k;t) &= \{(\vec{x}, x_{k+1}) : \vec{x} \in C(k;t), \text{且}\ x_{k+1} > t - s_k\},
\end{aligned} \tag{2.1.4}$$

其中, $C(k;t)$ 是 k 维空间 $\mathbb{R}^k$ 中的锥形区域, $D(k;t)$ 是 $k+1$ 维空间 $\mathbb{R}^{k+1}$ 中的区域. 那么,

$$\{S_k \leqslant t < S_{k+1}\} = \{(\xi_1, \cdots, \xi_{k+1}) \in D(k;t)\}.$$

上述事件的概率就是 $(\xi_1, \cdots, \xi_{k+1})$ 的联合密度在 $D(k;t)$ 上的积分. 因此, 对任意 $k \geqslant 1$,

$$\begin{aligned}
P(X_t = k) &= P(S_k \leqslant t < S_{k+1}) \\
&= \int_{(\vec{x}, x_{k+1}) \in D(k;t)} \lambda^{k+1} \mathrm{e}^{-\lambda s_{k+1}} \mathrm{d}x_1 \cdots \mathrm{d}x_{k+1} \tag{2.1.5} \\
&= \int_{\vec{x} \in C(k;t)} \lambda^k \mathrm{e}^{-\lambda s_k} \cdot \left(\int_{t-s_k}^{\infty} \lambda \mathrm{e}^{-\lambda x_{k+1}} \mathrm{d}x_{k+1} \right) \mathrm{d}x_1 \cdots \mathrm{d}x_k \\
&= \int_{\vec{x} \in C(k;t)} \lambda^k \mathrm{e}^{-\lambda s_k} \cdot \mathrm{e}^{-\lambda(t-s_k)} \mathrm{d}x_1 \cdots \mathrm{d}x_k \tag{2.1.6} \\
&= \int_{\vec{x} \in C(k;t)} \lambda^k \mathrm{e}^{-\lambda t} \mathrm{d}x_1 \cdots \mathrm{d}x_k = \lambda^k \mathrm{e}^{-\lambda t} \cdot \frac{t^k}{k!},
\end{aligned}$$

其中, 最后的 $t^k/k!$ 就是 k 维锥体 $C(k;t)$ 的体积.

综上, X_t 服从参数为 λt 的泊松分布.   □

进一步, 给定 $T > 0$. 我们还可以考虑对任意 $t > 0$, 在 $(T, T+t]$ 时间段内指数闹钟响起的总次数. 具体地, 令

$$Y_t := X_{T+t} - X_T, \quad \forall t \geqslant 0.$$

下面, 我们考察 $\{Y_t\}$ 的等待时间序列. 如果从时刻 T 开始, 需要等待 η_1 的时间闹钟才会响起, 接着再等待 η_2 的时间闹钟再次响起 $\cdots\cdots$ 那么, 如图 2.2 所示, 当 $\{X_T = k\}$ 发生时, $\eta_1 = \xi_{k+1} - (t - S_k)$, $\eta_2 = \xi_{k+2}, \cdots$. 换言之,

$$\eta_1 = \xi_{X_T+1} - (t - S_{X_T}), \quad \eta_2 = \xi_{X_T+2}, \quad \eta_3 = \xi_{X_T+3}, \quad \cdots. \quad (2.1.7)$$

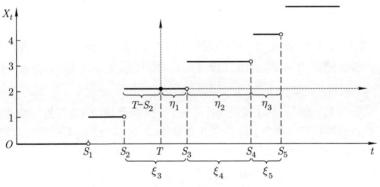

图 2.2 $\{X_t\}$ 与 $\{Y_t\}$ 的关系

($X_t = 2, \eta_1, \eta_2, \cdots$ 独立同分布)

定理 2.1.4 给定 $T > 0$, $\eta_1, \eta_2, \cdots$ 如 (2.1.7) 式中定义, 则 X_T, $\eta_1, \eta_2, \cdots$ 相互独立, 并且对任意 $n \geqslant 1$, 都有 $\eta_n \sim \mathrm{Exp}(\lambda)$.

证 对任意 $k \geqslant 0$, $n \geqslant 1$, $t_1, \cdots, t_n > 0$, 根据 $\eta_1, \eta_2, \cdots$ 的定义,

$$\{X_T = k, \eta_1 > t_1, \cdots, \eta_n > t_n\}$$
$$= \{S_k \leqslant T, S_{k+1} > T + t_1, \xi_{k+2} > t_2, \cdots, \xi_{k+n} > t_n\}.$$

于是,

$$P(X_T = k, \eta_1 > t_1, \cdots, \eta_n > t_n)$$
$$= P(S_k \leqslant T, S_{k+1} > T + t_1) \cdot \mathrm{e}^{-\lambda(t_2 + \cdots + t_n)}.$$

我们可仿照 (2.1.7) 式计算, 并得到

$$P(S_k \leqslant T, S_{k+1} > T + t_1) = \int_{\vec{x} \in C(k;T)} \lambda^k \mathrm{e}^{-\lambda s_k} \cdot \mathrm{e}^{-\lambda(T + t_1 - s_k)} \mathrm{d}x_1 \cdots \mathrm{d}x_{k+1}$$
$$= \mathrm{e}^{-\lambda t_1} P(X_T = k).$$

因此,

$$P(X_T = k, \eta_1 > t_1, \cdots, \eta_n > t_n) = P(X_T = k)\mathrm{e}^{-\lambda(t_1 + \cdots + t_n)}.$$

从而结论成立. □

推论 2.1.5 给定 $T > 0$. 对任意 $t \geqslant 0$, 令 $Y_t := X_{T+t} - X_T$, 则 $\{Y_t\}$ 也是速率为 λ 的泊松过程. 并且, 对任意 $r \geqslant 1$ 以及 $0 < t_1 < \cdots < t_r$, $(Y_{t_1}, \cdots, Y_{t_r})$ 与 X_T 相互独立.

证 $\{Y_t\}$ 的等待时间是 $\eta_1, \eta_2, \cdots$. 根据定理 2.1.4, $\{Y_t\}$ 是速率为 λ 的泊松过程. 并且, 对任意非负整数 $i_1 \leqslant \cdots \leqslant i_r$, 我们可以仿照 (2.1.3) 式, 将 $\{(Y_{t_1}, \cdots, Y_{t_r}) = (i_1, \cdots, i_r)\}$ 改写为关于 $\eta_1, \cdots, \eta_{i_r+1}$ 的事件, 由定理 2.1.4 可知, 该事件与关于 X_T 的任意事件 $\{X_T = i\}$ 都独立. 因此, $(Y_{t_1}, \cdots, Y_{t_r})$ 与 X_T 相互独立. □

推论 2.1.6 假设 $r \geqslant 1$, $0 = t_0 < t_1 < \cdots < t_r$, 则对任意非负整数 $k_1, \cdots, k_r$,

$$P(X_{t_i} - X_{t_{i-1}} = k_i : i = 1, \cdots, r) = \prod_{i=1}^{r} P(X_{t_i - t_{i-1}} = k_i).$$

证 当 $r = 1$ 时, 结论自然成立. 假设结论关于 r 成立, 往证结论关于 $r + 1$ 也成立.

对任意 $t \geqslant 0$, 令 $Y_t = X_{t_1+t} - X_{t_1}$. 记 $s_i = t_{i+1} - t_1$, $i = 0, 1, \cdots, r$. 那么,

$$\{X_{t_i} - X_{t_{i-1}} = k_i : i = 2, \cdots, r+1\} = \{Y_{s_i} - Y_{s_{i-1}} = k_{i+1} : i = 1, \cdots, r\}.$$

一方面, 由推论 2.1.5,

$$P(X_{t_i} - X_{t_{i-1}} = k_i, \ i = 1, \cdots, r+1)$$
$$= P(X_{t_1} = k_1) P(Y_{s_i} - Y_{s_{i-1}} = k_{i+1}, \ i = 1, \cdots, r)$$
$$= P(X_{t_1} = k_1) P(X_{s_i} - X_{s_{i-1}} = k_{i+1}, \ i = 1, \cdots, r).$$

根据归纳假设, 并注意到 $s_i - s_{i-1} = t_{i+1} - t_i$, $i = 1, \cdots, r$, 我们推出

$$P(X_{s_i} - X_{s_{i-1}} = k_{i+1}, \ i = 1, \cdots, r) = \prod_{i=1}^{r} P(X_{s_i - s_{i-1}} = k_{i+1})$$
$$= \prod_{i=2}^{r+1} P(X_{t_i - t_{i-1}} = k_i).$$

综上,

$$P(X_{t_i} - X_{t_{i-1}} = k_i, \ i = 1, \cdots, r+1)$$
$$= P(X_{t_1} = k_1) \prod_{i=2}^{r+1} P(X_{t_i - t_{i-1}} = k_i)$$
$$= \prod_{i=1}^{r+1} P(X_{t_i - t_{i-1}} = k_i).$$

由归纳法, 推论成立.   □

注 2.1.7 反过来, 假设 $\{X_t\}$ 是计数过程. 若对任意 $r \geqslant 1$, $0 = t_0 < t_1 < \cdots < t_r$, 以及非负整数 $k_1, \cdots, k_r$,

$$P(X_{t_i} - X_{t_{i-1}} = k_i, \ i = 1, \cdots, r) = \prod_{i=1}^{r} \frac{[\lambda(t_i - t_{i-1})]^{k_i}}{k_i!} e^{-\lambda(t_i - t_{i-1})},$$

则 $\{X_t\}$ 是速率为 λ 的泊松过程.

推论 2.1.8 (马氏性) 对任意 $r \geqslant 1$, $0 \leqslant t_1 < \cdots < t_r < t < t + s$, 以及单调上升的非负整数 $0 \leqslant k_1 \leqslant \cdots \leqslant k_r \leqslant k \leqslant l$,

$$P\big(X_{t+s} = l \,\big|\, X_t = k, X_{t_1} = k_1, \cdots, X_{t_r} = k_r\big)$$
$$= P(X_{t+s} = l | X_t = k) = P(X_s = l - k).$$

二、基于均匀分布与泊松分布

如前所述, 泊松流 $\{S_n : n \geqslant 1\}$ 是一个离散时间参数的随机过程. 现在我们要换一个角度理解泊松流. 给定样本 ω 时, 闹钟响起的时刻 $S_1(\omega), S_2(\omega), \cdots$ 是一列单调上升的实数序列. 将它们组成的集合记为 $\Xi(\omega)$, 即 $\Xi(\omega) = \{S_1(\omega), S_2(\omega), \cdots\}$, 这是 $\mathbb{R}_+$ 的子集. 将 ω 视为自变量, 则 $\Xi = \{S_1, S_2, \cdots\}$ 是依赖于 ω 的集合, 即 $\mathbb{R}_+$ 的随机子集. 因此, 也可以将泊松流理解为 $\mathbb{R}_+$ 的随机子集. 当将泊松流视为 $\mathbb{R}_+$ 的随机子集时, 用 Ξ 表示. 从这个角度看, $X_T = |\Xi \cap [0, T]|$, 而推论 2.1.5 则可改述为 Ξ_T 是泊松流, 且与 $|\Xi \cap [0, T]|$ 独立. 其中 Ξ_T 的定义如下: 对任意 $A \subseteq \mathbb{R}$, 令 $A - T := \{t - T : t \in A\}$, 则

$$\Xi_T := \Xi \cap [T, \infty) - T.$$

下面讨论 $\Xi \cap [0, T]$, 而不仅是其基数 X_T. 给定 $T > 0$. 假设 $\{X_T = k\}$ 发生, 即在 $[0, T]$ 时间段上闹钟响过恰好 k 次. 若 $k = 0$, 则 $\Xi \cap [0, T] = \varnothing$. 下设 $k \geqslant 1$. 此时 $\Xi \cap [0, T] = \{S_1, \cdots, S_k\}$. 因此, 我们需要研究的是在 $\{X_T = k\}$ 发生的条件下, $(S_1, \cdots, S_k)$ 的"条件联合密度". 需要注意的是, 不能简单地用 $(X_T, S_1, \cdots, S_k)$ 的"联合密度"除以 X_T 的"边缘密度"来得到"条件联合密度", 因为 X_T 是离散型随机变量, 一旦涉及 X_T 就不能谈论密度. 上述"条件联合密度"的真正含义是, 用条件概率 $P(\cdot | X_T = k)$ 计算随机向量 $(S_1, \cdots, S_k)$ 的联合密度.

命题 2.1.9 对任意 $0 < s < T$, $P(S_1 \leqslant s | X_T = 1) = s/T$.

证 根据条件概率的定义,

$$P(S_1 \leqslant s | X_T = 1) = \frac{P(S_1 \leqslant s, X_T = 1)}{P(X_T = 1)}$$

$$= \frac{P(\xi_1 \leqslant s, \xi_2 > T - \xi_1)}{P(X_T = 1)}$$

$$= \frac{\displaystyle\int_0^s \int_{T-u}^{\infty} \lambda e^{-\lambda u} \lambda e^{-\lambda v} dv du}{e^{-\lambda T} \lambda T}$$

$$= \frac{\displaystyle\int_0^s \lambda e^{-\lambda u} e^{-\lambda(T-u)} du}{e^{-\lambda T} \lambda T} = \frac{\displaystyle\int_0^s \lambda e^{-\lambda T} du}{e^{-\lambda T} \lambda T} = \frac{s}{T}. \quad \square$$

注意到在 $\{X_T = 1\}$ 发生的条件下, S_1 取值于 $(0, T)$. 上面的命题表明, 如果在 $[0, T]$ 上闹钟恰好响过一次, 则可以用一个服从 $U(0, T)$ 的随机变量来标记闹钟响起的时刻. 一般地, 如果在 $[0, T]$ 上闹钟恰好响了 k 次, 其中 $k \geqslant 1$, 则需 k 个服从均匀分布 $U(0, T)$ 的随机变量 $U_1, \cdots, U_k$ 来标记闹钟响起的时刻. 事实上, 它们还是相互独立的. 该结论的严格表述如命题 2.1.10 所述, 因为若 $U_1, \cdots, U_k$ 独立同分布, 且都服从 $U(0, T)$, 则 $U_1, \cdots, U_k$ 的顺序统计量 $U_{(1)}, \cdots, U_{(k)}$ 的联合密度就是 $(k!/T^k) \cdot \mathbf{1}_{\{0 < s_1 < \cdots < s_k < T\}}$, 其中 s_i 代表 $U_{(i)}$ 的取值. 命题 2.1.10 的证明与 $k = 1$ 的情形类似, 只是证明需要详细论述, 我们将其留作习题.

命题 2.1.10 在 $\{X_T = k\}$ 发生的条件下, $(S_1, \cdots, S_k)$ 的条件密度为

$$\frac{k!}{T^k} \cdot \mathbf{1}_{\{0 < s_1 < \cdots < s_k < T\}}.$$

下面我们利用相互独立的服从泊松分布或均匀分布的随机变量来构造泊松流. 将 $[0, \infty)$ 切割为一系列长度为 1 的区间: $[0, 1), [1, 2), \cdots$. 根据推论 2.1.6, 对任意 $n \geqslant 1$, 闹钟在第 n 个时间段 $[n - 1, n)$ 上响起的次数可用一个独立的随机变量 Z_n 来刻画, 它服从参数为 λ 的泊松分布. 为了进一步描述在时间段 $[n - 1, n)$ 上闹钟响起的时刻, 还需要一列独立的随机变量序列 $U_{n,1}, U_{n,2}, \cdots$, 它们都服从均匀分布 $U(n-1, n)$. 由推论 2.1.5 与命题 2.1.10, 在 $[n - 1, n)$ 上闹钟响起的时刻可用

$\{U_{n,1}, \cdots, U_{n,Z_n}\}$ 刻画.

命题 2.1.11 假设 $Z_n, U_{n,i}, n, i = 1, 2, \cdots$ 相互独立, 对任意 $n \geqslant 1$, Z_n 服从参数为 λ 的泊松分布, 且 $U_{n,i} \sim U(n-1, n)$, $i = 1, 2, \cdots$, 则

$$\Xi := \bigcup_{n=1}^{\infty} \{U_{n,1}, \cdots, U_{n,Z_n}\}$$

是泊松流.

上述命题的含义是清楚的, 严格证明也不难, 只是比较冗长, 我们将其留作习题. 如前所述, 泊松过程与泊松流是等价的, 因此可以利用命题 2.1.11, 从泊松流作为 $\mathbb{R}_+$ 的随机子集的这一角度来研究泊松过程.

三、泊松过程的合并与细分

本节介绍两个定理及其直观含义. 读者可以根据泊松过程的定义或命题 2.1.11 证明这两个定理. 验证的过程比较烦琐, 我们将其留作习题.

定理 2.1.12 (泊松流/泊松过程的合并)

(1) 假设 Ξ 与 $\hat{\Xi}$ 是相互独立的泊松流, 速率分别为 λ_1 和 λ_2, 则 $\Xi \cup \hat{\Xi}$ 是速率为 $\lambda_1 + \lambda_2$ 的泊松流.

(2) 假设 $\{X_t\}$ 与 $\{Y_t\}$ 是相互独立的泊松过程, 速率分别为 λ_1 和 λ_2. 令 $Z_t = X_t + Y_t$, 则 $\{Z_t\}$ 是速率为 $\lambda_1 + \lambda_2$ 的泊松过程.

上述定理的直观含义如下. 为方便起见, 我们将 $\{X_t\}$, $\{Y_t\}$ 与 $\{Z_t\}$ 对应的闹钟分别称为 X 闹钟, Y 闹钟与 Z 闹钟. 在图 2.3 中的第一条时间轴上, 我们用 "×" 标记了 X 闹钟响起的时刻, 即 X 闹钟对应的泊松流. 在第二条轴上, 我们用 "•" 标记了 Y 闹钟对应的泊松流. 第三条轴是前两条的合并, 它标记了 Z 闹钟对应的泊松流.

反过来, 假设 $\Xi = \{S_1, S_2, \cdots\}$ 是速率为 λ 的泊松流, 其中 $S_1 < S_2 < \cdots$. 将 $S_1, S_2, \cdots$ 依次独立地随机标记为 "×" 或 "•", 概率分别

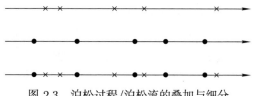

图 2.3　泊松过程/泊松流的叠加与细分

为 p 和 $1-p$. 如图 2.3 中的第三条时间轴所示. 具体地, 假设 $\phi_1, \phi_2, \cdots$ 独立同分布, 且与 $\{Z_t\}$ 相互独立, $P(\phi_1 = 1) = p$, $P(\phi_1 = 0) = 1 - p$. 令 $T_0^{(1)} := 0$, $T_0^{(2)} := 0$. 递归定义

$$T_n^{(1)} := \inf\{n \geqslant T_{n-1}^{(1)} + 1 : \phi_n = 1\},$$
$$T_n^{(2)} := \inf\{n \geqslant T_{n-1}^{(2)} + 1 : \phi_n = 0\}, \quad \forall n \geqslant 1.$$

并且令

$$S_n^{(1)} := S_{T_n^{(1)}}, \quad S_n^{(2)} := S_{T_n^{(2)}}, \quad \forall n \geqslant 1.$$

那么, $S_1^{(1)}, S_2^{(1)}, \cdots$ 就对应着所有带 "×" 的时刻, 如图 2.3 中的第一条时间轴所示, 将它们组成的集合记为 $\tilde{\Xi}$; 而 $S_1^{(2)}, S_2^{(2)}, \cdots$ 则对应着所有带 "•" 的时刻, 如第二条时间轴所示, 将它们组成的集合记为 $\hat{\Xi}$.

定理 2.1.13 (泊松流的细分)　假设 Ξ 是速率为 λ 的泊松流, 则如上定义的 $\tilde{\Xi}$ 与 $\hat{\Xi}$ 是相互独立的泊松流, 速率分别为 λp 与 $\lambda(1 - p)$.

　　泊松流的合并与细分表明: 两个独立的小的指数闹钟 (即上述 X 闹钟与 Y 闹钟) 放在一起就等价于一个大的指数闹钟 (即 Z 闹钟) 与一个硬币, 这里的大与小指的是速率的大与小. 此结论还可以推广为可数个小的指数闹钟放在一起 (只要它们的速率之和有限), 就等价于一个大的指数闹钟与一个多面骰子.

　　例 2.1.14　假设某人钓到鱼的时刻是泊松流, 等待时间的期望为半小时. 每次钓到的鱼是草鱼的概率为 0.4, 是青鱼的概率为 0.6. 假设他连续钓鱼 2.5 小时. 试求他恰好钓到一条草鱼和两条青鱼的概率.

解 将 1 小时视为单位时间. 假设直到 t 为止钓鱼者钓到了 Z_t 条鱼, 其中, 草鱼有 X_t 条, 青鱼有 Y_t 条. 由题意, $\{Z_t\}$ 是速率为 $\lambda = 2$ 的泊松过程. 根据定理 2.1.13, $\{X_t\}$ 与 $\{Y_t\}$ 是相互独立的泊松过程, 速率分别为 $\lambda \times 0.4 = 0.8$ 和 $\lambda \times 0.6 = 1.2$. 根据定理 2.1.3, 2.5 小时后, 他钓到的草鱼的数目 $X_{2.5}$ 与青鱼的数目 $Y_{2.5}$ 相互独立, 都服从泊松分布, 参数分别为 $0.8 \times 2.5 = 2$ 和 $1.2 \times 2.5 = 3$. 因此, 所求概率为

$$\mathrm{e}^{-2}2^1 \cdot \mathrm{e}^{-3}3^2/2! = 9\mathrm{e}^{-5}.$$

例 2.1.15 (复合泊松过程) 假设 $\{X_t\}$ 是速率为 λ 的泊松过程, $\phi_1, \phi_2, \cdots$ 是独立同分布的随机变量序列, 且与 $\{X_t\}$ 独立. 令 $Y_t = \sum_{n=1}^{X_t} \phi_n$, 则 $\{Y_t\}$ 被称为**复合泊松过程**.

譬如, 假设某商场有旅行团前来购物, 到达时刻是泊松流, 第 n 个旅行团中有 ϕ_n 个人. 那么, 该商场在时刻 t 之前到达的顾客总数就是 Y_t. 有两种方法计算 Y_t: 一种是按照时间发展进行累计, 即定义中的 $\sum_{n=1}^{X_t} \phi_n$; 另一种则是先按照旅行团中的顾客数进行分类, 然后再累计, 即 $Y_t = \sum_{k=1}^{\infty} k X_t^{(k)}$, 其中 $X_t^{(k)} = \sum_{n=1}^{X_t} \mathbf{1}_{\{\phi_n = k\}}$ 表示时刻 t 之前到达的恰有 k 个人的旅行团的数目. 第二种方法的好处在于, 根据定理 2.1.13, $\{X_t^{(1)}\}, \{X_t^{(2)}\}, \cdots$ 是相互独立的泊松过程. 因此, 当我们只关心某些特殊团体 (例如, 至少有 50 人的旅行团) 时, 其总人数的演变仍然为复合泊松过程.

例 2.1.16 (保险理赔) 假设某保险公司有 K 种保险计划, 第 k 种计划的理赔金额为 a_k, 各种计划的理赔数目的演变是独立的泊松过程 $\{X_t^{(k)}\}$, $k = 1, \cdots, K$. 那么, 该保险公司到时刻 t 为止所赔付的金额总数为 $Y_t = \sum_{k=1}^{K} a_k X_t^{(k)}$. 若只计算大额赔付 (如单笔超过 M 元) 的金

额, 则只须找出 $I = \{k : 1 \leqslant k \leqslant K, a_k \geqslant M\}$, 并计算 $Z_t := \sum\limits_{k \in I} a_k X_t^{(k)}$. 按照定义, $\{Y_t\}$ 与 $\{Z_t\}$ 都是复合泊松过程.

补充知识: 独立、平稳增量过程与泊松点过程

定义 2.1.17 假设 $\{X_t : t \geqslant 0\}$ 是取值于 $\mathbb{R}$ 的过程.

若对任意 $r \geqslant 2$ 以及任意的 $0 < t_1 < t_2 < \cdots < t_r$, 随机变量 X_0, $X_{t_1} - X_0$, $X_{t_2} - X_{t_1}$, $\cdots$, $X_{t_r} - X_{t_{r-1}}$ 相互独立, 则称 $\{X_t\}$ 是**独立增量过程**.

若对任何 $t, s > 0$, $X_s - X_0$ 与 $X_{t+s} - X_t$ 同分布, 则称 $\{X_t\}$ 是**平稳增量过程**.

若 $\{X_t\}$ 既是独立增量过程, 又是平稳增量过程, 则称 $\{X_t\}$ 是**独立平稳增量过程**.

根据推论 2.1.6, 泊松过程是独立平稳增量过程, 并且对任意 $t > 0$, $s \geqslant 0$, 增量 $X_{t+s} - X_s$ 都服从参数为 λt 的泊松分布. 反过来, 任何一个满足如上条件的计数过程都是泊松过程. 事实上, 如下更强的命题成立.

命题 2.1.18 假设计数过程 $\{X_t\}$ 是独立增量过程. 若对任意 $t \geqslant 0$,

$$\lim_{s \searrow 0} \frac{P(X_{t+s} - X_t \neq 0)}{s} = \lim_{s \searrow 0} \frac{P(X_{t+s} - X_t = 1)}{s} = \lambda,$$

则 $\{X_t\}$ 是速率为 λ 的泊松过程.

泊松流 Ξ 作为 $\mathbb{R}_+$ 的随机子集, 也称为**泊松点过程**. 它满足以下两条性质:

(i) 若 $\lambda(A) < \infty$, 则 $|\Xi \cap A|$ 服从参数为 $\lambda(A)$ 的泊松分布,

(ii) 若 $A \cap B = \varnothing$, 则 $|\Xi \cap A|$ 与 $|\Xi \cap B|$ 相互独立,

其中, λ 为勒贝格测度. 事实上, 上述两条就是泊松点过程的定义, 它还可以推广到更一般的空间, λ 也可以取为其他测度. 例如, 夜空里某

一等级的星星可以看成是二维球面上的泊松点过程, 湖面的荷花所在的位置也是泊松点过程.

习　题

1. 举例说明存在计数过程 $\{X_t\}$, 使得通过 (2.1.2) 式得到的 $\{S_n\}$ 并不满足 (2.1.1) 式.

2. 假设 $\xi \sim \mathrm{Exp}(\lambda)$. 证明: 对任意 $t, s > 0$, $P(\xi - t > s | \xi > t) = P(\xi > s)$.

3. 假设 ξ, η 相互独立, 并且 $\xi \sim \mathrm{Exp}(\lambda_1)$, $\eta \sim \mathrm{Exp}(\lambda_2)$. 证明:

(1) $\min\{\xi, \eta\} \sim \mathrm{Exp}(\lambda_1 + \lambda_2)$;

(2) $P(\xi < \eta) = \lambda_1 / (\lambda_1 + \lambda_2)$.

(注: 可从此题结论读解泊松流的叠加.)

4. 假设 $V, \zeta_1, \zeta_2, \cdots$ 相互独立, $P(V = k) = (1-p)^{k-1} p$, $k = 1, 2, \cdots$, 并且 $\zeta_n \sim \mathrm{Exp}(\lambda)$, $n = 1, 2, \cdots$. 令 $\xi = \zeta_1 + \cdots + \zeta_V$. 证明: $\xi \sim \mathrm{Exp}(\lambda p)$. (注: 试从此题结论读解泊松过程的细分.)

5. 假设某公交车站有甲、乙两路公交车, 到达时刻是相互独立的泊松流, 速率分别为 λ_1 与 λ_2. 求:

(1) 在时间段 $[0, 1]$ 中恰好到达 3 辆公交车的概率;

(2) 某人在车站等甲路车, 在他等甲路车的时间段内, 恰好经过 3 辆乙路车的概率.

6. 假设 $\{X_t\}$ 是速率为 λ 的泊松过程, T 与 $\{X_t\}$ 相互独立且 $T \sim \mathrm{Exp}(\mu)$. 试求 X_T 的分布列.

7. 假设某房产中介发布售楼信息的时刻是速率为 λ 的泊松流, 每条信息的房价服从 $U(300, 2000)$ (单位: 万元). 某先生只关注房价不超过 800 万元的信息. 他读每条信息所花的时间是一个独立的随机变量, 服从 $U(1, 2)$ (单位: 小时). 将某 30 天中他关注的信息数目记为 X, 他读完这些信息所花的总时间记为 Y 小时 (注: 有可能 $Y \geqslant 30 \times 24$). 试求:

(1) X 的分布;

(2) $E \exp(aY)$, 其中 a 为常数.

8. 证明: (1) 推论 2.1.8;

(2) 命题 2.1.10;

(3) 命题 2.1.11 及其逆命题;

(4) 定理 2.1.12 与定理 2.1.13.

9*. 在例 2.1.15 中, 假设 ϕ_1 是离散型随机变量. 证明: 推论 2.1.6 和推论 2.1.8 对于复合泊松过程 $\{Y_t\}$ 也成立.

10*. 证明命题 2.1.18.

§2.2 跳过程的定义及其转移概率

一、独立指数闹钟模型

假设 S 为非空可数集, 且 $|S| \geqslant 2$, 它是状态空间. 考虑如下模型: 假设在每个状态 i 放置了一个独立的指数闹钟, 速率为 q_i. 如果 $q_i = 0$, 也可以认为状态 i 处其实并没有放置闹钟. 假设粒子在 S 中运动, 当它位于状态 i 时, 等待 i 处的闹钟响起, 当闹钟响起时, 粒子跳跃至 (另外的) 某个状态 j, 概率为 $\hat{p}_{ij}$; 如果 $q_i = 0$, 那么没有闹钟响起, 粒子不会跳跃, 于是 $\hat{p}_{ii} = 1$. 因此, 在这个模型中, 我们要求转移矩阵 $\hat{\mathbf{P}} = (\hat{p}_{ij})_{S \times S}$ 满足如下条件:

$$\begin{cases} \text{若 } q_i = 0, \quad \text{则 } \hat{p}_{ii} = 1, \\ \text{若 } q_i > 0, \quad \text{则 } \hat{p}_{ii} = 0, \sum_{j \neq i} \hat{p}_{ij} = 1. \end{cases} \tag{2.2.1}$$

对任意 $i \in S$, 令

$$q_{ij} = q_i \hat{p}_{ij}, \quad \forall j \neq i; \quad q_{ii} = -q_i. \tag{2.2.2}$$

于是, 我们得到实矩阵 $\mathbf{Q} = (q_{ij})_{i,j \in S}$, 它符合如下定义.

定义 2.2.1 若实矩阵 $\mathbf{Q} = (q_{ij})_{i,j \in S}$ 满足:

(1) $q_{ij} \geqslant 0, \forall j \neq i$,

(2) $\sum_{j\in S} q_{ij} = 0, \ \forall i \in S,$

则称 **Q** 为**转移速率矩阵**, 简称**速率矩阵**.

反过来, 假设 **Q** 是速率矩阵. 对任意 $i \in S$, 令

$$q_i = -q_{ii}, \quad \begin{cases} \text{若 } q_i = 0, \quad \text{则 } \hat{p}_{ii} = 1, \hat{p}_{ij} = 0, \quad \forall j \neq i, \\ \text{若 } q_i > 0, \quad \text{则 } \hat{p}_{ij} = q_{ij}/q_i, \ \forall j \neq i, \quad \hat{p}_{ii} = 0. \end{cases} \quad (2.2.3)$$

于是, 我们得到转移矩阵 $\hat{\mathbf{P}} := (\hat{p}_{ij})_{S\times S}$, 它满足条件 (2.2.1) 与 (2.2.2) 式.

综上, 一族非负实数 $\{q_i : i \in S\}$ 配上一个满足条件 (2.2.1) 的转移矩阵 $\hat{\mathbf{P}}$, 就等价于一个速率矩阵 **Q**. 这本质上就是泊松过程的合并与细分. 如果 $q_i > 0$, 那么在上述模型中, 在状态 i 放置了一个速率为 q_i 的大的指数闹钟, 以及一个多面骰子, 它投到第 j 个面的概率为 $\hat{p}_{ij}$; 这等价于在状态 i 放置了一族相互独立的指数闹钟, 它们分别指向其他状态, 其中指向状态 j 的指数闹钟的速率为 q_{ij}. 如果 $q_i = 0$, 那么状态 i 处并没有放置任何闹钟. 于是, 我们可以直接从 **Q** 出发 (而不是从 $\{q_i : i \in S\}$ 与 $\hat{\mathbf{P}}$ 出发), 将上述模型重述为如下独立指数闹钟模型. 假设 **Q** 是速率矩阵, 对任意 $i, j \in S, j \neq i$, 在状态 i 放置一个指向 j 的指数闹钟, 其速率记为 q_{ij}. 其中, q_{ij} 可以为 0, 该情形意味着在 i 处其实并没有指向 j 的闹钟. 假设所有的指数闹钟都是相互独立的. 现在, 假设粒子在 S 中按如下规则跳跃: 如果它位于状态 i, 那么它等待 i 上的闹钟响起, 当其中某个闹钟响起时, 不妨假设是指向状态 j 的指数闹钟响起了, 那么, 该粒子就在闹钟响起的时刻跳跃至状态 j; 然后, 它在状态 j 等待 j 上的闹钟响起. 如果 $q_i = 0$, 则称 i 为**吸收态**, 因为粒子在到达状态 i 后就永远停留在状态 i.

二、跳过程的定义

假设 **Q** 是速率矩阵, $\{q_i : i \in S\}$ 与 $\hat{\mathbf{P}}$ 如 (2.2.3) 式中定义. 假设:

$$\begin{cases} \{\hat{X}_n : n = 0, 1, 2, \cdots\} \text{ 是以 } \hat{\mathbf{P}} \text{ 为转移矩阵的马氏链,} \\ \xi_0, \xi_1, \cdots \text{是独立同分布的随机变量序列且 } \xi_0 \sim \mathrm{Exp}(1), \quad (2.2.4) \\ \{\xi_n : n \geqslant 1\} \text{ 与} \{\hat{X}_n : n \geqslant 0\} \text{ 相互独立.} \end{cases}$$

其中, $\{\hat{X}_n\}$ 刻画独立指数闹钟模型中粒子依次经历的不同状态, $\{\xi_n\}$ 将用于体现指数闹钟之间的独立性, 并且, 如果第 n 步粒子位于状态 i, 那么它需要等待的时间就可以设置为 ξ_n/q_i, 因为该随机变量服从 $\mathrm{Exp}(q_i)$.

下面, 我们通过 $\{\hat{X}_n\}$ 和 $\{\xi_n\}$ 定义 X_t, 用它来描述独立指数闹钟模型中粒子在 t 时刻的位置. 令

$$\eta_n = \xi_n/q_{\hat{X}_n}, \quad n = 0, 1, 2, \cdots,$$
$$S_0 := 0, \quad S_n = \eta_0 + \eta_1 + \cdots + \eta_{n-1}, \quad n = 1, 2, \cdots. \tag{2.2.5}$$

如果

$$P\left(\lim_{n\to\infty} S_n = \infty \big| \hat{X}_0 = i\right) = 1, \quad \forall i \in S, \tag{2.2.6}$$

则对 $n = 0, 1, 2, \cdots$ 进行如下的分段定义:

$$X_t := \hat{X}_n, \quad \forall t \in [S_n, S_{n+1}). \tag{2.2.7}$$

引理 2.2.2 若 $\{q_i : i \in S\}$ 有界, 则 (2.2.6) 式成立. 特别地, 若状态空间有限, 则 (2.2.6) 式成立.

证 假设 $M > 0$ 满足: 对任意 $i \in S$, $q_i \leqslant M$. 由 (2.2.5) 式知

$$S_n \geqslant \frac{1}{M}(\xi_0 + \xi_1 + \cdots + \xi_{n-1}).$$

因此 (2.2.6) 式成立. 事实上, 由强大数定律,

$$P_i\left(\liminf_{n\to\infty} \frac{S_n}{n} \geqslant \frac{1}{M}\right) = 1, \quad \forall i \in S.$$

特别地, 若 $|S| < \infty$, 则取 $M = \max_{i \in S} q_i + 1$ 即可, 其中, "+1" 是为了排除 $q_i \equiv 0$ 的情形. $\qquad\square$

注 2.2.3 在定义 $\{X_t\}$ 时, 需要先验证 (2.2.6) 式成立. 因此, 我们需要给出 (2.2.6) 式的充分条件, 该充分条件须是关于 **Q** 的, 并且容易验证. 上述引理给出这样一个充分条件, 但它的实用范围太过狭窄.

我们将在下面的推论 2.2.6 中给出一个实用范围较广的充分条件, 它在很多例子中都能被满足. 在后续的章节中, 我们还将给出更具一般性的充分条件.

定义 2.2.4 假设 $\mathbf{Q}$ 为速率矩阵, $\{\hat{X}_n\}$ 与 $\{\xi_n\}$ 满足假设 (2.2.4), 并且 (2.2.6) 式成立. 称 (2.2.7) 式定义的 $\{X_t\}$ 为以 $\mathbf{Q}$ 为速率矩阵的**跳过程**; 称假设 (2.2.4) 中的 $\{\hat{X}_n\}$ 为 $\{X_t\}$ 的**嵌入链**; 称 (2.2.5) 式中定义的 S_n 为第 n 次**跳跃时刻**, $\eta_0, \eta_1, \cdots$ 为**等待时间**.

跳过程 $\{X_t : t \geqslant 0\}$ 的时间参数是连续的; 嵌入链 $\{\hat{X}_n : n = 0, 1, 2, \cdots\}$ 是马氏链, 时间参数是离散的. 在本章中, "ˆ" 是嵌入链的专用符号, 例如, $\hat{\tau}_i$ 表示嵌入链 $\{\hat{X}_n\}$ 首次访问状态 i 的时刻.

如果 $X_0 \sim \mu$, 则对应的概率记为 P_μ. 若 $\mu_i = 1$, 则将 P_μ 简记为 P_i. 将它们对应的期望分别记为 E_μ 和 E_i. 于是, 对任意事件 A,

$$P_\mu(A) = \sum_{i \in S} \mu_i P_i(A), \quad P_i = P_\mu(A|X_0 = i).$$

下面, 我们讨论 (2.2.6) 式的充分条件.

引理 2.2.5 假设 $\zeta_1, \zeta_2, \cdots$ 相互独立, 且 $\zeta_n \sim \mathrm{Exp}(\lambda_n)$, $n = 1, 2, \cdots$.

若 $\displaystyle\sum_{n=1}^{\infty} \frac{1}{\lambda_n} < \infty$, 则 $P\left(\displaystyle\sum_{n=1}^{\infty} \zeta_n < \infty\right) = 1$;

若 $\displaystyle\sum_{n=1}^{\infty} \frac{1}{\lambda_n} = \infty$, 则 $P\left(\displaystyle\sum_{n=1}^{\infty} \zeta_n = \infty\right) = 1$.

证 令 $T_n = \zeta_1 + \cdots + \zeta_n$. 注意到 T_n 非负, 并且单调上升到 $T_\infty := \displaystyle\sum_{n=1}^{\infty} \zeta_n$. 由单调收敛定理, $ET_\infty = \lim\limits_{n \to \infty} ET_n$. 若 $\displaystyle\sum_{n=1}^{\infty} \frac{1}{\lambda_n} < \infty$, 则 $ET_\infty < \infty$, 故 $P(T_\infty < \infty) = 1$. 若 $\displaystyle\sum_{n=1}^{\infty} \frac{1}{\lambda_n} = \infty$, 则

$$\prod_{n=1}^{\infty} \left(1 + \frac{1}{\lambda_n}\right) \geqslant \sum_{n=1}^{\infty} \frac{1}{\lambda_n} = \infty.$$

注意到, 若 $\zeta \sim \text{Exp}(\lambda)$, 则

$$E\mathrm{e}^{-\zeta} = \int_0^\infty \lambda \mathrm{e}^{-\lambda x} \mathrm{e}^{-x} \mathrm{d}x = \frac{\lambda}{1+\lambda} = \frac{1}{1+1/\lambda}.$$

于是, 由有界收敛定理,

$$E\mathrm{e}^{-T_\infty} = \prod_{n=1}^\infty E\mathrm{e}^{-\zeta_n} = \prod_{n=1}^\infty \frac{1}{1 + \dfrac{1}{\lambda_n}} = \frac{1}{\displaystyle\prod_{n=1}^\infty \left(1 + \dfrac{1}{\lambda_n}\right)} = 0.$$

注意到 $\mathrm{e}^{-T_\infty} \geqslant 0$. 上式表明 $P(\mathrm{e}^{-T_\infty} = 0) = 1$, 即 $P(T_\infty = \infty) = 1$. □

推论 2.2.6 给定 $o \in S$. 假设存在 $\lambda > 0$, 使得

$$q_i \leqslant \lambda \cdot d(o, i), \quad \forall i \in S \setminus \{o\},$$

其中 $d(o, i) := \inf \left\{ n \geqslant 0 : \hat{p}_{oi}^{(n)} > 0 \right\}$, 则 $P_o \left(\lim_{n \to \infty} S_n = \infty \right) = 1$.

证 不妨假设 $q_o > 0$, 否则 $X_t \equiv o$, 结论自然成立. 根据 $d(o, i)$ 的定义, 对任意 $n \geqslant 1$, $|\hat{X}_n| \leqslant n$. 于是 $q_{\hat{X}_n} \leqslant \lambda n$, 从而

$$\eta_n = \frac{\xi_n}{q_{\hat{X}_n}} \geqslant \frac{1}{\lambda} \cdot \frac{\xi_n}{n}, \quad n = 1, 2, \cdots.$$

将引理 2.2.5 中的 ζ_n 取为 $\dfrac{\xi_n}{n}$, 便知 $P\left(\displaystyle\sum_{n=1}^\infty \frac{\xi_n}{n} = \infty\right) = 1$. 从而结论成立. □

三、例子

例 2.2.7 (纯生过程) 假设 $S = \{1, 2, \cdots\}$, $\lambda_1, \lambda_2, \cdots$ 是一列正数. 令

$$q_i = q_{i,i+1} = \lambda_i, \quad i = 1, 2, \cdots.$$

将引理 2.2.5 中的 ζ_n 取为 η_{n-1} 便知: $P_i\left(\lim_{n \to \infty} S_n = \infty\right) = 1$, $i \in S$ 当且仅当 $\displaystyle\sum_{n=1}^\infty \frac{1}{\lambda_n} = \infty$. 此时, 对应的跳过程被称为**纯生过程**. 注意到, 若 $\hat{X}_0 = i$, 那么 $\hat{X}_n = i + n$, $n = 1, 2, \cdots$.

例 2.2.8 (Yule 过程) 取

$$\lambda_i = \lambda i, \quad i = 1, 2, \cdots,$$

对应的纯生过程被称为 **Yule 过程**. Yule 过程有一个非常直观的含义: 细胞会自动分裂, 假设等待时间服从 $\text{Exp}(\lambda)$. 想象每个细胞被一个指数闹钟控制, 速率均为 λ. 闹钟响起时细胞就分裂为两个 (分裂出的新细胞被新的指数闹钟控制), 则系统中细胞数目的演变是 Yule 过程. 这是因为当系统中有 i 个细胞时, 根据泊松流的叠加性, 整个系统中相当于有一个速率为 λi 的大闹钟. 于是, 细胞数目从 i 变为 $i+1$ 的等待时间服从 $\text{Exp}(\lambda i)$. 在这个观点中, 我们把闹钟放在系统中的每个细胞上, 而不是系统的状态 (即细胞数目) i 上. 基于此观点, 从 i 出发的 Yule 过程等价于 i 个相互独立的从 1 出发的 Yule 过程之和. 换言之, 假设 $\{X_t^{(1)}\}, \cdots, \{X_t^{(i)}\}$ 是相互独立的从 1 出发的 Yule 过程, 令 $X_t = X_1^{(1)} + \cdots + X_t^{(i)}$, 则 $\{X_t\}$ 是从 i 出发的 Yule 过程.

例 2.2.9 (生灭过程) 假设 $S - \mathbb{Z}_+$,

$$q_{i,i+1} = \beta_i, \quad i = 0, 1, 2, \cdots; \quad q_{i,i-1} = \delta_i, \quad i = 1, 2, \cdots.$$

若 $|j - i| \geqslant 2$, 则 $q_{ij} = 0$. 假设存在常数 $c > 0$, 使得

$$\beta_i, \delta_i \leqslant ci, \quad i = 1, 2, \cdots.$$

对任意状态 $o \in \mathbb{Z}_+$, 往证推论 2.2.6 中的条件成立. 若 $i > o$, 则 $d(o, i) = i - o$, 于是 $i \leqslant (o+1)(i-o)$, 从而 $q_i = (\beta_i + \delta_i) \leqslant 2ci \leqslant 2c(o+1)d(o,i)$; 若 $i < o$, 则 $d(o,i) = o - i \geqslant 1$, 于是 $i \leqslant o \leqslant o(o-i)$, 从而对 $i \geqslant 1$, $q_i = (\beta_i + \delta_i) \leqslant 2ci \leqslant 2co(o-i)$; 对 $i = 0$, $q_i = \beta_0 \leqslant \beta_0(o-i)$. 因此, 取 $\lambda = \max\{2c(o+1), \beta_0\}$ 知对任意 $i \neq o$, $q_i \leqslant \lambda d(o,i)$. 由推论 2.2.6 知 $P_o\left(\lim_{n \to \infty} S_n = \infty\right) = 1$. 最后, 由 o 的任意性, (2.2.6) 式成立.

此时, 可定义 $\mathbf{Q}$ 对应的跳过程 $\{X_t\}$, 称其为**生灭过程**, 因为 X_t 可用于表示某生物群体在 t 时刻的个体数目. 称 β_i 为**出生速率**, 称 δ_i 为**死亡速率**.

不难看出, 生灭过程的嵌入链就是生灭链 (见例 1.2.12) . 在本书中, "生灭链"一词专用于离散时间参数, 即第一章的马氏链; "生灭过程"一词专用于连续时间参数, 即本章的跳过程.

例 2.2.10 (排队系统)　在日常生活中, 我们经常要排队, 例如在食堂的某窗口排队买饭, 在火车站或飞机场排队进行安检. 人们到银行办理业务, 或者到医院进行抽血检查, 往往需要取一个号码, 这就是进入一个**排队系统**. 排队系统的要素包括: 顾客的到达速率, 服务员的个数及其服务速率.

在 M/M/1 模型中, 顾客到达时刻是泊松流, 速率为 λ, 即有一个速率为 λ 的指数闹钟, 每当闹钟响起时, 系统中增加一位顾客 (排在队尾); 系统中有一位服务员, 服务速率为 α, 即有一个速率为 α 的指数闹钟, 每当闹钟响起时, 若系统中有顾客, 则服务员从系统中移除一位顾客, 表示排在队首的顾客已经服务完成并离开队列. M/M/1 中的第一个字母 "M" 表示等待一位新顾客到达的时间具有无记忆性 (memoryless), 即它服从指数分布; 第二个字母 "M" 表示服务员的服务时间也具有无记忆性; 最后的数字 "1" 表示系统中有一位服务员. 排队论中还有等待时间不服从指数分布的更一般的排队系统, 但这超出本书范围, 故而不介绍. 将 t 时刻的队列长度记为 X_t, 那么 $\{X_t\}$ 是生灭过程, 取值为 $\mathbb{Z}_+$, 出生速率就是新顾客到达的速率 λ, 而死亡速率就是服务员的服务速率 α, 即

$$S = \mathbb{Z}_+ = \{0, 1, 2, \cdots\}; \quad \beta_i = \lambda, \quad i = 0, 1, 2, \cdots;$$
$$\delta_i = \alpha, \quad i = 1, 2, \cdots.$$

因为 $\{q_i : i \in \mathbb{Z}_+\}$ 有界, 根据引理 2.2.2, (2.2.6) 式成立. 此时, $\{X_t\}$ 的嵌入链是 $\mathbb{Z}_+$ 上带反射壁的随机游动 (见 §1.2 习题 3) , 步长分布为

$$P(\xi = 1) = \frac{\lambda}{\lambda + \alpha}, \quad P(\xi = -1) = \frac{\alpha}{\lambda + \alpha}.$$

在 M/M/s 模型中, 共有 s 个服务员, 每一位服务员的服务速率都

是 α. 此时, 队列长度仍然是生灭过程, 出生速率和死亡速率分别如下:

$$\beta_i = \lambda, \quad i = 0, 1, 2, \cdots; \quad \delta_i = \alpha \min\{i, s\}, \quad i = 1, 2, \cdots.$$

在 M/M/∞ 模型中, 共有无穷个服务员, 每一位服务员的服务速率都是 α. 此时, 队列长度仍然是生灭过程, 出生速率和死亡速率分别如下:

$$\beta_i = \lambda, \quad i = 0, 1, 2, \cdots; \quad \delta_i = \alpha i, \quad i = 1, 2, \cdots.$$

在现实生活中, 不可能有无穷多个服务员, 因此我们需要换一个角度来理解 M/M/∞ 模型. 例如, 假设某公园中游客们的到达时刻是泊松流, 游客们的游玩时间相互独立, 都服从 $\mathrm{Exp}(\alpha)$, 每位游客在游玩结束时自行离去. 那么, 公园中的游客数目就可视为 M/M/∞ 模型中的队列长度.

根据推论 2.2.6, (2.2.6) 式对于 M/M/s 模型和 M/M/∞ 模型均成立.

例 2.2.11 (连续时间的分支过程)   考虑出生速率与死亡速率分别如下的生灭过程:

$$\beta_i = \beta i, \quad \forall i \geqslant 0; \quad \delta_i = \delta i, \quad \forall i \geqslant 1.$$

可以认为每个个体的寿命是一个服从 $\mathrm{Exp}(\beta + \delta)$ 的独立的随机变量, 个体死亡时产生零个或两个子代, 概率分别为

$$p_0 = \frac{\delta}{\beta + \delta}, \quad p_2 = \frac{\beta}{\beta + \delta}.$$

于是, 若 $\{X_t^{(1)}\}, \cdots, \{X_t^{(i)}\}$ 都是从 1 出发的生灭过程, 且相互独立, 令 $X_t = X_t^{(1)} + \cdots + X_t^{(i)}$, 则 $\{X_t\}$ 是从 i 出发的过程. 该生灭过程也被称为**连续时间参数的分支过程**. 在分支过程中, 子代分布还可以是一般的分布列, 只不过此时个体数目的演变可能不是生灭过程.

例 2.2.12 (接触过程)   将 $\mathbb{Z}$ 视为位置空间. 对任意位置 $i \in \mathbb{Z}$, i 处有一个个体, 它或是 "健康", 或是 "被感染" (即被某种疾病感染).

假设当 i 处的个体被感染时, 它以速率 1 自动恢复健康; 在恢复健康之前, 它以速率 λ 接触 $i+1$ 处的个体并将其传染, 同时以速率 1 接触 $i-1$ 处的个体并将其传染. 假设受感染个体的康复以及疾病在邻居之间的传播都是相互独立的. 将时刻 t 受感染的粒子所处顶点组成的集合记为 A_t. 假设 $|A_0| < \infty$, 那么 $\{A_t\}$ 是跳过程, 其状态空间为

$$S = \{A : A \subset \mathbb{Z}, |A| < \infty\},$$

转移速率如下:

$$\begin{cases} q_{A,A\setminus\{i\}} = 1, & \text{若 } i \in A, \\ \lambda |A \cap \{i-1, i+1\}|, & \text{若 } i \notin A, \\ q_{A,B} = 0, & \text{其他 } B \neq A. \end{cases}$$

由推论 2.2.6, (2.2.6) 式成立. 称具有如上状态空间和转移速率的跳过程为 $\mathbb{Z}$ 上的**接触过程**. 换言之, 接触过程研究的是被感染个体的群体随时间的演化. 该模型中有一个参数 λ, 它表示传染病的传播强度.

　　与例 2.2.8 中的处理类似, 在该模型中, 我们应该将假想的指数闹钟放在位置 $i \in \mathbb{Z}$ 上, 而不是放在系统的状态 $A \in S$ 上. 这样的处理带来了接触过程的一种非常直观且有效的构造方法 —— **图表示法**. 具体地, 如图 2.4 所示, 对任意 $i \in \mathbb{Z}$, 考虑二维平面上从 $(i,0)$ 出发向上画一条射线 $\{(i,t) : t \geq 0\}$, 表示时间的方向. 然后, 考虑三个指数闹钟. 第一个闹钟的速率为 λ, 它的作用是体现 i 处个体去拜访 $i-1$ 处个体的时刻. 在它响起的任意时刻 t, 画一个左箭头 "←", 从 (i,t) 指向 $(i-1,t)$, 若当时 i 处个体被感染, 则它随即传染 $i-1$ 处的个体. 类似地, 第二个闹钟的速率也为 λ, 在它响起的任意时刻 t, 画一个右箭头 "→", 从 (i,t) 指向 $(i+1,t)$. 第三个闹钟的速率为 1, 它的作用是体现 i 处个体的康复时刻. 在它响起的任意时刻 t, 在 (i,t) 画一个 "×", 若当时 i 处个体被感染, 则它随即康复. 假设所有指数闹钟全都相互独立. 如果从 $(i,0)$ 出发, 顺着时间增长方向及其箭头方向, 有一条不经过 "×" 的通路到达 (j,t), 那么记 $(i,0) \to (j,t)$. 若最初 i 位置上的个体被感染, 则这个感染源在 t 时刻传染的群体就是

$$X_{i,t} := \{y \in \mathbb{Z} : (i,0) \to (j,t)\}.$$

对 $\mathbb{Z}$ 的任意有限子集 A, 假设 $A_0 = A$, 那么, t 时刻被感染的群体就是

$$A_t = X_{A,t} := \bigcup_{i \in A} A_{i,t}.$$

不难看出, 用图表示法构造的接触过程具有如下的可叠加性:

$$X_{A \cup B,t} = X_{A,t} \bigcup X_{B,t}.$$

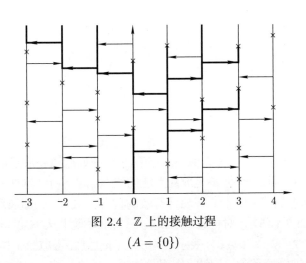

图 2.4 $\mathbb{Z}$ 上的接触过程

$(A = \{0\})$

更一般地, 假设 $G = (V, E)$ 是连通的简单图, 顶点的度有界. 我们还可以研究 G 上的**接触过程**. 模型与上面的描述类似, 假设每个顶点 v 处有一个体, 需要改动之处是: 在顶点 v 处的个体恢复健康之前, 对 v 的每个邻居 w, 它以速率 λ 感染 w 处的个体. 将时刻 t 受感染的粒子所处顶点组成的集合记为 A_t. 需要注意的是, 必须假设 $|A_0| < \infty$, 此时 $\{A_t\}$ 是跳过程. 当 $|A_0| = \infty$ 时, 该系统超出了本书讨论的范围.

四、转移概率与转移速率

对任意 $i, j \in S, t \geqslant 0$, 记

$$p_{ij}(t) := P_i(X_t = j).$$

它即是跳过程的转移概率. 假设粒子从 i 出发, 直到时刻 t 共跳跃了 N_t 次, 即

$$N_t := \sup\{n \geqslant 0 : S_n \leqslant t\}.$$

当 $n = 0$ 时,

$$P_i(X_t = j, N_t = 0) = P_i(S_1 > t) \cdot \mathbf{1}_{\{j=i\}} = \mathrm{e}^{-q_i t} \mathbf{1}_{\{j=i\}}.$$

当 $n \geqslant 1$ 时, 记 $\vec{x} = (x_0, \cdots, x_{n-1})$, 其中 x_r 代表跳过程的等待时间 $S_{r+1} - S_r$ 的值, 并记

$$\Delta_n := \{\vec{x} = (x_0, \cdots, x_{n-1}) : x_r > 0, r = 0, 1, \cdots, n-1;$$
$$x_0 + \cdots + x_{n-1} < t\}.$$

取 $i_0 = i$, 对任意 $i_1, \cdots, i_n \in S, D \subseteq \Delta_n$,

$$P_i\left(N_t = n, \hat{X}_0 = i_0, \cdots, \hat{X}_n = i_n, (S_1, \cdots, S_n) \in D\right)$$
$$= \prod_{r=0}^{n-1} p_{i_r, i_{r+1}} \cdot \int_D \left(\prod_{r=0}^{n-1} q_{i_r} \mathrm{e}^{-q_{i_r} x_r}\right) \mathrm{e}^{-q_{i_n}\left(t - \sum\limits_{r=0}^{n-1} x_r\right)} \mathrm{d}x_0 \cdots \mathrm{d}x_{n-1}.$$

$$(2.2.8)$$

由此可得 $p_{ij}(t)$ 的表达式:

$$p_{ij}(t) = \mathrm{e}^{-q_i t} \mathbf{1}_{\{j=i\}} + \sum_{n=1}^{\infty} \sum_{i_1, \cdots, i_{n-1} \in S} \left(\prod_{r=0}^{n-1} q_{i_r, i_{r+1}}\right) \varphi(\Delta_n), \quad (2.2.9)$$

其中, 在给定 n 时, 取 $i_0 = i, i_n = j$,

$$\varphi(\Delta_n) = \int_{\Delta_n} \left(\prod_{r=0}^{n} \mathrm{e}^{-q_{i_r} x_r}\right) \mathrm{e}^{-q_{i_n}\left(t - \sum\limits_{r=0}^{n-1} x_r\right)} \mathrm{d}x_0 \cdots \mathrm{d}x_n. \qquad \square$$

命题 2.2.13 (马氏性) 对任意 $n \geqslant 1, 0 \leqslant t_1 < t_2 < \cdots < t_n < t$, $s \geqslant 0, i_1, \cdots, i_n, i, j \in S$,

$$P(X_{t+s} = j | X_t = i, X_{t_1} = i_1, \cdots, X_{t_n} = i_n) = p_{ij}(s).$$

推论 2.2.14 (查普曼–科尔莫戈罗夫等式)   对任意 $i, j \in S, t, s \geqslant 0$,

$$p_{ij}(t + s) = \sum_{k \in S} p_{ik}(t) p_{kj}(s).$$

我们已经看到通过速率矩阵 $\mathbf{Q}$ 如何表达转移概率 $p_{ij}(t)$, 下面我们要反过来, 通过转移概率表达转移速率. 为此, 先给出一个定理.

定理 2.2.15 (连续可微性)   假设 $i, j \in S$ 且 $j \neq i$. 当 $t \to 0$ 时,

$$p_{ij}(t) \to 0, \quad \frac{p_{ij}(t)}{t} \to q_{ij}; \qquad p_{ii}(t) \to 1, \quad \frac{1 - p_{ii}(t)}{t} \to q_i.$$

证   首先, 我们证明转移概率在 $t = 0$ 连续,

$$p_{ij}(t) \leqslant 1 - p_{ii}(t) = P_i(X_t \neq i) = P_i(S_1 < t) = 1 - \mathrm{e}^{-q_i t}.$$

因此, 当 $t \to 0$ 时, $p_{ii}(t) \to 1$ 且 $p_{ij}(t) \to 0$.

然后, 我们证明当 $t \to 0$ 时,

$$\frac{1}{t} P_i(N_t = 1, X_t = j) \to q_{ij}, \quad \frac{1}{t} P_i(N_t = 1) \to q_i, \quad \frac{1}{t} P_i(N_t \geqslant 2) \to 0.$$

$$\tag{2.2.10}$$

由 (2.2.8) 式,

$$\begin{aligned}
P_i(N_t = 1, X_t = j) &= q_{ij} q_j \int_{x_1, x_2 \geqslant 0, x_1 \leqslant t < x_1 + x_2} \mathrm{e}^{-q_i x_1} \mathrm{e}^{-q_j x_2} \mathrm{d}x_1 \mathrm{d}x_2 \\
&= q_{ij} \int_0^t \mathrm{e}^{-q_i x_1 - q_j(t - x_1)} \mathrm{d}x_1 = q_{ij} \mathrm{e}^{-q_j t} \int_0^t \mathrm{e}^{(q_j - q_i)x} \mathrm{d}x.
\end{aligned}$$

从而, 当 $t \to 0+$ 时, $P_i(N_t = 1, X_t = j)/t \to q_{ij}$. 一方面, 假设状态空间可列, 将所有状态编号罗列为 $s_0 = i, s_1, s_2, \cdots$, 则对任意 $n \geqslant 1$,

$$P_i(N_t \geqslant 1) \geqslant P_i(N_t = 1) \geqslant \sum_{r=1}^n P_i(N_t = 1, X_t = s_r).$$

于是

$$\liminf_{t \to 0+} \frac{1}{t} P_i(N_t \geqslant 1) \geqslant \sum_{r=1}^n \liminf_{t \to 0+} \frac{1}{t} P_i(N_t = 1, X_t = s_r) = \sum_{r=1}^n q_{is_r}.$$

令 $n \to \infty$ 知

$$\liminf_{t \to 0+} \frac{1}{t} P_i(N_t \geqslant 1) \geqslant q_i.$$

若状态空间 S 有限, 取 $n = |S| - 1$ 便知上式成立. 另一方面,

$$\limsup_{t \to 0+} \frac{1}{t} P_i(N_t = 1) \leqslant \limsup_{t \to 0+} \frac{1}{t} P_i(N_t \geqslant 1)$$
$$= \limsup_{t \to 0+} \frac{1}{t} P_i(S_1 \leqslant t)$$
$$= \limsup_{t \to 0+} \frac{1 - \mathrm{e}^{-q_i t}}{t} = q_i.$$

从而,

$$\lim_{t \to 0+} \frac{1}{t} P_i(N_t = 1) = q_i.$$

进一步,

$$\frac{1}{t} P_i(N_t \geqslant 2) = \frac{1}{t} P_i(N_t \geqslant 1) - \frac{1}{t} P_i(N_t = 1) \xrightarrow{t \to 0+} 0.$$

综上, (2.2.10) 式成立.

最后, 我们求转移概率在 $t = 0$ 的导数. 注意到,

$$p_{ij}(t) = P_i(X_t = j) = P_i(N_t = 1, X_t = j) + P_i(N_t \geqslant 2, X_t = j),$$
$$1 - p_{ii}(t) = P_i(X_t \neq i) = P_i(N_t = 1) + P_i(N_t \geqslant 2, X_t \neq i).$$

由 (2.2.10) 式知, 当 $t \to 0$ 时, $p_{ij}(t)/t \to q_{ij}$, 且 $1 - p_{ii}(t)/t \to q_i$. □

命题 2.2.16 对任意 $i, j \in S$, $p_{ij}(t)$ 关于 t 可微, 并且

$$p_{ij}'(t) = \sum_{k \in S} p_{ik}(t) q_{kj}, \quad \text{(科尔莫戈罗夫前进方程)}$$
$$p_{ij}'(t) = \sum_{k \in S} q_{ik} p_{kj}(t). \quad \text{(科尔莫戈罗夫后退方程)}$$

该命题的证明有一定的难度, 故此略去, 有兴趣的读者可参阅文献 [11]. 在实际问题中, 我们往往不是通过表达式 (2.2.9) 计算, 而是利用求解科尔莫戈罗夫前进方程或科尔莫戈罗夫后退方程得到 $p_{ij}(t)$.

例 2.2.17 (两状态的跳过程)　假设 $S = \{0, 1\}$, $q_{01} = \lambda$, $q_{10} = \mu$. 根据科尔莫戈罗夫后退方程,

$$\begin{cases} p_{00}'(t) = -\lambda p_{00}(t) + \lambda p_{10}(t), \\ p_{11}'(t) = -\mu p_{11}(t) + \mu p_{01}(t). \end{cases}$$

再利用 $p_{10}(t) = 1 - p_{11}(t)$ 与 $p_{01}(t) = 1 - p_{00}(t)$, 解得

$$p_{00}(t) = \frac{\mu + \lambda \mathrm{e}^{-(\mu+\lambda)t}}{\mu + \lambda}, \qquad p_{01}(t) = \frac{\lambda - \lambda \mathrm{e}^{-(\mu+\lambda)t}}{\mu + \lambda},$$

$$p_{11}(t) = \frac{\lambda + \mu \mathrm{e}^{-(\mu+\lambda)t}}{\mu + \lambda}, \qquad p_{10}(t) = \frac{\mu - \mu \mathrm{e}^{-(\mu+\lambda)t}}{\mu + \lambda}.$$

注意到,

$$\lim_{t \to \infty} p_{00}(t) = \lim_{t \to \infty} p_{10}(t) = \frac{\mu}{\mu + \lambda},$$

$$\lim_{t \to \infty} p_{11}(t) = \lim_{t \to \infty} p_{01}(t) = \frac{\lambda}{\mu + \lambda}.$$

在下一节, 我们将介绍, $\pi_0 = \mu/(\mu + \lambda)$, $\pi_1 = \lambda/(\mu + \lambda)$ 其实是该过程的不变分布, 而上式其实是跳过程的强遍历定理, 这些性质与上一章的内容基本上是平行的.

五、首达时

给定 $D \subseteq S$. 令 $\tau_D := \inf\{t \geqslant 0 : X_t \in D\}$, 并将 $\tau_{\{i\}}$ 简记为 τ_i. 对任意 $i \in S$, 记 $x_i = P_i(\tau_D < \infty)$, $y_i = E_i \tau_D$. 不难发现 $x_i = \hat{x}_i := P_i(\hat{\tau}_D < \infty)$, 因此它是如下方程组的最小非负解:

$$x_i = \sum_{j \neq i} \frac{q_{ij}}{q_i} x_j, \quad \forall i \notin D; \quad x_i = 1, \quad \forall i \in D.$$

仿照马氏链的首步分析法, 不难发现 $\{y_i : i \in S\}$ 满足下列方程组:

$$y_i = \frac{1}{q_i} + \sum_{j \neq i} \frac{q_{ij}}{q_i} y_j, \quad \forall i \notin D; \quad y_i = 0, \quad \forall i \in D.$$

事实上, 它是该方程组的最小非负解.

习 题

1. 三人在同一办公室相互独立地工作, 各有一部电话. 第 i 个人每次打电话的时长服从指数分布, 参数为 μ_i; 放下电话到下一次开始打电话之间的间隔时长也服从指数分布, 参数为 λ_i. 假设以上所有时长均相互独立. 试用跳过程刻画该办公室内的工作状况. (注: 即写出状态空间和转移速率矩阵.)

2. 假设某投诉处共有 s 位人工客服, 每位客服有一台座机, 接一个电话的时长服从 $\text{Exp}(\alpha)$. 假设投诉电话的拨入时刻是泊松流, 参数为 λ; 当 s 台座机全都在通话时, 新拨入的投诉电话无法接通并立刻挂断 (即不等待). 试用跳过程刻画该投诉处正在工作的人工客服数目.

3. (点灯模型) 在 $\mathbb{Z}$ 的每个顶点放置一盏灯, 每盏灯有 "亮" 和 "灭" 两个状态, 初始时刻所有灯都是灭的. 某 "点灯人" 在 $\mathbb{Z}$ 上进行连续时间的简单随机游动, 即下一步只能跳至邻居, 往左和往右跳跃的速率都是 $1/2$. 假设点灯人初始时刻位于原点, 每跳跃一次就会改变目的地的灯的亮或灭状态. 试用跳过程描述此系统.

4. 假设 $\{X_t\}$ 与 $\{Y_t\}$ 是相互独立的泊松过程, 速率分别为 λ 和 μ, $X_0 = Y_0 = 0$. 对任意 $t \geqslant 0$, 令 $Z_t = (X_t, Y_t)$.

(1) 写出 $\{Z_t\}$ 的状态空间和转移速率.

(2) 对任意非负整数 m, n, 求 $P(\exists t \geqslant 0, \ 使得 Z_t = (m, n))$.

5. 假设 G 为有 n 个顶点的完全图, X_t 为 G 上的接触过程在时刻 t 被感染的个体数目.

(1) 写出 $\{X_t\}$ 的状态空间和转移速率.

(2) 对跳过程 $\{X_t\}$, 求 $E_1 \tau_N$.

6. 中国象棋的棋盘上有一只 "相" 在做连续时间参数的简单随机游动: 它的跳跃时刻是速率为 1 的泊松流, 每次跳跃时, 目的地在规则允许它跳到的范围中等概率地选择. 假设这只 "相" 最初位于图 2.5 中的 ♣ 处. 试问: 它平均需要多少时间跳到 ♠ 处?

7. 假设 $\{X_t\}$ 是例 2.2.17 中的两状态跳过程. 对任意 $t > 0$, 求 $P(X_t = 1 | X_0 = X_{3t} = 0)$ 与 $P(X_t = 1 | X_0 = X_{3t} = 0, X_{4t} = 1)$.

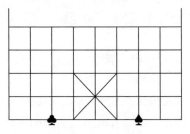

图 2.5　象棋棋盘

8. 假设 $\{X_t\}$ 是从 1 出发的 Yule 过程.

(1) 对任意 $t > 0$, 求 X_t 的分布列.

(2) 证明: 在 $(0, t]$ 上共跳跃 n 次的条件下, 跳跃时刻为 n 个独立同分布的随机变量 $U_1, \cdots, U_n$ 的顺序统计量. 并试求 U_1 的分布.

9. 写出关于泊松过程的转移速率矩阵、科尔莫戈罗夫前进方程和后退方程, 并分别用它们求出 $p_{ij}(t)$.

10. 假设 S 有限.

(1) 验证: $\mathbf{P}(t) = e^{t\mathbf{Q}}$ 满足科尔莫戈罗夫后退方程以及初值条件 $\mathbf{P}(0) = \mathbf{I}$, 其中 $e^{t\mathbf{Q}} = \sum_{n=0}^{\infty} \frac{t^n}{n!} \mathbf{Q}^n$.

(2) 证明: 对任意 $t \geqslant 0$, 转移矩阵 $\mathbf{P}(t)$ 的行列式为严格正.

11. 在例 2.2.11 中, 记 $h(t) = P_1(X_t = 0)$.

(1) 证明: $P_2(X_t = 0) = h^2(t)$.

(2) 假设 $\beta \neq \delta$, 利用后退方程证明

$$h(t) = \int_0^t \mathrm{e}^{-(\beta+\delta)s} \left(\delta + \beta h^2(t-s) \right) \mathrm{d}s,$$

并验证 $\left(\delta \mathrm{e}^{\delta t} - \delta \mathrm{e}^{\beta t} \right) / \left(\delta \mathrm{e}^{\delta t} - \beta \mathrm{e}^{\beta t} \right)$ 满足此等式.

(3) 求 $P_1(\tau_0 < \infty)$.

(4) 假设 $\beta < \delta$, 求 $E_1 \tau_0$.

12*. 证明: $p_{ij}^{(n)}(t) := P_i(X_t = j, N_t < n)$ 满足如下递归方程:

$$p_{ij}^{(n+1)}(t) := \mathrm{e}^{-q_i t}\mathbf{1}_{\{i=j\}} + \int_0^t \mathrm{e}^{-q_i(t-s)}\sum_{k\neq i} q_{ik}p_{kj}^{(n)}(s)\mathrm{d}s.$$

并由此证明 $p_{ij}(t)$ 满足如下的积分方程:

$$p_{ij}(t) = \mathrm{e}^{-q_i t}\mathbf{1}_{\{i=j\}} + \int_0^t \mathrm{e}^{-q_i(t-s)}\sum_{k\neq i} q_{ik}p_{kj}(s)\mathrm{d}s, \quad \forall i,j\in S, t\geqslant 0.$$

13. 证明: 对任意 $i,j\in S$, $p_{ij}(t)$ 关于 t 一致连续.

14*. 假设 S 可列, 试给出下式的一个 (关于 f 的) 充分条件:

$$\frac{\mathrm{d}}{\mathrm{d}t}\left(\sum_{j\in S} p_{ij}(t)f(j)\right) = \sum_{j,k\in S} q_{ik}p_{kj}(t)f(j), \quad i\in S.$$

15*. 假设 S 有限, 对任意 $i,j\in S$, $q_{ij}=q_{ji}$. 给定初分布 μ. 对任意 $t\geqslant 0$, $i\in S$, 记 $p_i(t)=P_\mu(X_t=i)$, 并令 $f(t)=-\sum_{i\in S} p_i(t)\ln p_i(t)$. 证明: f 是单调上升的函数.

§2.3 常　　返

沿用上一节的记号. 假设 S 是可数集, $|S|\geqslant 2$. $\mathbf{Q}=(q_{ij})_{S\times S}$ 为速率矩阵, $\{q_i:i\in S\}$ 与 $\hat{\mathbf{P}}=(\hat{p}_{ij})_{S\times S}$ 如 (2.2.3) 式中的定义. 假设 $\{X_t\}$ 是以 $\mathbf{Q}$ 为速率矩阵的跳过程 (见定义 2.2.4). 具体地, 嵌入链 $\{\hat{X}_n\}$ 为以 $\hat{\mathbf{P}}$ 为转移概率的马氏链; $\xi_0,\xi_1,\xi_2,\cdots$ 独立同分布, 都服从 $\mathrm{Exp}(1)$, 且它们与 $\{\hat{X}_n\}$ 相互独立. 如 (2.2.5) 式中的定义, 跳过程的等待时间为 $\eta_n=\xi_n/q_{\hat{X}_n}$, $n=0,1,2,\cdots$, 跳跃时刻为 $S_n=\eta_1+\cdots+\eta_n$, $n\geqslant 1$. 补充定义 $S_0=0$. 最后, 假设 (2.2.6) 式成立.

跳过程 $\{X_t\}$ 依次经历的不同状态其实就是其嵌入链 $\{\hat{X}_n\}$ 依次经历的不同状态. 因此, 对任意 $i,j\in S$, 如果在对应的嵌入链中, i 可达 j, 那么称在跳过程中 i **可达** j, 仍记为 $i\to j$. 类似地, 如果 i 与 j 在对应的嵌入链中互通, 则称它们在跳过程中**互通**; 如果对应的嵌入链不可约, 则称跳过程**不可约**, 也称 **Q 不可约**. 以下假设 **Q** 不可约. 于是, $q_i > 0, i \in S$.

现在我们研究跳过程停留在某个给定状态 i 的时间. 将嵌入链 $\{\hat{X}_n\}$ 的访问状态 i 的时刻依次记为 $\hat{T}_{i,0}, \hat{T}_{i,1}, \hat{T}_{i,2}, \cdots$, 访问 i 的总次数记为 $\hat{V}_i$. 记

$$T_{i,r} = S_{\hat{T}_{i,r}}, \quad r = 0, 1, 2, \cdots; \quad \zeta_{i,r} := \eta_{\hat{T}_{i,r-1}} = q_i \xi_{\hat{T}_{i,r-1}}, \quad r = 1, 2, \cdots.$$

如图 2.6 所示, 跳过程依次在如下的时间区间中停留在状态 i:

$$[T_{i,r-1}, T_{i,r-1} + \zeta_{i,r}) = [S_{\hat{T}_{i,r-1}}, S_{\hat{T}_{i,r-1}+1}), \quad r = 1, 2, \cdots.$$

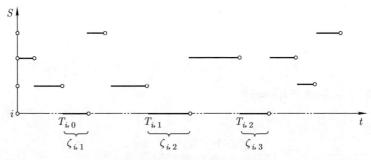

图 2.6 跳过程访问状态 i 的时间区间

引理 2.3.1 以下两条成立:

(1) 在 $\{\hat{V}_i = \infty\}$ 发生的条件下, $\zeta_{i,1}, \zeta_{i,2}, \cdots$ 独立同分布, 且 $\zeta_{i,1} \sim \mathrm{Exp}(q_i)$.

(2) 在 $\{\hat{V}_i = n\}$ 发生的条件下, $\zeta_{i,1}, \cdots, \zeta_{i,n}$ 独立同分布, 且 $\zeta_{i,1} \sim \mathrm{Exp}(q_i)$.

推论 2.3.2 假设 **Q** 不可约, 嵌入链常返, 则 (2.2.6) 式成立, 即对任意 $i \in S, P_i \left(\lim_{n \to \infty} S_n = \infty \right) = 1$.

证 因为嵌入链常返, 所以 $P_i(\hat{V}_i = \infty) = 1$. 当 $\{\hat{V}_i = \infty\}$ 发生时,

$$\lim_{n\to\infty} S_n = \lim_{r\to\infty} S_{\hat{T}_{i,r}} = \sum_{r=1}^{\infty} \zeta_{i,r} = \infty.$$

因此结论成立. □

若 $\hat{V}_i = \infty$, 则可以找到一列单调上升到无穷的时刻 $s_r := S_{\hat{T}_{i,r}}$, $r = 0, 1, 2, \cdots$, 使得 $X_{s_r} = i$; 若 $\hat{V}_i < \infty$, 则嵌入链在 $n := \hat{T}_{i,\hat{V}_i-1} + 1$ 之后不再访问 i, 于是跳过程在 S_n 之后不再访问 i. 因此, 如下两个事件相等:

$$\{\forall t > 0, \ \exists s > t, \ \text{s.t.} \ X_s = i\} = \{\hat{V}_i = \infty\}.$$

定义 2.3.3 若

$$P_i(\forall t > 0, \ \exists s > t, \ \text{s.t.} \ X_s = i) = 1,$$

则称 i 为 $\{X_t\}$ 的**常返态**, 或者说 i 是**常返的**; 否则称 i 为**暂态**, 或者说 i 是**非常返的**.

于是, i 是跳过程的常返态当且仅当它是嵌入链的常返态. 令

$$G_{ij} := \int_0^\infty p_{ij}(t)\mathrm{d}t,$$

称其为跳过程的**格林函数**. 将粒子在状态 i 停留的总时间记为 V_i, 即

$$V_i := \int_0^\infty \mathbf{1}_{\{X_t=i\}}\mathrm{d}t = \sum_{r=1}^{\hat{V}_i} \zeta_{i,r}.$$

根据引理 2.3.1, $E_i(V_j|\hat{V}_j = n) = n/q_j$. 进一步, 根据重期望公式,

$$G_{ij} = E_i V_j = \frac{1}{q_j} E_i \hat{V}_j = \frac{1}{q_j} \hat{G}_{ij},$$

其中, $\hat{G}_{ij}$ 为嵌入链 $\{\hat{X}_n\}$ 的格林函数. 我们将以上结论总结为下面的命题.

命题 2.3.4 i 常返与以下两条均等价:
(i) i 是 $\hat{\mathbf{P}}$ 的常返态;
(ii) $G_{ii} = \infty$.

根据命题 2.3.4, 若 i 与 j 互通, 则 i 与 j 或者都常返, 或者都非常返. 进一步, 假设 $\mathbf{Q}$ 不可约, 那么, 或者所有状态都常返 (此时, 我们称该跳过程**常返**, 或者 $\mathbf{Q}$ **常返**); 或者所有状态都非常返 (此时, 我们称该跳过程**非常返**, 或者 $\mathbf{Q}$ **非常返**).

例 2.3.5 (例 2.2.10 续) 在 M/M/1 模型中, 若到达速率 λ 不超过服务速率 α, 即 $\lambda \leqslant \alpha$, 则跳过程常返; 否则, 跳过程非常返, 此时, 当时间 $t \to \infty$ 时, 队列长度 $X_t \to \infty$.

例 2.3.6 (例 2.2.12 续) 考虑 $\mathbb{Z}$ 上的有限接触过程. 空集 $\varnothing$ 表示没有个体被感染的状态, 因此它是吸收态. 不难发现, 它是唯一的吸收态. 对 $\mathbb{Z}$ 的任意有限子集 A, 譬如, 假设 $A = \{x_1, \cdots, x_n\}$, 那么令 $A_r = \{x_r, \cdots, x_n\}$, $r = 1, \cdots, n$, 并补充定义 $A_{n+1} = \varnothing$, 则 $A = A_1$ 且 $q_{A_r A_{r+1}} = 1$, $r = 1, \cdots, n$. 于是, A 都可达 $\varnothing$. 因此, $\varnothing$ 是唯一的吸收态, 并且其他状态 A 都非常返. 与分支过程类似, 称 $P_A(\tau_\varnothing < \infty)$ 为 (疾病的) **灭绝概率**, $P_A(\tau_\varnothing = \infty)$ 为 (疾病的) **存活概率**. 当参数 λ 变大时, 我们只需要在图 2.4 上增加左右箭头即可, 于是 X_t 会变大. 因此, 灭绝概率 $P_A(\tau_\varnothing < \infty)$ 关于参数 λ 单调下降, 由此可以定义接触过程的临界值. 将参数为 λ 的接触过程对应的概率记为 $P^{(\lambda)}$. 令

$$\lambda_c = \inf\{\lambda > 0 : P_{\{0\}}^{(\lambda)}(\tau_\varnothing = \infty) > 0\}.$$

往证

$$\lambda_c \geqslant 1.$$

令 $\hat{R}_0 = 0$. 将 $\{X_t\}$ 的嵌入链记为 $\{\hat{X}_n\}$. 假设 $\hat{X}_n = A \neq \varnothing$, 记 $i = \max\{j : j \in A\}$. 令

$$\hat{R}_{n+1} = \begin{cases} \hat{R}_n + 1, & \text{若 } \hat{X}_{n+1} = A \cup i+1, \\ \hat{R}_n - 1, & \text{若 } \hat{X}_{n+1} = A \setminus i+1, \\ \hat{R}_n, & \text{其他}. \end{cases}$$

如果 $\{\tau_\varnothing < \infty\}$, 此时存在 N, 使得 $S_N = \tau$; 如果 $\{\tau_\varnothing = \infty\}$, 那么令 $N = \infty$. 对任意 $0 \leqslant n < N$, 对所有的 $t \in [S_n, S_{n+1})$ 都令 $R_t = R_n$.

那么, $\{R_t\}$ 是连续时间参数的紧邻随机游动, $q_{i,i+1} = \lambda$, $q_{i,i-1} = 1$. 并且, 对任意 $t < \tau_\varnothing$,

$$R_t \geqslant \sup\{i \in \mathbb{Z} : i \in X_t\}.$$

如果 $\lambda < 1$, 那么当 $t \to \infty$ 时, $R_t \to -\infty$, 因此,

$$\sup\{i \in \mathbb{Z} : i \in X_t\} \to -\infty.$$

根据对称性, 当 $t \to \infty$ 时,

$$\inf\{i \in \mathbb{Z} : i \in X_t\} \to +\infty.$$

因此, 必然有 $\tau_\varnothing < \infty$, 即 $\lambda < \lambda_c$. 由 λ 的任意性便知 $\lambda_c \geqslant 1$.

习　题

1. 假设 $i \neq j$. 证明: $i \to j$ 与下列三条均等价:

(1) 存在 $n \geqslant 1$, $i_0, \cdots, i_n$ (其中 $i_0 = i$, $i_n = j$), 使得 $q_{i_0 i_1}, \cdots, q_{i_{n-1} i_n} > 0$;

(2) 对任意 $t > 0$, $p_{ij}(t) > 0$;

(3) 存在 $t > 0$, 使得 $p_{ij}(t) > 0$. (注: 不可约的跳过程都是非周期的.)

2. 假设 $\{X_t\}$ 是跳过程, 状态 i 非常返, $X_0 = i$. 证明: $\int_0^\infty \mathbf{1}_{\{X_t = i\}} \mathrm{d}t$ 服从指数分布.

3. 假设 $\{X_t\}$ 是 $\mathbb{Z}$ 上连续时间参数的随机游动, $X_0 = 0$, 转移速率如下: 对任意 $i \in \mathbb{Z}$, $q_{i,i+1} = \lambda$, $q_{i,i-1} = \mu$, $q_{ii} = \lambda + \mu$, 其中 $\lambda \neq \mu$. 求 $\int_0^\infty \mathbf{1}_{\{X_t = 1\}} \mathrm{d}t$ 的分布.

4. 证明: 下列两条均为 i 常返的等价条件:

(1) 对任意 $\delta > 0$, $\sum_{n=0}^\infty p_{ii}(n\delta) = \infty$;

(2) 存在 $\delta > 0$, 使得 $\sum_{n=0}^\infty p_{ii}(n\delta) = \infty$.

5. 对于有限图上的接触过程, 证明: $P(\tau_\varnothing < \infty) = 1$.

6. 证明: 在例 2.3.6 中, 对任意 A 为 $\mathbb{Z}$ 的非空有限子集,

$$\lambda_c = \inf\{\lambda : P_A^{(\lambda)}(\tau_\varnothing = \infty) > 0\} = \sup\{\lambda : P_A^{(\lambda)}(\tau_\varnothing < \infty) = 1\}.$$

§2.4 正常返与不变分布

本节假设 $\mathbf{Q}$ 不可约、常返, 且 $|S| > 1$. 取定状态 i. 记

$$\tau_i := \inf\{t \geqslant 0 : X_t = i\}, \quad \sigma_i := \inf\{t \geqslant S_1 : X_t = i\},$$

其中, S_1 是跳过程第一次跳跃的时刻, 因此当 $X_0 = i$ 时, σ_i 是从 i 出发的跳过程离开初始状态 i 后首次回到 i 的时刻.

假设 $X_0 = i$. 则 $T_{i,0} = \tau_i = 0, T_{i,1} = \sigma_i$. 将 $T_{i,r}$ 理解为第 r 次回访 i 的时刻. 令 $\sigma_{i,r} := T_{i,r} - T_{i,r-1}$, 它表示从第 $r-1$ 次回访 i 到第 r 次回访 i 所经历的时间. 在这两次回访之间的时间段中, 粒子在状态 i 停留的时间长度为 $\zeta_{i,r}$. 在引理 2.3.1 中, 我们已经看到, $\zeta_{i,1}, \zeta_{i,2}, \cdots$ 独立同分布, 事实上, 根据跳过程的构造还可以推出如下更强的结论, 其证明留作习题.

引理 2.4.1 设 $X_0 = i$. 则 $(\sigma_{i,1}, \zeta_{i,1}), (\sigma_{i,2}, \zeta_{i,2}), \cdots$ 为独立同分布的随机向量列.

命题 2.4.2 (访问频率) 假设 $\mathbf{Q}$ 不可约、常返, 则对任意初分布 μ,

$$P_\mu\left(\lim_{t \to \infty} \frac{1}{t} \int_0^t \mathbf{1}_{\{X_s = i\}} \mathrm{d}s = \frac{1}{q_i E_i \sigma_i}\right) = 1.$$

证 我们先假设 $\mu_i = 1$. 一方面, 根据引理 2.4.1, $\sigma_{i,1}, \sigma_{i,2}, \cdots$ 独立同分布. 于是, 由强大数定律,

$$P_i\left(\lim_{r \to \infty} \frac{T_{i,r}}{r} = E_i \sigma_i\right) = 1.$$

假设 $\{\lim\limits_{r\to\infty} T_{i,r}/r = E_i\sigma_i\}$ 发生. 对任意 $t > 0$, 令

$$M_t := \sup\{r \geqslant 0 : T_{i,r} \leqslant t\}.$$

那么, $T_{i,M_t} \leqslant t < T_{i,M_t+1}$, 从而当 $t \to \infty$ 时, $t/M_t \to E_i\sigma_i$, 即 $M_t/t \to 1/E_i\sigma_i$. 因此,

$$P_i(A_1) = 1, \quad \text{其中 } A_1 = \left\{ \frac{M_t}{t} \to \frac{1}{E_i\sigma_i} \right\}.$$

另一方面, 由引理 2.4.1 和强大数定律, 记 $S_m = \sum\limits_{r=1}^{m} \zeta_{i,r}$,

$$P_i(A_2) = 1, \quad \text{其中 } A_2 = \left\{ \lim_{m\to\infty} \frac{S_m}{m} = E\zeta_{i,1} \right\}.$$

假设事件 A_1, A_2 都发生. 那么, 当 $t \to \infty$ 时, 由 A_1 发生知 $M_t \to \infty$. 进一步, 因为

$$\sum_{r=1}^{M_t} \zeta_{i,r} \leqslant \int_0^t \mathbf{1}_{\{X_s=i\}}\mathrm{d}s \leqslant \sum_{r=1}^{M_t+1} \zeta_{i,r},$$

即

$$S_{M_t} \leqslant \int_0^t \mathbf{1}_{\{X_s=i\}}\mathrm{d}s \leqslant S_{M_t+1},$$

所以由 A_2 发生知

$$\frac{1}{M_t} \int_0^t \mathbf{1}_{\{X_s=i\}}\mathrm{d}s \xrightarrow{t\to\infty} E\zeta_{i,1} = \frac{1}{q_i}.$$

于是, 当 $t \to \infty$ 时,

$$\frac{1}{t} \int_0^t \mathbf{1}_{\{X_s=i\}}\mathrm{d}s = \frac{M_t}{t} \cdot \frac{1}{M_t} \int_0^t \mathbf{1}_{\{X_s=i\}}\mathrm{d}s \to \frac{1}{E_i\sigma_i} \cdot \frac{1}{q_i} = \frac{1}{q_i E_i\sigma_i}.$$

综上,

$$P_i\left(\lim_{t\to\infty} t^{-1} \int_0^t \mathbf{1}_{\{X_s=i\}}\mathrm{d}s = \frac{1}{q_i E_i\sigma_i} \right) \geqslant P_i(A_1 A_2) \geqslant 1.$$

因此, 结论成立.

下面, 考虑任意初分布 μ. 令 $Y_s := X_{\tau_i+s}$, 则 $\{Y_s\}$ 是从 i 出发的跳过程, 因此

$$P\left(\lim_{t\to\infty} t^{-1}\int_0^t \mathbf{1}_{\{Y_s=i\}}\mathrm{d}s = \frac{1}{q_i E_i \sigma_i}\right) = 1.$$

假设上式中的事件发生, 当 $t \geqslant \tau_i$ 时,

$$\int_0^t \mathbf{1}_{\{X_s=i\}}\mathrm{d}s = \int_{\tau_i}^t \mathbf{1}_{\{X_s=i\}}\mathrm{d}s = \int_0^{t-\tau_i} \mathbf{1}_{\{Y_s=i\}}\mathrm{d}s.$$

于是

$$\lim_{t\to\infty} \frac{1}{t}\int_0^t \mathbf{1}_{\{X_s=i\}}\mathrm{d}s = \lim_{t\to\infty} \frac{t-\tau_i}{t} \cdot \frac{1}{t-\tau_i}\int_0^{t-\tau_i} \mathbf{1}_{\{Y_s=i\}}\mathrm{d}s$$
$$= 1 \cdot \frac{1}{q_i E_i \sigma_i}.$$

因此命题成立. □

定义 2.4.3 若 $E_i\sigma_i < \infty$, 则称 i 是**正常返的**; 若 i 常返且 $E_i\sigma_i = \infty$, 则称 i 是**零常返的**.

给定状态 o, 令

$$\mu_i := E_o \int_0^{\sigma_o} \mathbf{1}_{\{X_t=i\}}\mathrm{d}t, \quad \forall\, i \in S. \tag{2.4.1}$$

注 2.4.4 将嵌入链 $\{\hat{X}_n\}$ 首次回到 o 的时间记为 $\hat{\sigma}_o$. 令

$$\hat{\mu}_i := E_o \sum_{n=0}^{\hat{\sigma}_o-1} \mathbf{1}_{\{\hat{X}_n=j\}},$$

则 $\mu_i = \hat{\mu}_i/q_i$.

引理 2.4.5 假设 $\mathbf{Q}$ 不可约、常返, 则对任意状态 $o \in S$, $t, s > 0$, $i, j \in S$,

$$P_o(X_{t+s} = i, X_t = j, t < \sigma_o) = p_{ji}(s)P_o(X_t = j, t < \sigma_o).$$

证 将粒子在时间区间 $[0,t]$ 与 $(t,t+s]$ 上跳跃的次数分别记为 N_t 与 $\tilde{N}_s$. 假设 $N_t = n$, $\tilde{N}_s = m$, 粒子依次经历的状态为 $i_0 = o, i_1, \cdots, i_{n+m}$. 那么, 事件 $\{X_t = j\}$ 等价于要求 $i_n = j$; 事件 $\{X_{t+s} = i\}$ 等价于要求 $i_{n+m} = i$; 事件 $\{t < \sigma_o\}$ 等价于要求 $i_1, \cdots, i_n$ 都不是初始状态 o. 记 $\vec{i} = (i_0, \cdots, i_n)$, $\vec{j} = (i_n, \cdots, i_{n+m})$, 也记为 $\vec{j} = (j_0, \cdots, j_m)$. 令

$$I = \{\vec{i} : i_n = j; i_r \neq o, r = 1, \cdots, n\}, \quad J = \{\vec{j} : j_0 = j, j_m = i\}.$$

简记

$$A = A_{n,\vec{i}} := \{S_n \leqslant t \leqslant S_{n+1}, \hat{X}_1 = i_1, \cdots, \hat{X}_n = i_n\},$$
$$B = B_{n,m,\vec{j}} := \{S_{n+m} \leqslant t+s < S_{n+m+1}, \hat{X}_{n+1} = i_{n+1}, \cdots,$$
$$\hat{X}_{n+m} = i_{n+m}\}.$$

一方面, $P(A)$ 与 m 和 $\vec{j}$ 的值无关; 另一方面, 根据 (2.2.4) 式与 (2.2.5) 式,

$$P(B|A) = P_j\left(S_m \leqslant s < S_{m+1}, \hat{X}_1 = i_{n+1}, \cdots, \hat{X}_m = i_{n+m}\right),$$

因此,

$$\sum_{m=0}^{\infty} \sum_{\vec{j} \in J} P(A)P(B|A) = P(A)P_j(X_s = i) = P(A)p_{ji}(s).$$

最后,

$$P_o(X_{t+s} = i, X_t = j, t < \sigma_o) = \sum_{n,m=0}^{\infty} \sum_{\vec{i} \in I, \vec{j} \in J} P_o(A \cap B)$$
$$= \sum_{n=0}^{\infty} \sum_{\vec{i} \in I} P_o(A)p_{ji}(s) = P_o(X_t = j, t < \sigma_o)p_{ji}(s).$$

从而引理得证. □

命题 2.4.6 设 $\mathbf{Q}$ 不可约、常返, μ 如 (2.4.1) 定义. 则对任意 $s > 0$, $i \in S$,

$$\sum_{j \in S} \mu_j p_{ji}(s) = \mu_i.$$

证 因为 o 常返, 所以 $P_o(\sigma_o < \infty) = 1$. 根据跳过程的构造, 不难发现 $\{X_{\sigma_o + t} : t \geqslant 0\}$ 也是从 i 出发的、以 $\mathbf{Q}$ 为转移速率矩阵的跳过程. 于是, 对任意 $s > 0$,

$$E_o \int_0^s \mathbf{1}_{\{X_t = i\}} \mathrm{d}t = E_o \int_0^s \mathbf{1}_{\{X_{\sigma_o + t} = i\}} \mathrm{d}t = E_o \int_{\sigma_o}^{\sigma_o + s} \mathbf{1}_{\{X_t = i\}} \mathrm{d}t.$$

用 $E_o \displaystyle\int_0^{\sigma_o + s} \mathbf{1}_{\{X_t = i\}} \mathrm{d}t$ 分别减去上式两边, 便知

$$E_o \int_s^{s + \sigma_o} \mathbf{1}_{\{X_t = i\}} \mathrm{d}t = E_o \int_0^{\sigma_o} \mathbf{1}_{\{X_t = i\}} \mathrm{d}t = \mu_i.$$

往证上式的左边即为 $\displaystyle\sum_{j \in S} p_{ji}(s) \mu_j$. 直接计算可得

$$E_o \int_s^{s + \sigma_o} \mathbf{1}_{\{X_t = i\}} \mathrm{d}t = E_o \int_0^{\sigma_o} \mathbf{1}_{\{X_{t+s} = i\}} \mathrm{d}t = E_o \int_0^\infty \mathbf{1}_{\{X_{t+s} = i, t < \sigma_o\}} \mathrm{d}t$$

$$= \sum_{j \in S} \int_0^\infty P_o(X_{t+s} = i, X_t = j, t < \sigma_o) \, \mathrm{d}t.$$

在最后一个等式中, 用到了引理 0.3.7 和推论 0.3.8.

根据引理 2.4.5, 上式中的被积函数等于 $p_{ji}(s) P_o(X_t = j, t < \sigma_o)$. 于是,

$$E_o \int_s^{s + \sigma_o} \mathbf{1}_{\{X_t = i\}} \mathrm{d}t = \sum_{j \in S} \int_0^\infty p_{ji}(s) P_o(X_t = j, t < \sigma_o) \, \mathrm{d}t$$

$$= \sum_{j \in S} p_{ji}(s) E_o \int_0^\infty \mathbf{1}_{\{X_t = j, t < \sigma_o\}} \mathrm{d}t$$

$$= \sum_{j \in S} p_{ji}(s) E_o \int_0^{\sigma_o} \mathbf{1}_{\{X_t = j\}} \mathrm{d}t = \sum_{j \in S} p_{ji}(s) \mu_j.$$

因此结论成立. □

定义 2.4.7 假设 S 上的测度 $\pi = \{\pi_i : i \in S\}$ 满足: 对任意 $t \geqslant 0$, $j \in S$,

$$\pi_j = \sum_{i \in S} \pi_i p_{ij}(t),$$

则称 π 为 **Q** 的**不变测度**, 也称为跳过程的不变测度. 进一步, 若 π 还是分布, 则称 π 为 **Q** 的**不变分布**, 也称为跳过程的不变分布.

与定理 1.8.5 类似, 对于跳过程, 下面的定理成立.

定理 2.4.8 设 **Q** 不可约, 则下列三条等价:
(1) 所有状态都是正常返的;
(2) 存在正常返态;
(3) 不变分布存在.
特别地, 取定 o. μ 如 (2.4.1) 定义. 若 π 是不变分布, 则

$$\pi_i = \frac{1}{q_i E_i \sigma_i} = \frac{1}{E_o \sigma_o} \mu_i, \quad \forall i \in S.$$

证 (1) $\Rightarrow$ (2) 显然.
(2) $\Rightarrow$ (3) 假设 o 正常返, 那么 $\sum_{i \in S} \mu_i = E_o \sigma_o < \infty$. 由命题 2.4.6, $\mu = \{\mu_i : i \in S\}$ 是不变测度. 将 μ 归一化后即得到不变分布 π, 其表达式为 $\pi_i = \mu_i / E_o \sigma_o$, $\forall i \in S$.
(3) $\Rightarrow$ (1) 假设 π 是不变分布, 对任意 i, $P_\pi(X_s = i) \equiv \pi_i$. 于是

$$\pi_i = \frac{1}{t} \int_0^t P_\pi(X_s = i) \mathrm{d}s, \quad t > 0.$$

令 $t \to \infty$, 由命题 2.4.2 和有界收敛定理,

$$\frac{1}{t} \int_0^t P_\pi(X_s = i) \mathrm{d}s = E_\pi \frac{1}{t} \int_0^t \mathbf{1}_{\{X_s = i\}} \mathrm{d}s \to \frac{1}{q_i E_i \sigma_i}.$$

因此, $\pi_i = 1/(q_i E_i \sigma_i)$. 由 **Q** 不可约, 不难看出对任意 k 以及 $s > 0$, 总有 $p_{ki}(s) > 0$. 因此 $\pi_i > 0$. 从而, $E_i \sigma_i = 1/(\pi_i q_i) < \infty$, 即 i 正常返. □

利用上述定理, 我们可以通过求不变分布来判断跳过程是否正常返. 虽然在不变分布的定义中涉及的是转移矩阵 $(p_{ij}(t))_{S \times S}$, 但是对于跳过程而言, 最根本的却是其速率矩阵 $\mathbf{Q}$. 因此, 我们需要通过速率矩阵 $\mathbf{Q}$ 直接求出不变分布.

推论 2.4.9   假设 $\mathbf{Q}$ 不可约、常返. 则下列两条成立:

(1) 若 π 是 S 上的测度, 则 $\pi \mathbf{Q} = \mathbf{0}$ 当且仅当存在常数 c, 使得 $\pi_i = c\mu_i, i \in S$. 其中, μ_i 如 (2.4.1) 式中定义.

(2) 若 π 是 S 上的分布, 则 $\pi \mathbf{Q} = \mathbf{0}$ 当且仅当 π 是不变分布.

证   (1) 考虑嵌入链 $\{\hat{X}_n\}$ 的转移概率: $\hat{p}_{ij} = q_{ij}/q_i, j \neq i$. 首先, 当 $j \neq i$ 时, 将 q_{ij} 改写为 $q_i \hat{p}_{ij}$, 那么, $\pi \mathbf{Q} = \mathbf{0}$ 则改写为 $\sum_{j \neq i} \pi_j q_j \hat{p}_{ji} = \pi_i q_i$. 换言之, $\pi \mathbf{Q} = \mathbf{0}$ 当且仅当 $\{\pi_i q_i : i \in S\}$ 是嵌入链的不变测度. 其次, 根据命题 1.8.19, $\{\pi_i q_i : i \in S\}$ 是嵌入链的不变测度当且仅当存在常数 c, 使得 $\pi_i q_i = c\hat{\mu}_i, i \in S$. 最后, 因为 $\mu_i = \hat{\mu}_i/q_i, i \in S$, 因此, $\pi_i q_i = c\hat{\mu}_i, i \subset S$ 当且仅当 $\pi_i = c\mu_i, i \in S$. 综上, $\pi \mathbf{Q} = \mathbf{0}$ 当且仅当 $\pi_i = c\mu_i, i \in S$.

(2) 假设 $\pi \mathbf{Q} = \mathbf{0}$. 由 (1) 知存在常数 $c > 0$, 使得对任意 $i \in S$, $\pi_i = c\mu_i$. 由命题 2.4.6, π 是不变测度. 反过来, 假设 π 是不变分布. 根据定理 2.4.8, 对任意 $i \in S$, $\pi_i = c\mu_i$, 其中 $c = 1/E_o \sigma_o$. 由 (1) 知 $\pi \mathbf{Q} = \mathbf{0}$. 综上, $\pi \mathbf{Q} = \mathbf{0}$ 当且仅当 π 是不变分布. $\qquad \square$

注 2.4.10   假设 $\mathbf{Q}$ 不可约、常返. 根据注 2.4.4, $\{q_i \mu_i : i \in S\}$ 是嵌入链的不变测度. 因此, 一方面, 若 π 是跳过程的不变分布, 则 $\{q_i \pi_i : i \in S\}$ 是嵌入链的不变测度; 另一方面, 若 $\{\hat{\mu}_i : i \in S\}$ 是嵌入链的不变测度, 且 $\sum_{i \in S} \hat{\mu}_i/q_i < \infty$, 则将 $\{\hat{\mu}_i/q_i : i \in S\}$ 归一化便得到跳过程的不变分布.

例 2.4.11   取 $S = \mathbb{Z}_+$. 假设 $\{X_t\}$ 是生灭过程, 将其出生速率与死亡速率分别记为 β_i 与 δ_i. 其嵌入链 $\{\hat{X}_n\}$ 是生灭链, 将其出生概率

与死亡概率分别记为 b_i 与 d_i.

(1) 取
$$b_0 = 1; \quad b_i = d_i = \frac{1}{2}, \quad i = 1, 2, \cdots,$$
则 $\{\hat{X}_n\}$ 零常返. 取 $q_0 = 1$, $q_i = i^2$, $i = 1, 2, \cdots$, 则 $\beta_i = i^2 b_i$, $i = 0, 1, 2, \cdots$; $\delta_i = i^2 d_i$, $i = 1, 2, \cdots$. 解方程 $\pi \mathbf{Q} = \mathbf{0}$ 得到
$$\pi_0 = \frac{1}{2}c, \quad \pi_i = i^2 c, \quad i = 1, 2, \cdots,$$
其中, $c = 1 \left/ \left(\dfrac{1}{2} + \displaystyle\sum_{i=1}^{\infty} i^{-2} \right)\right.$. 因为 π 是 $\mathbf{Q}$ 的不变分布, 所以 $\{X_t\}$ 正常返.

(2) 取
$$b_0 = 1; \quad b_i = \frac{1}{3}, \quad d_i = \frac{2}{3}, \quad i = 1, 2, \cdots,$$
则 $\{\hat{X}_n\}$ 正常返, 其不变分布 μ 的表达式为
$$\mu_0 = \frac{1}{4}, \quad \mu_1 = \frac{3}{8}, \quad \mu_i = \frac{3}{2^{i+2}}, \quad i = 2, 3, \cdots.$$
取 $q_i = \mu_i$, $i = 0, 1, 2, \cdots$, 则 $\pi \mathbf{Q} = \mathbf{0}$ 的解形如 $\pi_i \equiv c$, 其中 c 是常数. 于是 $\{X_t\}$ 没有不变分布, 从而它是零常返的.

虽然跳过程和嵌入链的互通性与常返性一致, 但是上面的例题表明两者的正常返性可以不一致.

例 2.4.12 (例 2.2.10 与例 2.3.5 续) 对 M/M/1 模型, 已得到跳过程常返当且仅当 $\lambda \leqslant \alpha$. 进一步, 求解 $\pi \mathbf{Q} = \mathbf{0}$, 得到当且仅当 $\lambda < \alpha$ 时, 不变分布存在, 即跳过程正常返. 下面假设 $\lambda < \alpha$. 此时, 不变分布有如下表达式:
$$\pi_i = \left(\frac{\lambda}{\alpha} \right)^i \frac{\alpha - \lambda}{\alpha}, \quad \forall\, i = 0, 1, 2, \cdots. \tag{2.4.2}$$

假设 $X_0 \sim \pi$. 那么, 对任意时刻 t, $X_t \sim \pi$. 因此, 平均的队列长度总为

$$E_\pi X_t = \sum_{i=0}^\infty i\pi_i = \frac{\lambda}{\alpha - \lambda}.$$

服务员在队列长度到达 0 时开始休息, 因此假设 $X_0 = 0$. 然后, 经过指数时间 $S_1 \sim \mathrm{Exp}(\lambda)$ 后, 服务员开始工作, 直到下一次队列长度到达 0 时 (即 σ_0 时刻)可以再次开始休息. 因此, 服务员连续工作的时间为 $\sigma_0 - S_1$, 其期望为

$$E_0\sigma_0 - E_0 S_1 = \frac{1}{q_0 \pi_0} - \frac{1}{q_0} = \frac{1}{\alpha - \lambda},$$

其中, 最后一个等式是因为 $q_0 = \lambda$, $\pi_0 = (\alpha - \lambda)/\alpha$.

习　题

1. 证明引理 2.4.1.

2. 假设 $\mathbf{Q}$ 不可约. 若存在 S 上的测度 λ 满足 $\lambda\mathbf{Q} = \mathbf{0}$ 且 $\sum_{i \in S}\lambda_i = \infty$, 则不变分布不存在.

3. 假设 $\mathbf{Q}$ 不可约、正常返, π 是不变分布. 证明: 对任意 $i \in S$ 和任意初分布 μ,

$$P_\mu\left(\lim_{t \to \infty} \sum_{i \in S}\left|\frac{1}{t}\int_0^t \mathbf{1}_{\{X_s = i\}}\mathrm{d}s - \pi_i\right| = 0\right) = 1,$$

$$\lim_{t \to \infty} \sum_{i \in S}\left|\frac{1}{t}\int_0^t P_\mu(X_s = i)\mathrm{d}s - \pi_i\right| = 0.$$

4. 假设 $\mathbf{Q}$ 不可约、正常返, π 为不变分布. 证明: 若 f 为 S 上的有界函数, 则对任意初分布 μ,

$$P_\mu\left(\lim_{t \to \infty} \frac{1}{t}\int_0^t f(X_s)\mathrm{d}s = \sum_{i \in S}\pi_i f(i)\right) = 1.$$

5. 假设同上. 证明: 若 $\sum_{i \in S}\pi_i|f(i)| < \infty$, 则对任意初分布 μ, 上题中的结论仍成立.

6. 假设 **Q** 不可约、正常返, π 为其不变分布. 证明: $\lim\limits_{t\to\infty} p_{ij}(t) = \pi_j$, $i, j \in S$. (提示: 先证明 $\lim\limits_{n\to\infty} p_{ij}(n\delta) = \pi_j$, 再利用定理 2.2.15.)

7. 某系统由 n 个相互独立的部件构成. 若所有部件都正常, 则系统处于工作状态; 若某个部件失效, 则其他部件停止工作, 且工人马上开始更换失效部件, 更换完成时系统随即进入工作状态. 假设第 i 个部件的寿命服从 $\mathrm{Exp}(\lambda_i)$, 更换时间服从 $\mathrm{Exp}(\mu_i)$.

(1) 试用跳过程刻画该系统的运行.

(2) 求该系统处于工作状态的频率.

8. 设在 M/M/1 排队系统中顾客到达速率为 λ, 服务速率为 α. 当队伍长度为 n 时新来的顾客以概率 $(n+1)/(n+2)$ 加入等候的队伍, 以概率 $1/(n+2)$ 离开. 试问:

(1) 在什么条件下该系统有不变分布?

(2) 在不变分布下, 平均队伍长度是多少?

9. 试求 M/M/s 和 M/M/∞ 排队系统的不变分布.

10. 某理发店有一名理发师, 服务速率为 μ. 假设新顾客到达速率为 1, 并且 $\mu > 1$.

(1) 假设新顾客看见理发师正在为其他顾客理发就随即离开. 试问: 丢失的潜在顾客在全部顾客中的占比是多大?

(2) 假设该理发店现在增设了 K 把椅子. 新顾客到达时, 若没有其他顾客, 则新顾客马上理发; 若理发师正在为其他顾客理发且有空椅子, 则新顾客坐空椅子上等待, 否则新顾客随即离开. 试问: 该理发店丢失的潜在顾客在全部顾客中的占比是多大?

11. 假设 $\{X_t\}$ 是不可约、正常返的跳过程, 初分布为不变分布 π; $\{S_n\}$ 是与之独立的泊松流, 速率为 λ. 令 $S_0 = 0$. 对任意 $n \geqslant 0$, 令 $Y_n = X_{S_n}$.

(1) 证明: $\{Y_n\}$ 是马氏链.

(2) 试求 $\{Y_n\}$ 的转移概率 (用 $\{X_t\}$ 的转移概率表达).

(3) 验证 $\{Y_n\}$ 的初分布是不变分布.

§2.5   逆过程与可逆分布

假设 $\mathbf{Q}$ 不可约、正常返, π 为不变分布. 令

$$\tilde{q}_{ij} = \frac{\pi_j q_{ji}}{\pi_i}, \quad \forall i, j \in S; \qquad \tilde{\mathbf{Q}} = (\tilde{q}_{ij})_{S \times S}.$$

由 $\pi \mathbf{Q} = 0$ 知, 对任意 $i \in S$, $\sum_{j \neq i} \pi_j q_{ji} = \pi_i q_i$. 于是,

$$\tilde{q}_i := \sum_{j \neq i} \tilde{q}_{ij} = \sum_{j \neq i} \frac{\pi_j q_{ji}}{\pi_i} = q_i = -\tilde{q}_{ii}.$$

因此, $\tilde{\mathbf{Q}}$ 仍然是转移速率矩阵. 对任意 $i \neq j$,

$$\hat{q}_{ij} := \frac{\tilde{q}_{ij}}{q_i} = \frac{\pi_j q_j \hat{p}_{ji}}{\pi_i q_i}.$$

令 $\mu_i = \pi_i q_i$, $i \in S$, 那么, $\mu_i \hat{q}_{ij} = \mu_j \hat{p}_{ji}$, $i, j \in S$. 这蕴含着 $\mu_i \hat{q}_{ij}^{(n)} = \mu_j \hat{p}_{ji}^{(n)}$, 特别地, $\hat{q}_{ii}^{(n)} = \hat{p}_{ii}^{(n)}$, $n \geqslant 1$. 因此, $(\hat{q}_{ij})_{S \times S}$ 常返. 根据推论 2.3.2, 我们可以定义以 $\tilde{\mathbf{Q}}$ 为速率矩阵的跳过程, 记为 $\{Z_t\}$, 并且由命题 2.3.4 知 $\tilde{\mathbf{Q}}$ 常返. 进一步, 不难验证 $\pi \tilde{\mathbf{Q}} = 0$, 因此, π 也是 $\tilde{\mathbf{Q}}$ 的不变分布.

设 $\{X_t\}$ 是以 $\mathbf{Q}$ 为速率矩阵的跳过程, 且 $X_0 \sim \pi$. 对任意 $s > 0$, 将 $\{X_t\}$ 在时刻 s 的左极限记为 X_{s-}, 即 $X_{s-} := \lim_{u \nearrow s} X_u$. 给定 $T > 0$, 令

$$Y_0 := X_T, \quad Y_t := X_{(T-t)-}. \tag{2.5.1}$$

称 $\{Y_t : 0 \leqslant t \leqslant T\}$ 为 $\{X_t : 0 \leqslant t \leqslant T\}$ 的**时间倒逆过程**, 简称**逆过程**. 如上定义是为了保证逆过程仍然具有轨道右连续性. 例如, 若在时刻 $T-t$, $\{X_u\}$ 发生了跳跃, 不妨假设从状态 i 跳跃至状态 j. 那么, 根据 $\{X_u\}$ 的轨道右连续性, $X_{T-t} = j$, 但 Y_t 需要定义为 i 才能保证 $\{Y_u\}$ 的轨道右连续性.

$\{X_t : 0 \leqslant t \leqslant T\}$ 与 $\{Y_t : 0 \leqslant t \leqslant T\}$ 的轨道关系如图 2.7 所示.

命题 2.5.1 假设 $Z_0 \sim \pi$, 则 $\{Z_t : 0 \leqslant t \leqslant T\}$ 与 $\{Y_t : 0 \leqslant t \leqslant T\}$ 同分布.

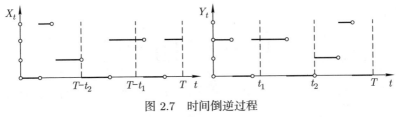

图 2.7 时间倒逆过程

(例如, $Y_{t_1} = X_{T-t_1}$, $Y_{t_2} \neq X_{T-t_2}$)

证 将 $\{Y_t : 0 \leqslant t \leqslant T\}$ 跳跃的总次数记为 N_Y, 依次经历的状态记为 $\hat{Y}_0, \hat{Y}_1, \cdots$, 它跳跃的时刻依次记为 $T_1, T_2, \cdots$. 那么,

$$P(Y_0 = i, N_Y = 0) = P(X_0 = i, N_X = 0) = \pi_i \mathrm{e}^{-q_i T} = P(Z_0 = i, N_Z = 0),$$

其中, N_X, N_Y, N_Z 分别是 $\{X_t\}, \{Y_t\}, \{Z_t\}$ 在 T 之前跳跃的总次数. 当 $n \geqslant 1$ 时, 若 $N_Y = n$, 则 $T_r = T - S_{n+1-r}$. 对任意 $0 < u_1 < \cdots < u_n < u_{n+1} := T, 0 < \delta_r < u_{r+1} - u_r, r = 1, \cdots, n$, 令

$$\Delta_Y := \{(y_0, \cdots, y_{n-1}) : u_r < t_r < u_{r+1}, r = 1, \cdots, n\},$$
$$\Delta_X := \{(x_0, \cdots, x_{n-1}) : T - (u_{n+1-r} + \delta_{n+1-r}) < s_r$$
$$< T - u_{n+1-r}, r = 1, \cdots, n\},$$

其中 $s_r = x_0 + \cdots + x_{r-1}, t_r = y_0 + \cdots + y_{r-1}$. 那么,

$$\{N_Y = n, (T_1, \cdots, T_n) \in \Delta_Y\} = \{N_X = n, (S_1, \cdots, S_n) \in \Delta_X\}.$$

对任意 $i_0, \cdots, i_n \in S$,

$$P(\hat{Y}_0 = i_0, \cdots, \hat{Y}_n = i_n, N_Y = n, (T_1, \cdots, T_n) \in \Delta_Y)$$
$$= P(\hat{X}_0 = i_n, \cdots, \hat{X}_n = i_0, N_X = n, (S_1, \cdots, S_n) \in \Delta_X)$$
$$= \pi_{i_n} q_{i_n i_{n-1}} \cdots q_{i_1 i_0} \int_{\Delta_X} \left(\prod_{r=0}^{n-1} \mathrm{e}^{-q_{i_{n+1-r}} x_r} \right) \mathrm{e}^{-q_{i_0}(T-s_n)} \mathrm{d}x_0 \cdots \mathrm{d}x_{n-1}.$$

令 $y_0 = T - s_n, y_1 = x_{n-1}, \cdots, y_{n-1} = x_1$, 那么 $x_0 = T - (y_0 + \cdots + y_{n-1})$,

并且

$$\left(\prod_{r=0}^{n-1} e^{-q_{i_{n+1-r}}x_r}\right) e^{-q_{i_0}(T-s_n)} = \left(\prod_{r=0}^{n-1} e^{-q_{i_r}y_r}\right) e^{-q_{i_n}(T-t_n)}.$$

又因为 $(x_0, \cdots, x_{n-1}) \in \Delta_X$ 等价于 $(y_0, \cdots, y_{n-1}) \in \Delta_Y$, $q_i = \tilde{q}_i$, $i \in S$, 并且 $\pi_{i_n} q_{i_n i_{n-1}} \cdots q_{i_1 i_0} = \pi_{i_0} \tilde{q}_{i_0 i_1} \cdots \tilde{q}_{i_{n-1} i_n}$, 所以

$$P\left(\hat{Y}_0 = i_0, \cdots, \hat{Y}_n = i_n, N_Y = n, (T_1, \cdots, T_n) \in \Delta_Y\right)$$

$$= \pi_{i_0} \tilde{q}_{i_0 i_1} \cdots \tilde{q}_{i_{n-1} i_n} \int_{\Delta_Y} \left(\prod_{r=0}^{n-1} e^{-\tilde{q}_{i_r} y_r}\right) e^{-\tilde{q}_{i_n}(T-t_n)} dy_0 \cdots dy_{n-1},$$

这即是 $\{Z_t\}$ 的分布. 因此, 结论成立. □

定义 2.5.2 若 π 是不变分布, 并且满足如下**细致平衡条件**:

$$\pi_i q_{ij} = \pi_j q_{ji}, \quad \forall\, i, j \in S,$$

则称 π 为 **Q** 的**可逆分布**.

若 π 是可逆分布, $X_0 \sim \pi$, 则对任意 $T > 0$, $\{Y_t : 0 \leqslant t \leqslant T\}$ 与 $\{X_t : 0 \leqslant t \leqslant T\}$ 同分布. 此时, 称 $\{X_t\}$ 为**可逆过程**. 假设 **Q** 常返, π 是 S 上的任一分布. 若细致平衡条件成立, 则 $\pi \mathbf{Q} = \mathbf{0}$, 于是 π 是不变分布, 进而是可逆分布.

注 2.5.3 在 **Q** 非常返的情形中, 即便 π 是满足细致平衡条件的分布, π 也不是可逆分布, 因为它不是不变分布.

例 2.5.4 (例 2.2.10 与例 2.4.12 续) 在 M/M/1 模型中, 假设 $\lambda < \alpha$. 此时, 跳过程正常返, 不变分布有如下表达式:

$$\pi_i = \left(\frac{\lambda}{\alpha}\right)^i \frac{\alpha - \lambda}{\alpha}, \quad \forall\, i = 0, 1, 2, \cdots.$$

不难看出, 细致平衡条件成立, 因此 π 也是可逆分布. 假设 $X_0 \sim \pi$, 于是 $\{X_t\}$ 是可逆过程. 对任意 t, 将进入系统的顾客数和离开系统的顾

客数分别记为 I_t 和 L_t. 具体地, 令

$$I_t := |\{0 \leqslant s \leqslant t : X_t = X_{t-} + 1\}|,$$
$$L_t := |\{0 \leqslant s \leqslant t : X_t = X_{t-} - 1\}|. \tag{2.5.2}$$

注意到 $\{X_t\}$ 是可逆过程. 因此, 对任意 $T > 0$, $\{L_t : 0 \leqslant t \leqslant T\}$ 与 $\{I_t : 0 \leqslant t \leqslant T\}$ 同分布. 这表明离开系统的顾客数 $\{L_t : t \geqslant 0\}$ 也是速率为 λ 的泊松过程.

进一步, 假设系统中还有第二个服务项目, 当顾客接受完第一项服务之后, 就排在第二个队列等待第二项服务. 假设第二个服务员的服务速率为 β. 将 t 时刻第二个队列的长度记为 Y_t. 记 $Z_t = (X_t, Y_t)$. 那么, $\{Z_t\}$ 是跳过程, 状态空间为 $\mathbb{Z}_+ \times \mathbb{Z}_+$, 转移速率如下:

$$\begin{cases} q_{(i,j)(i+1,j)} = \lambda, & i, j \geqslant 0, \\ q_{(i,j)(i-1,j+1)} = \alpha, & i \geqslant 1, j \geqslant 0, \\ q_{(i,j)(i,j-1)} = \beta, & i \geqslant 0, j \geqslant 1. \end{cases}$$

根据上面的分析, 离开第一个队列的顾客数 $\{L_t\}$ 也是速率为 λ 的泊松过程. 于是, 第二个队列也变成 M/M/1 模型. 当 $\lambda < \beta$ 时, 它有不变分布

$$\mu_i = \left(\frac{\lambda}{\beta}\right)^i \frac{\beta - \lambda}{\beta}, \quad \forall i = 0, 1, 2, \cdots.$$

事实上, 当 $\lambda < \alpha, \beta$ 时, $\pi \times \mu := \{\pi_i \mu_j : (i, j) \in S \times S\}$ 就是 $\{Z_t\}$ 的不变分布. 这一结论留作习题.

习　题

1. 证明: 在例 2.5.4 中, 当 $\lambda < \alpha, \beta$ 时, $\pi \times \mu$ 是 $\{Z_t\}$ 的不变分布.

§2.6*　连续时间马氏链

假设 S 是非空可数集, $|S| \geqslant 2$. $\mathbf{Q} = (q_{ij})_{S \times S}$ 为速率矩阵, $\{q_i : i \in S\}$ 与 $\hat{\mathbf{P}} = (\hat{p}_{ij})_{S \times S}$ 如 (2.2.3) 式中定义. 假设 $\{\hat{X}_n\}$ 为以 $\hat{\mathbf{P}}$ 为

转移概率的马氏链; $\xi_0, \xi_1, \xi_2, \cdots$ 独立同分布, 都服从 $\mathrm{Exp}(1)$, 且它们与 $\{\hat{X}_n\}$ 相互独立. 如 (2.2.5) 式中定义, 等待时间为 $\eta_n = \xi_n/q_{\hat{X}_n}$, $n = 0, 1, 2, \cdots$, 跳跃时刻为 $S_n = \eta_1 + \cdots + \eta_n, n \geqslant 1$. 补充定义 $S_0 = 0$. 在 §2.2 中, 当我们定义跳过程时, 需要先假设 (2.2.6) 式成立, 即

$$P\left(\lim_{n\to\infty} S_n = \infty \big| \hat{X}_0 = i\right) = 1, \quad \forall i \in S.$$

现在, 我们讨论上式不成立的情形.

一、最小过程

令

$$\tau_\infty := \lim_{n\to\infty} S_n = \eta_0 + \eta_1 + \cdots.$$

当事件 $\{\tau_\infty < \infty\}$ 发生时, (2.2.7) 式只对任意 $t \in [0, \tau_\infty)$ 定义了 X_t. 为了定义的完备性, 我们添加一个新状态, 记为 ∂, 并补充定义

$$X_t = \partial, \quad t \in [\tau_\infty, \infty).$$

称这样定义的 $\{X_t\}$ 为**最小过程**, 称 τ_∞ 为**爆炸时**. 若对任意 $i \in S$, $P_i(\tau_\infty = \infty) = 1$, 则我们称最小过程 $\{X_t\}$ **非爆炸**, 也称 **Q 非爆炸**. 此时, (2.2.6) 式成立, $\{X_t\}$ 就是之前定义的跳过程. 若存在 $i \in S$, 使得 $P_i(\tau_\infty < \infty) > 0$, 称最小过程**爆炸**, 也称 **Q 爆炸**. 此时, 仍然记

$$p_{ij}(t) = P_i(X_t = j), \quad i, j \in S; \quad \mathbf{P}(t) = (p_{ij}(t))_{S \times S},$$

则 $p_{ij}(t)$ 的表达式仍然如公式 (2.2.9) 所示; 马氏性 (命题 2.2.13), 查普曼–科尔莫戈罗夫等式 (推论 2.2.14), 连续可微性 (定理 2.2.15), 科尔莫戈罗夫前进、后退方程 (命题 2.2.16) 全都仍然成立. 与跳过程的区别在于 $\sum\limits_{j \in S} p_{ij}(t)$ 可能严格小于 1. 特别地, 上面定义的 $\mathbf{P}(t)$ 是科尔莫戈罗夫前进、后退方程的最小的非负解, 这也是 "最小过程" 这个名字的由来.

例 2.6.1 取 $S = \mathbb{Z}_+$,

$$q_{i,i+1} = 2 \times 3^i, \quad i = 0, 1, 2, \cdots; \quad q_{i,i-1} = 3^i, \quad i = 1, 2, \cdots,$$

则 $\{\hat{X}_n\}$ 的转移概率为

$$\hat{p}_{01} = 1, \quad \hat{p}_{i,i+1} = \frac{2}{3}, \quad \hat{p}_{i,i-1} = \frac{1}{3},$$

因此它是非常返的.

假设 $X_0 = i \in \mathbb{Z}_+$. 由于 $\{\hat{X}_n\}$ 在任意 j 只访问有限次, 因此它最后一次访问 j 的时刻, 记为 ε_j, 以概率 1 有限. 当 $k \geqslant i$ 时, 由 $\tau_k \leqslant \max\{\varepsilon_0, \cdots, \varepsilon_{k-1}\}$ 知 $P_0(\tau_k < \infty) = 1$, 即 $\{\hat{X}_n\}$ 以概率 1 会经历 $i+1, i+2, \cdots$. 记 $V_j = \int_0^\infty \mathbf{1}_{\{X_t=j\}}\mathrm{d}t$, 它仍然表示 $\{X_t\}$ 在状态 i 停留的总时间. 记 $G_{ij} = E_i V_j$. 根据上面的分析, 当 $i \leqslant j$ 时 $G_{ij} = G_{jj}$. 特别地, 对任意 $j \in \mathbb{Z}_+$, $G_{0i} = G_{ii} = \hat{G}_{ii}/q_i$.

假设 $X_0 = 0$. 不难看出 $\tau_\infty = \sum_{i \in S} V_i$. 因此, $E_0 \tau_\infty = \sum_{i=0}^\infty G_{0i} = \sum_{i=0}^\infty G_{ii}$. 可以验证, 存在 M, 使得 $\hat{G}_{ii} \leqslant M, i \in S$, 证明留作习题. 于是,

$$E_0 \tau_\infty \leqslant M \sum_{i=0}^\infty \frac{1}{q_i} < \infty.$$

因此, $P_0(\tau_\infty < \infty) = 1$. 从而, $\{X_t\}$ 是爆炸的.

进一步, $\mathbb{Z}_+$ 上的任意分布 π 都不能成为 $\{X_t\}$ 的不变分布. 理由如下: 若 π 是不变分布, 则一方面, $\sum_{i,j} \pi_i P_i(X_i = j) = \sum_j \pi_j = 1$; 另一方面, 由 $\mathbb{Z}_+$ 互通知 $\pi_0 > 0$. 根据 $P_0(\tau_\infty < \infty) = 1$, 存在 t, 使得 $P_0(\tau_\infty < t) > 0$, 于是 $\pi_0 P_0(X_t = \partial) > 0$, 这表明 $\sum_{i,j} \pi_i P_i(X_t = \partial) > 0$, 即 $\sum_{i,j} \pi_i P_i(X_i = j) < 1$, 矛盾. 因此, π 不是 $\{X_t\}$ 的不变分布.

最后, 令

$$\pi_i = \frac{1}{3} \times \left(\frac{2}{3}\right)^i, \quad i = 0, 1, 2, \cdots,$$

不难验证 $\pi \mathbf{Q} = \mathbf{0}$. 然而, 它不是 $\{X_t\}$ 的不变分布. 因此, 对于速率矩阵 $\mathbf{Q}$ 而言, 有分布列 π 满足 $\pi \mathbf{Q} = \mathbf{0}$, 并不能保证 $\mathbf{Q}$ 正常返, 这个结论可以与推论 2.4.9 进行对照.

命题 2.6.2 假设 $\mathbf{Q}$ 不可约, π 为 S 上的分布, 则 π 为不变分布当且仅当 $\pi \mathbf{Q} = \mathbf{0}$ 且 $\mathbf{Q}$ 非爆炸.

证 必要性已证, 因此下面我们只证明充分性. 令 $\tilde{\mathbf{Q}} = (\tilde{q}_{ij})_{S \times S}$, 其中 $\tilde{q}_{ij} = \pi_j q_{ji}/\pi_i$, $i, j \in S$. 往证 π 为 $\mathbf{Q}$ 的不变分布. 为此, 我们先证明若 $\pi \mathbf{Q} = \mathbf{0}$ 且 $\mathbf{Q}$ 非爆炸, 则 $\tilde{\mathbf{Q}}$ 非爆炸且 π 为 $\tilde{\mathbf{Q}}$ 的不变分布. 推导如下: 记 $\{\tilde{X}_t\}$ 为 $\tilde{\mathbf{Q}}$ 对应的最小过程, 对任意 t, 记 $N_T := \sup\{n \geqslant 0 : S_n \leqslant t\}$ 为 $\{X_t\}$ 在 T 之前跳跃的次数, 若 $\tau_\infty \leqslant T$, 则 $N_T = \infty$. 类似地有 $\tilde{N}_T$. 与命题 2.5.1 类似地可以证明: 对任意 $n = 0, 1, 2, \cdots$, $i, j \in S$,

$$\pi_i P_i(N_T = n, X_T = j) = \pi_j P_j(\tilde{N}_T = n, \tilde{X}_T = i).$$

上式两边对 n 求和得到

$$\pi_i P_i(N_T < \infty, X_T = j) = \pi_j P_j(\tilde{N}_T < \infty, \tilde{X}_T = i).$$

将上式左右两边对 $i, j \in S$ 求和, 则由 $\mathbf{Q}$ 非爆炸知左边之和为 1. 于是, $\sum\limits_{i,j \in S} \pi_j P_j(\tilde{N}_T < \infty, \tilde{X}_T = i) = 1$. 这表明对任意 $j \in S$, $P_j(\tilde{N}_T < \infty) = 1$. 由 T 的任意性, $\tilde{\mathbf{Q}}$ 也非爆炸, 并且对任意 $T > 0$,

$$\sum_{j \in S} \pi_j P_j(\tilde{X}_T = i) = \sum_{j \in S} \pi_i P_i(X_T = j) = \pi_i, \quad \forall i \in S.$$

因此, π 是 $\tilde{\mathbf{Q}}$ 的不变分布.

最后, 因为 $q_{ij} = \pi_j \tilde{q}_{ji}/\pi_i$, $i, j \in S$, 所以可以交换 $\mathbf{Q}$ 与 $\tilde{\mathbf{Q}}$ 的位置. 我们已经证明 $\pi \tilde{\mathbf{Q}} = \mathbf{0}$ 且 $\tilde{\mathbf{Q}}$ 非爆炸, 因此, 根据上面的推理, π 是 $\mathbf{Q}$ 的不变分布. □

二、可重生的过程

假设 $\mathbf{Q}$ 爆炸. 为了不引入新状态 ∂, 我们可以在爆炸时让粒子在 S 中重生. 比如说, 假设 μ 是 S 上的分布, 取一列独立同分布的、以 $\mathbf{Q}$

为转移速率、μ 为初分布的最小过程 $\{X_t^{(1)}\}, \{X_t^{(2)}\}, \cdots$. 将 $\{X_t^{(r)}\}$ 的爆炸时记为 $\tau_\infty^{(r)}$, 则 $\tau_\infty^{(1)}, \tau_\infty^{(2)}, \cdots$ 独立同分布, 且 $E\tau_\infty^{(1)} > 0$. 令 $T_0 = 0$,

$$T_r = \tau_\infty^{(1)} + \cdots + \tau_\infty^{(r)}, \quad r = 1, 2, \cdots.$$

根据强大数定律, $P\left(\lim_{r\to\infty} T_r = \infty\right) = 1$. 对任意 $t \geqslant 0$, 存在唯一的 $r \geqslant 0$, 使得 $T_r \leqslant t < T_{r+1}$, 令

$$X_t = X_{t-T_r}^{(r)},$$

称 $\{X_t\}$ 是**可重生的过程**. 可以验证, $\{X_t\}$ 是连续时间参数的马氏链 (它符合定义 2.0.1). 记

$$p_{ij}(t) = P_i(X_t = j), \quad i, j \in S, \quad \mathbf{P}(t) = (p_{ij}(t))_{S \times S},$$

则马氏性 (命题 2.2.13), 查普曼 – 科尔莫戈罗夫等式 (推论 2.2.14), 连续可微性 (定理 2.2.15), 科尔莫戈罗夫前进、后退方程 (命题 2.2.16) 全都仍然成立, 并且对任意 t, $\mathbf{P}(t)$ 也是 S 上的转移矩阵. 与跳过程区别在于 $p_{ij}(t)$ 的表达式与公式 (2.2.9) 所示的不同.

三、连续时间参数的马氏链

假设 $\{X_t\}$ 是连续时间参数的马氏链 (即它符合定义 2.0.1). 令

$$p_{ij}(t) = P_i(X_t = j), \quad i, j \in S, \quad \mathbf{P}(t) = (p_{ij}(t))_{S \times S},$$

则 $\{\mathbf{P}(t) : t \geqslant 0\}$ 是一族转移概率矩阵, 满足 $\mathbf{P}(0) = \mathbf{I}$ 与查普曼 – 科尔莫戈罗夫等式 (推论 2.2.14). 下面我们讨论 $\{\mathbf{P}(t) : t \geqslant 0\}$ 满足如下连续性的情形, 不连续的情形超出了本书范围. 若

$$\lim_{t\to 0+} p_{ij}(t) = \mathbf{1}_{\{i=j\}}, \quad \forall i, j \in S,$$

则称 $\{\mathbf{P}(t) : t \geqslant 0\}$ 为马氏半群. 在泛函分析里, 人们习惯把 (无穷维) 矩阵看作算子. 因此在许多场合, 马氏半群又被称作**马氏算子半群**. 下面的命题 2.6.3 表明 $\{\mathbf{P}(t) : t \geqslant 0\}$ 一旦具有连续性, 就也具有连续可微性 (定理 2.2.15).

命题 2.6.3　假设 $\{\mathbf{P}(t) : t \geqslant 0\}$ 为马氏半群. 那么, 对任意 $i, j \in S$,

$$q_{ij} := \lim_{t \searrow 0} \frac{p_{ij}(t) - p_{ij}(0)}{t}$$

存在 (可以等于 $+\infty$ 或 $-\infty$), 并且

(1) $0 \leqslant q_{ij} < \infty$;

(2) $0 \leqslant q_i = -q_{ii} \leqslant \infty$;

(3) $\displaystyle\sum_{j \neq i} q_{ij} \leqslant q_i$.

证　我们先证明当 $j \neq i$ 时, $\lim_{t \to 0+} p_{ij}(t)/t$ 存在.

取定 $i, j \in S$, $j \neq i$. 因为 $\lim_{t \to 0} \mathbf{P}(t) = \mathbf{I}$, 所以对任意 $\varepsilon > 0$, 存在 $T > 0$, 使得当 $t < T$ 时, $p_{ii}(t), p_{jj}(t) > 1 - \varepsilon$. 这表明 $p_{ij}(t) < \varepsilon$. 设 $0 < s < t < T$ 满足 $t > 2s$. 往证

$$\frac{p_{ij}(s)}{s} \leqslant \frac{p_{ij}(t)}{(t - 2s)(1 - 3\varepsilon)}. \tag{2.6.1}$$

在上式中, 先令 $s \to 0+$, 得

$$\limsup_{s \to 0+} \frac{p_{ij}(s)}{s} \leqslant \frac{p_{ij}(t)}{t} \cdot \frac{1}{1 - 3\varepsilon} < \infty,$$

再令 $t \to 0+$, 得

$$\limsup_{s \to 0+} \frac{p_{ij}(s)}{s} \leqslant \left(\liminf_{t \to 0+} \frac{p_{ij}(t)}{t} \right) \frac{1}{1 - 3\varepsilon},$$

最后令 $\varepsilon \to 0$, 我们推出 $q_{ij} := \lim_{t \to 0+} p_{ij}(t)/t$ 存在、非负且有限.

下面我们证明 (2.6.1) 式. 取整数 n, 使得 $ns \leqslant t < (n+1)s$. 首先,

$$\varepsilon \geqslant p_{ij}(t) \geqslant P_i(X_t = j, \text{ 在 } X_s, \cdots, X_{ns} \text{ 中出现过 } j)$$

$$= \sum_{k=1}^{n} P_i(X_s, \cdots, X_{(k-1)s} \neq j, X_{ks} = j, X_t = j)$$

$$= \sum_{k=1}^{n} P_i(X_s, \cdots, X_{(k-1)s} \neq j, X_{ks} = j) p_{jj}(t - ks)$$

$$\geqslant (1 - \varepsilon) \sum_{k=1}^{n} P_i(X_s, \cdots, X_{(k-1)s} \neq j, X_{ks} = j)$$

$$= (1 - \varepsilon) P_i(\text{在 } X_s, \cdots, X_{ns} \text{ 中出现过 } j).$$

这表明

$$P_i(\text{在 } X_s, \cdots, X_{ns} \text{ 中出现过 } j) \leqslant \frac{\varepsilon}{1 - \varepsilon}. \tag{2.6.2}$$

其次,

$$p_{ij}(t) \geqslant \sum_{k=1}^{n-1} P_i(X_s, \cdots, X_{(k-1)s} \neq j, X_{ks} = i, X_{(k+1)s} = j, X_t = j)$$

$$= \sum_{k=1}^{n-1} P_i(X_s, \cdots, X_{(k-1)s} \neq j, X_{ks} = i) p_{ij}(s) p_{jj}(t - (k+1)s). \tag{2.6.3}$$

注意到

$$P_i(X_s, \cdots, X_{(k-1)s} \neq j, X_{ks} = i)$$

$$\geqslant P_i(X_{ks} = i) - P_i(\text{在 } X_s, \cdots, X_{(k-1)s} \text{ 中出现过 } j)$$

$$\geqslant 1 - \varepsilon - P_i(\text{在 } X_s, \cdots, X_{ns} \text{ 中出现过 } j)$$

$$\geqslant 1 - \varepsilon - \frac{\varepsilon}{1 - \varepsilon} \geqslant \frac{1 - 3\varepsilon}{1 - \varepsilon},$$

其中最后一个不等式就是 (2.6.2) 式. 将上式代入 (2.6.3) 式中, 我们推出

$$p_{ij}(t) \geqslant \sum_{k=1}^{n-1} \frac{1 - 3\varepsilon}{1 - \varepsilon} p_{ij}(s)(1 - \varepsilon) \geqslant (n - 1)(1 - 3\varepsilon) p_{ij}(s).$$

于是,

$$\frac{p_{ij}(s)}{s} \leqslant \frac{p_{ij}(t)}{(n-1)s(1 - 3\varepsilon)} \leqslant \frac{p_{ij}(t)}{(t - 2s)(1 - 3\varepsilon)}.$$

即 (2.6.1) 式成立.

最后, 我们证明 $p'_{ii}(0)$ 存在. 令 $q_i = \liminf\limits_{t \to 0+}(1-p'_{ii}(t))/t$. 若 $q_i = \infty$, 则 $p'_{ii}(0) = -\infty$. 下设 $q_i < \infty$. 往证对任意 $t > 0$, $(1 - p_{ii}(t))/t \leqslant q_i$, 于是

$$\limsup_{t \to \infty}(1 - p_{ii}(t))/t \leqslant q_i.$$

这表明 $p'_{ii}(0) = -q_i$. 给定 $t > 0$, 对任意 $\varepsilon > 0$, 取 h 充分小, 使得

$$\frac{1}{h}(1 - p_{ii}(h)) \leqslant q_i + \frac{\varepsilon}{2}; \quad h\left(q_i + \frac{\varepsilon}{2}\right) < 1; \quad 1 - p_{ii}(s) \leqslant \frac{\varepsilon t}{2}, \quad \forall 0 \leqslant s \leqslant h.$$

设 $t = nh + s, 0 \leqslant s < h$, 于是

$$p_{ii}(t) \geqslant [p_{ii}(h)]^n p_{ii}(s) \geqslant [1 - h(q_i + \varepsilon/2)]^n(1 - \varepsilon t/2)$$
$$\geqslant 1 - nh(q_i + \varepsilon/2) - \varepsilon t/2 \geqslant 1 - t(q_i + \varepsilon/2) - \varepsilon t/2 = 1 - t(q_i + \varepsilon),$$

从而 $(1 - p_{ii}(t))/t \leqslant q_i + \varepsilon$. 令 $\varepsilon \to 0$ 知 $(1 - p_{ii}(t))/t \leqslant q_i$.

对 S 的任意有限子集 T, $1 - p_{ii}(t) \geqslant \sum\limits_{j \in T, j \neq i} p_{ij}(t)$, 所以 $q_i \geqslant \sum\limits_{j \in T, j \neq i} q_{ij}$. 令 $T \to S$ 知 $q_i \geqslant \sum\limits_{j \in S, j \neq i} q_{ij}$. □

在上述命题中, 记 $\mathbf{Q} = (q_{ij})_{i,j \in S}$, 称 $\mathbf{Q}$ 为 $\{\mathbf{P}(t) : t \geqslant 0\}$ 的 (**转移**) **速率矩阵**. 下面的命题表明, 在很大程度上, 科尔莫戈罗夫前进、后退方程仍然成立, 证明超过了本书范围, 故略去.

命题 2.6.4 假设 $\{\mathbf{P}(t) : t \geqslant 0\}$ 是马氏半群, $\mathbf{Q} = (q_{ij})_{S \times S}$ 为其转移速率矩阵. 则

$$p'_{ij}(t) = \sum_{k \in S} q_{ik}p_{kj}(t), \quad \forall i, j \in S, t \geqslant 0 \quad (\text{科尔莫戈罗夫后退方程})$$

成立的充要条件是 $\mathbf{Q}$ 保守; 对于给定的 $j \in S$, 若 $q_j < \infty$ 且当 $t \to 0$ 时, $p_{kj}(t)/t$ 在 $k \in S \setminus \{j\}$ 上一致趋于 q_{kj}, 则

$$p'_{ij}(t) = \sum_{k \in S} p_{ik}(t)q_{kj}, \quad \forall i \in S. \quad (\text{科尔莫戈罗夫前进方程})$$

习　题

1*. 证明: 在例 $2.6.1$ 中, 对任意 $i \in S$, $\hat{G}_{ii} \leqslant M$. (提示: 假设 $\{\tilde{X}_n\}$ 是 $\mathbb{Z}$ 上的马氏链, 转移概率为: 对任意 $i \in \mathbb{Z}$, $p_{i,i+1} = 2/3$, $p_{i,i-1} = 1/3$. 将其格林函数记为 $\tilde{G}_{ij}$, 那么可取 $M = \tilde{G}_{00}$.)

第三章　布 朗 运 动

这一章我们重点讨论布朗运动. 它是连续时间参数、取实数值的随机过程. 这样的随机过程可表达为一族随机变量 $\{X_t : t \in \mathbb{R}_+\}$, 也记为 $\{X_t : t \geqslant 0\}$, 并简记为 $\{X_t\}$. 其中, 对任意 t, X_t 为取值于实数 $\mathbb{R}$ 的随机变量. 若有限维联合分布都具有联合密度函数, 则可以利用条件密度函数对全体有限维联合分布进行递归分析. 具体地, $n+1$ 维随机向量 $(X_{t_1}, \cdots, X_{t_n}, X_{t_{n+1}})$ 的联合分布密度可以分解为 n 维随机向量 $(X_{t_1}, \cdots, X_{t_n})$ 的联合分布密度乘以 $X_{t_{n+1}}$ 关于它的条件密度.

定义 3.0.1 若对任意 $n \geqslant 1, 0 \leqslant t_1 < \cdots < t_n$ 与 $s > 0$, X_{t_n+s} 关于 $(X_{t_1}, \cdots, X_{t_n})$ 的条件密度 $p_{X_{t_n+s}|(X_{t_1}, \cdots, X_{t_n})}\big(y \big| (x_1, \cdots, x_{n-1}, x)\big)$ 只依赖于 s, x 与 y, 则称 $\{X_t\}$ 是**(时齐的)马氏过程**. 称上述条件密度为**转移密度函数**, 简称**转移密度**, 记为 $p_s(x, y)$.

注 3.0.2 (1) 考虑从固定点 x_0 出发的过程, 即假设 $X_0 = x_0$. 在上述定义中, 若 $t_1 = 0$, 则只考虑 $x_1 = x_0$ 的情形. 对 $n = 1$, 则将定义中的 $p_{X_s|X_0}(y|x_0)$ 理解为 $p_{X_s}(y)$, 按定义它等于 $p_s(x_0, y)$; 对 $n \geqslant 2$, 则将定义中的条件密度理解为 $p_{X_{t_n+s}|(X_{t_2}, \cdots, X_{t_n})}\big(y \big| (x_2, \cdots, x_{n-1}, x)\big)$.

(2) 与马氏链类似地, $p_{X_{t+s}|X_t}(y|x) = p_s(x, y)$.

(3) 一般地, $(X_{t_1}, \cdots, X_{t_n})$ 还可以不是连续型随机向量, 甚至 X_t 的取值空间还可以不是 $\mathbb{R}$. 这样也可以定义马氏过程, 直观仍是若已知 $\{X_t = x\}$ 发生, 则 X_{t+s} 的分布只依赖于 s 与 x, 并不依赖于 t 之前的随机变量的取值. 此外, 该分布还可以依赖于 t_n, 此时称 $\{X_t\}$ 为**非时齐的马氏过程**.

与 (1.1.2) 式类似, 若已知转移密度, 则可以计算 $\{X_t\}$ 的全体有限维联合分布. 具体地, 若 $X_0 = x$, 则对任意 $\mathbb{R}^n$ 中的区域 D,

$$P\left((X_{t_1}, \cdots, X_{t_n}) \in D\right)$$
$$= \int_D p_{t_1}(x, x_1) p_{t_2-t_1}(x_1, x_2) \cdots p_{t_n-t_{n-1}}(x_{n-1}, x_n) \mathrm{d}x_1 \cdots \mathrm{d}x_n,$$

若 X_0 具有密度 $p(\cdot)$, 则对任意 $\mathbb{R}^{n+1}$ 中的区域 D,

$$P\left((X_0, X_{t_1}, \cdots, X_{t_n}) \in D\right)$$
$$= \int_D p(x_0) p_{t_1}(x_0, x_1) p_{t_2-t_1}(x_1, x_2) \cdots p_{t_n-t_{n-1}}(x_{n-1}, x_n) \mathrm{d}x_0 \mathrm{d}x_1 \cdots \mathrm{d}x_n,$$

其中, $0 < t_1 < \cdots < t_n$.

§3.1 高斯分布与高斯过程

假设 $X_1, \cdots, X_n$ 是取值于 $\mathbb{R}$ 的随机变量, 记 $\vec{X} = (X_1, \cdots, X_n)$. 若 $\vec{X}$ 是连续型随机向量, 并且联合密度形如

$$\frac{1}{\sqrt{(2\pi)^n |\boldsymbol{\Sigma}|}} \exp\left\{-\frac{1}{2}(\vec{x} - \vec{m}) \boldsymbol{\Sigma}^{-1} (\vec{x} - \vec{m})^{\mathrm{T}}\right\},$$

其中, $\vec{x} = (x_1, \cdots, x_n) \in \mathbb{R}^n$, $\vec{m} = (m_1, \cdots, m_n) \in \mathbb{R}^n$, $\boldsymbol{\Sigma} = (\sigma_{ij})_{n \times n}$ 是正定矩阵, $|\boldsymbol{\Sigma}|$ 为其行列式, 则称 $\vec{X}$ 服从 n 维**正态分布**, 记为 $\vec{X} \sim N(\vec{m}, \boldsymbol{\Sigma})$. 记 $\vec{t} = (t_1, \cdots, t_n) \in \mathbb{R}^n$, 则 $N(\vec{m}, \boldsymbol{\Sigma})$ 对应的特征函数具有如下形式:

$$f_{\vec{X}}(\vec{t}) := E \mathrm{e}^{\sqrt{-1}(t_1 X_1 + \cdots + t_n X_n)} = \exp\left\{\sqrt{-1}\vec{m}\vec{t}^{\mathrm{T}} - \frac{1}{2}\vec{t}\,\boldsymbol{\Sigma}\vec{t}^{\mathrm{T}}\right\}.$$

一般地, 假设 $\boldsymbol{\Sigma}$ 是 $n \times n$ 半正定矩阵. 若 $\vec{X}$ 的特征函数具有上面表达式, 则称 $\vec{X}$ 为 n 维**高斯向量**, 或称 $\vec{X}$ 服从 n 维**高斯分布**, 记为 $\vec{X} \sim N(\vec{m}, \boldsymbol{\Sigma})$. 下面我们将看到, 高斯分布对线性变换是封闭的, 而正态分布只对非退化的线性变换封闭, 这是我们引入高斯分布这一概念的原因. 高斯分布是将正态分布中的协方差矩阵从可逆的正定矩阵推广到允许不可逆的半正定矩阵, 因此, 在很多场合人们对名称不加区别地混用.

假设 $\vec{X} \sim N(\vec{m}, \boldsymbol{\Sigma})$. 不难验证,

$$EX_i = m_i, \sigma_{ij} = \mathrm{Cov}(X_i, X_j) = E(X_i - m_i)(X_j - m_j), \quad i, j = 1, \cdots, n.$$

因此, 对于高斯向量, 给出其数字特征期望和协方差矩阵, 其联合分布就完全确定了.

定义 3.1.1 假设 $\{X_\alpha : \alpha \in I\}$ 是一族取值于 $\mathbb{R}$ 的随机变量. 若对任意 $n \geqslant 1$, $\alpha_1, \cdots, \alpha_n \in I$, $(X_{\alpha_1}, \cdots, X_{\alpha_n})$ 都服从 n 维高斯分布, 则称 $\{X_\alpha : \alpha \in I\}$ 为**高斯系**或**高斯过程**.

命题 3.1.2 假设 $\vec{X} = \{X_\alpha : \alpha \in I\}$ 是高斯系, $I_1, \cdots, I_n$ 是 I 的互不相交的非空子集. 记 $\vec{X}_r = \{X_\alpha : \alpha \in I_r\}$, $r = 1, \cdots, n$. 若对任意 $r \neq s$,

$$\mathrm{Cov}(X_\alpha, X_\beta) = 0, \quad \forall \alpha \in I_r, \beta \in I_s,$$

则 $\vec{X}_1, \cdots, \vec{X}_n$ 相互独立.

命题 3.1.3 假设 $\{X_\alpha : \alpha \in I\}$ 是高斯系, J 是指标集. 若对任意 $\beta \in J$, 存在 $n \geqslant 1$, $\alpha_1, \cdots, \alpha_n \in I$ 以及 $c_1, \cdots, c_n \in \mathbb{R}$, 使得

$$Y_\beta = c_1 X_{\alpha_1} + \cdots + c_n X_{\alpha_n},$$

则 $\{Y_\beta : \beta \in J\}$ 是高斯系.

习　　题

1. 假设 $\vec{X} = (X_1, \cdots, X_n)$ 服从 n 维高斯分布. 证明:

(1) 存在服从 n 维标准正态分布的随机向量 $\vec{Z} = (Z_1, \cdots, Z_n)$ 和 $n \times n$ 矩阵 $\mathbf{M}$, 使得 $\vec{X} = \mathbf{M}\vec{Z}$.

(2) 对任意 $m \times n$ 矩阵 $\mathbf{M}$, $\mathbf{M}\vec{X}$ 服从 m 维高斯分布.

2. 证明命题 3.1.2 与命题 3.1.3.

3. 假设 $\vec{X}_1, \vec{X}_2, \cdots$ 是一列 d 维高斯向量, 且对任意 $\vec{t} \in \mathbb{R}^d$, $\lim_{n \to \infty} f_{\vec{X}_n}(\vec{t})$ 存在且有限, 将此极限记为 $f(\vec{t})$. 证明: $f(\vec{t})$ 是某 d 维

高斯向量的特征函数.

§3.2 布朗运动的定义与莱维构造

一、定义

定义 3.2.1 设 $\{B_t : t \geqslant 0\}$ 是取值于 $\mathbb{R}$ 的随机过程, $B_0 = 0$. 如果它满足以下三条:

(1) $B_{t+s} - B_t \sim N(0, s)$, $\forall t \geqslant 0$, $s > 0$,

(2) 对任意 $0 < t_1 < \cdots < t_n$, $B_{t_1}, B_{t_2} - B_{t_1}, \cdots, B_{t_n} - B_{t_{n-1}}$ 相互独立,

(3) $P(B_t \text{ 关于 } t \text{ 连续}) = 1$,

则称 $\{B_t : t \geqslant 0\}$ 为 (一维) **标准布朗运动**, 简称**布朗运动**.

定义 3.2.1中的 (1) 和 (2) 表明布朗运动是独立平稳增量的过程 (参见定义 2.1.17), 且它在长度为 s 的区间上的增量服从 $N(0, s)$. 这给出了布朗运动的任意有限维联合分布, 即它们刻画的是随机向量的分布. 而 (3) 刻画的则是轨道的分析性质, 称其为**轨道连续性**.

将标准布朗运动对应的概率记为 P_0. 假设 $\{B_t\}$ 是标准布朗运动. 对任意 $x \in \mathbb{R}$, 称 $\{x + B_t\}$ 为从 x 出发的**标准布朗运动**. 换言之, 若 $\{X_t\}$ 是从 x 出发的标准布朗运动当且仅当 $\{X_t - x\}$ 是从 0 出发的标准布朗运动. 将从 x 出发的标准布朗运动对应的概率记为 P_x. 一般地, 也称 $\{x + \sigma B_t\}$ 为从 x 出发的**布朗运动**. 在下文中, 若无特别声明, 则"布朗运动"都指标准布朗运动, 且初始位置都为 0.

命题 3.2.2 对任意 $0 < t_1 < t_2 < \cdots < t_n$, $(B_{t_1}, B_{t_2}, \cdots, B_{t_n})$ 服从 n 维正态分布, 其联合分布密度为

$$p_{t_1, t_2, \cdots, t_n}(x_1, x_2, \cdots, x_n) = \prod_{k=1}^{n} p_{t_k - t_{k-1}}(x_{k-1}, x_k), \qquad (3.2.1)$$

其中

$$p_t(x, y) = \frac{1}{\sqrt{2\pi t}} e^{-\frac{(y-x)^2}{2t}}. \tag{3.2.2}$$

证 将 $(B_{t_1}, B_{t_2} - B_{t_1}, \cdots, B_{t_n} - B_{t_{n-1}})$ 简记为 $\vec{Y} = (Y_1, \cdots, Y_n)$. 由定义 3.2.1 中的 (1) 与 (2), $\vec{Y}$ 的联合密度为 $p_{\vec{Y}}(y_1, \cdots, y_n) = \prod_{k=1}^{n} p_{t_k - t_{k-1}}(y_k)$. 由 $(B_{t_1}, \cdots, B_{t_n})$ 是 $\vec{Y}$ 的线性变换且行列式为 1 不难看出结论成立. □

推论 3.2.3 一维标准布朗运动是马氏过程.

注意到高维正态分布的联合密度的具体表达式完全由其数字特征 (期望和协方差矩阵) 决定, 因此, 定义 3.2.1 中的 (1) 和 (2) 可转化为验证 $\{B_t\}$ 是高斯过程, 并刻画 $(B_{t_1}, \cdots, B_{t_n})$ 的期望和协方差矩阵: 对所有的 t 都有 $EB_t = 0$; 当 $s \geqslant t \geqslant 0$ 时,

$$EB_t B_s = EB_t(B_t + (B_s - B_t)) = EB_t^2 + EB_t(B_s - B_t) = t.$$

命题 3.2.4 假设 $\{X_t : t \geqslant 0\}$ 是高斯过程, 并且

$$EX_t = 0, \quad \forall t \geqslant 0; \quad \mathrm{Cov}(X_t, X_s) = t, \quad \forall s \geqslant t \geqslant 0,$$

则 $\{X_t\}$ 满足定义 3.2.1中的 (1) 与 (2). 进一步, 若 $\{X_t\}$ 还具有轨道连续性, 则 $\{X_t\}$ 是标准布朗运动.

例 3.2.5 (尺度变换性质 (scaling property)) 假设 $\{B_t : t \geqslant 0\}$ 是标准布朗运动, $c > 0$. 令

$$X_t = \frac{1}{c} B_{c^2 t}, \quad t \geqslant 0,$$

则 $\{X_t : t \geqslant 0\}$ 也是标准布朗运动, 理由如下: 显然 $X_0 = 0$, $\{X_t\}$ 是高斯过程, 并且对任意 $t \geqslant 0$, $EX_t = 0$. 下面我们计算协方差: 对任意 $s \geqslant t \geqslant 0$,

$$EX_t X_s = E\left(\frac{1}{c} B_{c^2 t} \cdot \frac{1}{c} B_{c^2 s}\right) = \frac{1}{c^2} EB_{c^2 t} B_{c^2 s} = \frac{1}{c^2} \cdot c^2 t = t.$$

进一步, $\{X_t\}$ 也具有轨道连续性, 因为作为时间 t 的函数, X_t 是 B_t 与连续函数的复合. 从而 $\{X_t\}$ 是标准布朗运动.

例 3.2.6 假设 $\{B_t : t \geqslant 0\}$ 是标准布朗运动. 令

$$
W_t = \begin{cases} tB_{1/t}, & t > 0, \\ 0, & t = 0, \end{cases}
$$

则 $\{W_t : t \geqslant 0\}$ 也是标准布朗运动, 理由如下: 它是高斯过程, 并且对任意 $t \geqslant 0$, $EW_t = 0$. 下面我们计算协方差: 对任意 $s \geqslant t = 0$, $EW_t W_s = EW_0 W_s = 0$; 对任意 $s \geqslant t > 0$,

$$
EW_t W_s = E(tB_{1/t} \cdot sB_{1/s}) = tsEB_{1/t}B_{1/s} = ts \cdot \frac{1}{s} = t.
$$

进一步, $\{W_t\}$ 在 $(0, \infty)$ 上连续. 最后, 还需要验证轨道在 $t = 0$ 连续, 这将在推论 3.4.9 中完成.

假设 $d \geqslant 2$, $\{B_t^{(1)} : t \geqslant 0\}, \{B_t^{(2)} : t \geqslant 0\}, \cdots, \{B_t^{(d)} : t \geqslant 0\}$ 是 d 个相互独立的标准布朗运动, 记

$$
\vec{B}_t = (B_t^{(1)}, B_t^{(2)}, \cdots, B_t^{(d)}).
$$

定义 3.2.7 称 $\{\vec{B}_t : t \geqslant 0\}$ 为 d 维标准布朗运动.

命题 3.2.8 假设 $\{\vec{B}_t : t \geqslant 0\}$ 是 d 维标准布朗运动, $\mathbf{O} = (o_{ij})_{d \times d}$ 是 n 维正交矩阵, 则 $\{\mathbf{O}\vec{B}_t : t \geqslant 0\}$ 仍然是 d 维标准布朗运动.

证 记 $\vec{X}_t = (X_t^{(1)}, X_t^{(2)}, \cdots, X_t^{(d)}) = \mathbf{O}\vec{B}_t$. 注意到 $\{X_t^{(i)} : i = 1, \cdots, d, \ t \geqslant 0\}$ 是轨道连续的, 其任何有限维分布都是正态分布, 且对任意 $t \geqslant 0$, $EX_t^{(i)} = 0$. 因而, 我们只须计算所有的协方差. 对任意 $1 \leqslant i, j \leqslant d, t > s \geqslant 0$,

$$
EX_t^{(i)} X_s^{(j)} = E\left(\sum_{k=1}^d o_{ik}B_t^{(k)}\right)\left(\sum_{l=1}^d o_{jl}B_s^{(l)}\right) = \sum_{k=1}^d \sum_{l=1}^d o_{ik}o_{jl}EB_t^{(k)}B_s^{(l)}
$$

$$
= \sum_{k=1}^d \sum_{l=1}^d o_{ik}o_{jl} \cdot s \cdot \mathbf{1}_{\{k=l\}} = s\sum_{k=1}^d o_{ik}o_{jk} = s\mathbf{1}_{\{i=j\}}.
$$

对任意 i, 在上式中取 $j = i$ 便知 $\{X_t^{(i)} : t \geqslant 0\}$ 是标准布朗运动. 因为高维高斯分布的协方差为 0 等价于相互独立, 所以 $\{X_t^{(1)}\}, \{X_t^{(2)}\}, \cdots,$ $\{X_t^{(n)}\}$ 相互独立. 因此, $\{\vec{X}_t\}$ 仍然是 n 维标准布朗运动. $\qquad\square$

二、莱维构造

研究对象的存在性是数学理论中要处理的第一个基本问题, 否则, 后续的所有研究都有可能毫无意义. 在第一章, 我们用独立同分布的均匀分布序列构造马氏链, 在第二章, 我们用马氏链和指数分布序列构造跳过程. 现在, 我们给出布朗运动的一种构造.

引理 3.2.9 假设 $X \sim N(0, \sigma^2)$. 若 $\tilde{X}$ 与 X 独立同分布, 则

$$Y := \frac{1}{2}(X + \tilde{X}), \quad Z := \frac{1}{2}(X - \tilde{X})$$

都服从 $N(0, \sigma^2/2)$, 并且 Y 与 Z 相互独立.

注意到 $X = Y + Z$, 因此我们总可以利用上述引理, 将一个零均值的正态变量分解为两个独立同分布的正态变量之和.

下面, 我们构造 $\{B_t : 0 \leqslant t \leqslant 1\}$, 方法是利用引理 3.2.9 进行插值, 递归地给出所有二分点上的值. 具体地, 令 $B_0 = 0$, 任取 $\xi = \xi_{0,1} \sim N(0,1)$, 令 $B_1 := \xi_{0,1}$. 第一步, 取 $\tilde{\xi} = \tilde{\xi}_{0,1}$ 与 $\xi_{0,1}$ 独立同分布, 记

$$\xi_{1,1} = \frac{1}{2}(\xi + \tilde{\xi}), \quad \xi_{1,2} = \frac{1}{2}(\xi - \tilde{\xi}).$$

令 $B_{1/2} := \xi_{1,1}$, 于是 $B_1 - B_{1/2} = \xi_{1,2}$. 假设经过 n 步后, 我们得到 $\xi_{n,i}, B_{i/2^n}, i = 1, \cdots, 2^n$, 使得 $\xi_{n,i} = B_{i/2^n} - B_{(i-1)/2^n}, 1 \leqslant i \leqslant 2^n$ 独立同分布, 都服从 $N(0, 2^{-n})$. 那么, 在第 $n+1$ 步, 我们取独立于 $\xi_{n,i}$, $1 \leqslant i \leqslant 2^n$ 的独立同分布随机变量族 $\tilde{\xi}_{n,i}, 1 \leqslant i \leqslant 2^n$, 令

$$\xi_{n+1,2i-1} = \frac{1}{2}(\xi_{n,i} + \tilde{\xi}_{n,i}), \quad \xi_{n+1,2i} = \frac{1}{2}(\xi_{n,i} - \tilde{\xi}_{n,i}),$$

并令 $B_{i/2^{n+1}} = \xi_{n+1,1} + \cdots + \xi_{n+1,i}, i = 1, \cdots, 2^{n+1}$. 于是我们得到 $[0,1]$ 上的所有二分点上的随机变量 $\{B_{i/2^n}, \forall n \geqslant 1, i = 0, 1, \cdots, 2^n\}$.

最后, 还需要说明这些二分点上的随机变量几乎必然确定了一条关于 t 连续的随机轨道, 它就是我们要找的布朗运动. 具体地, 对任意 n, 取 $B_t^{(n)}$, 使得它在 $t = i/2^n$ 时取 $B(i/2^n)$, $0 \leqslant i \leqslant 2^n$, 在 $[(i-1)/2^n, i/2^n]$, $1 \leqslant i \leqslant 2^n$ 上是 t 的线性函数, 即对 $i = 1, \cdots, 2^n$, $t \in [(i-1)/2^n, i/2^n]$, 令

$$B^{(n)}(t) := B_{(i-1)/2^n} + 2^n \left(t - \frac{i-1}{2^n} \right) \xi_{n,i}.$$

在区间 $[(i-1)/2^n, i/2^n]$ 中, 比较 $B_t^{(n)}$ 与 $B_t^{(n+1)}$ 的值, 我们发现误差最大的地方出现在区间中点, 即

$$\max_{(i-1)/2^n \leqslant t \leqslant i/2^n} |B_t^{(n+1)} - B_t^{(n)}| = |B_{(2i-1)/2^n}^{(n+1)} - B_{(2i-1)/2^n}^{(n)}| = \frac{1}{2} |\tilde{\xi}_{n,i}|.$$

这表明

$$\max_{0 \leqslant t \leqslant 1} |B_t^{(n+1)} - B_t^{(n)}| = \frac{1}{2} \max_{1 \leqslant i \leqslant 2^n} |\tilde{\xi}_{n,i}|.$$

令

$$A_n := \left\{ \max_{1 \leqslant i \leqslant 2^n} |\tilde{\xi}_{n,i}| \geqslant 2^{-n/4} \sqrt{n} \right\}.$$

给定 $n \geqslant 1$, 注意到 $\tilde{\xi}_{n,i}$, $1 \leqslant i \leqslant 2^n$ 独立同分布, 都服从 $N(0, 2^{-n})$. 我们推出

$$P(A_n) \leqslant 2^n P\left(|\tilde{\xi}_{n,1}| \geqslant 2^{-n/4} \sqrt{n} \right) = 2^n P\left(|Z| \geqslant 2^{n/4} \sqrt{n} \right)$$

$$\leqslant 2^n \frac{E|Z|^4}{2^n n^2} = \frac{EZ^4}{n^2},$$

其中 $Z = 2^{n/2} \tilde{\xi}_{n,1} \sim N(0,1)$. 因此, $\sum_{n=1}^{\infty} P(A_n) < \infty$. 由引理 0.3.1, $P\left(\bigcup_{N=1}^{\infty} \bigcap_{n=N}^{\infty} A_n^c \right) = 1$. 在事件 $\bigcap_{n=N}^{\infty} A_n^c$ 上, 当 $n \geqslant N$ 时,

$$D_n := \max_{0 \leqslant t \leqslant 1} |B_t^{(n+1)} - B_t^{(n)}| \leqslant \frac{1}{2} \times 2^{-n/4} \sqrt{n}.$$

这表明 $\sum_{n=1}^{\infty} D_n < \infty$, 这蕴含着以 $[0,1]$ 为定义域的连续函数序列 $\{\mathbf{B}^{(n)} :$

$t \mapsto B_t^{(n)}\}$ 一致收敛到某连续函数 **B**. 综上, 存在 $[0,1]$ 上的连续函数 **B**, 使得

$$P\left(\mathbf{B}^{(n)} \text{ 在 } [0,1] \text{ 上一致收敛于 } \mathbf{B}\right) = 1.$$

最后, 利用上述办法, 构造一列独立同分布的 $[0,1]$ 上的随机连续函数, 将它们拼接起来便得到 $B(t)$, $t \geqslant 0$. 不难验证, 若 $t, s, t_1, \cdots, t_n$ 都是二分点, 那么定义 3.2.1 中的 (1) 和 (2) 成立. 进一步, 利用 B_t 关于 t 连续, 可以证明定义 3.2.1 中的 (1) 和 (2) 成立. 于是, $\{B_t\}$ 是标准布朗运动.

补充知识: 布朗运动的起源

1827 年植物学家布朗向英国皇家学会报告了他在显微镜下观察到的奇怪现象: 漂浮在液体表面的花粉 (中的) 大颗粒在毫无规律地随机移动. 后来此现象被命名为布朗运动 (Brownian motion). 19 世纪末分子理论正在形成, 人们认识到花粉大颗粒运动是因为它受到液体分子的不断碰撞. 当时的实验条件并不能直接观察分子, 而是通过观察花粉运动来检验有关分子的假设是否正确. 1905 年, 瑞士专利局的年轻职员爱因斯坦发表了 5 篇文章, 其中一篇是关于狭义相对论的, 一篇则给出了布朗运动的物理解释. 此前, 法国的 Louis Bachelier 于 1900 年在著名数学家庞加莱的指导下完成了他的博士论文, 他把股价变化解释为布朗运动, 分析了布朗运动的一些特性. 或许是题目的数学味不够浓厚, 他的文章当时并没有在数学界产生应有的影响, 而是很多年后才被人注意到. 今天, 世界性的金融数学学会就以他的名字命名. 1923 年, 在麻省理工学院任讲师的维纳给出了布朗运动的严格数学基础. 他提出了一个概率空间, 用来定义布朗运动, 后人称之为维纳空间. 这项研究工作恐怕是美国本土产生的第一个具有世界水平的数学研究成果. 第二次世界大战期间, 日本学者角谷静夫在饥饿困顿中发现了布朗运动与牛顿位势之间的联系, 他的同事伊藤清则提出有关布朗运动的一套计算理论, 被称为伊藤积分. 之后, 布朗运动的研究者纷至沓来, 有关文献汗牛充栋, 尤以法国莱维的工作最为丰富而深刻.

爱因斯坦的解释是: 花粉大颗粒受到了液体分子的不断碰撞, 而

液体分子本身在做不规则的运动. 将花粉大颗粒经过时间 t 之后的位移记为 X_t, 则 $X_0 = 0$; X_t 各向同性; $X_{t+s} - X_t$ 与 X_t 相互独立, 且与 X_s 具有相同的分布; 并且, X_t 关于 t 连续. 假设 X_t 的方差均存在, 那么,

$$EX_{t+s}^2 = \mathrm{Var}\big((X_{t+s} - X_t) + X_t\big) = \mathrm{Var}(X_{t+s} - X_t) + \mathrm{Var}(X_t)$$
$$= EX_s^2 + EX_t^2.$$

在连续性假设下,

$$EX_t^2 = \sigma^2 t,$$

其中 σ^2 为常数. 这个等式称为爱因斯坦方程. 事实上, $\{X_t/\sigma\}$ 为标准布朗运动.

维纳的贡献是: 取值于 $\mathbb{R}$ 的随机过程的轨道空间为

$$\Omega = \mathbb{R}^{[0,\infty)} = \{\omega : \omega \text{ 为 } [0,\infty) \text{ 到 } \mathbb{R} \text{ 的映射}\}.$$

对任意 $t \geqslant 0$, 令 $X_t(\omega) := \omega(t)$, 称 $\{X_t : t \geqslant 0\}$ 为**坐标过程**. 根据测度论知识, 考虑 Ω 上的乘积 σ 代数 $\mathscr{F}$, 则在 $(\Omega, \mathscr{F})$ 上存在唯一的概率 P, 使得 $\{X_t : t \geqslant 0\}$ 满足定义 3.2.1 中的 (1) 和 (2), 称此概率 P 为布朗分布. 下面考虑连续函数的全体:

$$\Omega_0 := C[0,\infty) = \{\omega : \omega \text{ 为 } [0,\infty) \text{ 到 } \mathbb{R} \text{ 的连续映射}\}.$$

麻烦的事情是, $\Omega_0 \notin \mathscr{F}$, 因此我们不能谈论 Ω_0 的概率. 下面考虑 $\mathscr{F}_0 := \{A \cap \Omega_0 : A \in \mathscr{F}\}$. 不难验证, 它是 Ω_0 上的 σ 代数. 维纳则成功地构造出了一个 $(\Omega_0, \mathscr{F}_0)$ 上的概率 P_0, 使得坐标过程满足定义 3.2.1 中的 (1) 和 (2). 因此, 这个概率也称为维纳测度, 布朗运动也被称为维纳过程, 有时也记为 $\{W_t : t \geqslant 0\}$. 于是, 可取 $\Omega_0 = C[0,\infty)$ 作为布朗运动的经典轨道空间.

有关布朗运动的部分参考文献: [3], [6] 第 7 章, [10], [8]; 测度论的参考文献: [1].

习　题

假设 $\{B_t\}$ 是一维标准布朗运动.

1. 对任意正整数 n, 求 $B_1 + B_2 + \cdots + B_n$ 的分布.

2. 设 $0 < t_1 < t_2 < t_3 < t_4$, 计算 $E\left(B_{t_1} B_{t_2} B_{t_3} B_{t_4}\right)$.

3. 设 $s > t > 0$, 试求:

(1) $E(B_s^2 - s | B_t = x)$;

(2) $E(B_s^3 - 3sB_s^2 | B_t = x)$;

(3) $E(B_s^4 - 6sB_s^2 + 3s^2 | B_t = x)$. (注: 对比 §1.7 习题 12.)

4. 设 $0 < s < t$, 试证:

$$P(B_s > 0, B_t > 0) = \frac{1}{4} + \frac{1}{2\pi} \arcsin \sqrt{\frac{s}{t}}.$$

5. 考虑 d 维标准布朗运动, 记 $\vec{x} = (x_1, \cdots, x_d)$, $\vec{y} = (y_1, \cdots, y_d)$.

(1) 证明: 转移密度有如下表达式:

$$p_t(\vec{x}, \vec{y}) = \prod_{i=1}^{d} p_t(x_i, y_i) = \frac{1}{(\sqrt{2\pi t})^d} \exp\left\{ -\sum_{i=1}^{d} \frac{(y_i - x_i)^2}{2t} \right\},$$

(2) 记 $G(\vec{x}, \vec{y}) := \int_0^\infty p_t(\vec{x}, \vec{y}) \mathrm{d}t$, 并称其为格林函数. 证明: 对 $d \geqslant 2$, $G(\vec{x}, \vec{y}) = \infty$; 对 $d \geqslant 3$,

$$G(\vec{x}, \vec{y}) = \frac{\Gamma(d/2 - 1)}{2\pi^{d/2}} \cdot \frac{1}{|\vec{x} - \vec{y}|^{d-2}}.$$

(注: 忽略前面的系数, 格林函数正是物理中的牛顿位势.)

6. 验证布朗运动的转移密度满足如下偏微分方程:

$$\frac{\partial p_t(x, y)}{\partial t} = \frac{1}{2} \sum_{i=1}^{n} \frac{\partial^2 p_t(x, y)}{\partial x_i^2} = \frac{1}{2} \sum_{i=1}^{n} \frac{\partial^2 p_t(x, y)}{\partial y_i^2}.$$

7. 设 $\{W_t\}$ 是标准布朗运动, 且与 $\{B_t\}$ 相互独立.

(1) 设 $\xi_t = aB_t + bW_t$, 若 $\{\xi_t\}$ 也是标准布朗运动, 那么 a 和 b 应满足什么条件?

(2) 对任意 $t \geqslant 0$, 令 $\eta_t = B_{2t} - B_t$, $\{\eta_t\}$ 是标准布朗运动吗? 试证明你的结论.

8. 证明下列随机过程都是标准布朗运动:

(1) $\{-B_t : t \geqslant 0\}$;

(2) $\{B_{t+u} - B_u : t \geqslant 0\}$;

(3) $\{B_{T-t} - B_T : 0 \leqslant t \leqslant T\}$. (仅有限时间段)

9. 假设 $\{X_t\}$ 是轨道连续的高斯过程,

$$EX_t = 0, \quad \forall t \geqslant 0; \quad \mathrm{Cov}(X_s, X_t) = f(s)g(t), \quad \forall s \geqslant t \geqslant 0,$$

其中, f, g 是 $\mathbb{R}_+$ 上的非负函数. 假设 f 取值严格正, $g(0) = 0$, $\varphi := g/f$ 连续、严格单调上升且 $\lim\limits_{t \to \infty} \varphi(t) = \infty$. 将 φ 的反函数记为 φ^{-1}. 对任意 $t \geqslant 0$, 令 $W_t = X_{\varphi^{-1}(t)}/f\big(\varphi^{-1}(t)\big)$. 证明: $\{W_t\}$ 是一维标准布朗运动.

§3.3* 不变原理概述

假设 $\{S_n : n \geqslant 0\}$ 是一维简单随机游动. 具体地, 假设 $\xi_1, \xi_2, \cdots$ 独立同分布, $P(\xi_1 = 1) = P(\xi_1 = -1) = 1/2$. 记 $S_0 = 0$, $S_n = \xi_1 + \cdots + \xi_n$, $n \geqslant 1$. 对任意整数 $m \geqslant 1$, 我们利用线性插值补充定义

$$S_{m+r} := (1-r)S_m + rS_{m+1}, \quad 0 < r < 1.$$

固定 n, 令

$$S_t^{(n)} = \frac{S_{nt}}{\sqrt{n}}, \quad \forall t \geqslant 0,$$

则 $\{S_t^{(n)} : t \geqslant 0\}$ 是轨道连续的过程. 它的轨道是由一维简单随机游动 (补充线性插值后) 的轨道通过时空尺度变换得到, 其中, 微观的单位时间长度等于 $1/n$, 微观的单位空间长度等于 $1/\sqrt{n}$. 不变原理说的是, 当 $n \to \infty$ 时, 随机轨道 $\{S_t^{(n)} : t \geqslant 0\}$ 的分布越来越像随机布朗轨道 $\{B_t : t \geqslant 0\}$ 的分布. 为了把这个结论说得更严格, 我们需要引入如下的一些定义.

任意给定 $T > 0$, 将 $[0,T]$ 上所有的连续函数 (即时间长度为 T 的所有连续轨道) 组成的集合记为 $C[0,T]$. 为符号的统一性, 对任意 $\varphi \in C[0,T]$, 我们将 t 在 φ 映射下的函数值记为 φ_t. 令

$$d_T(\varphi,\psi) := \max_{0 \leqslant t \leqslant T} |\varphi_t - \psi_t|, \quad \forall \varphi, \psi \in C[0,T],$$

则 d_T 是 $C[0,T]$ 上的距离, 且 $(C[0,T], d_T)$ 是完备可分的距离空间. 设 $f : C[0,T] \to \mathbb{R}$, 鉴于 f 是以轨道 (即时间的函数) 为自变量的函数, 我们称之为**泛函**. 若存在 $M > 0$, 使得

$$|f(\varphi)| \leqslant M, \quad \forall \varphi \in C[0,T],$$

则称 f 为 $C[0,T]$ 上的**有界泛函**. 如果 f 连续, 即对任意 $\varphi \in C[0,T]$,

$$\forall \varepsilon > 0, \exists \delta > 0, \text{使得: 若 } \psi \in C[0,T] \text{ 满足 } d(\varphi,\psi) < \delta, \text{则}$$

$$|f(\psi) - f(\varphi)| < \varepsilon,$$

则称 f 为 $C[0,T]$ 上的一个**连续泛函**.

定理 3.3.1 (不变原理)   对任意 $T > 0$ 和 $C[0,T]$ 上的任意有界连续泛函 f,

$$\lim_{n \to \infty} Ef(\{S_t^{(n)} : 0 \leqslant t \leqslant T\}) = Ef(\{B_t : 0 \leqslant t \leqslant T\}).$$

注 3.3.2   上式中, 左边的 E 表示在随机游动模型中求期望, 右边的 E 表示是在标准布朗运动模型中求期望. 虽然我们都用 E 来表示求期望, 但是这两个模型不一样, 即它们的样本空间和概率是不一样的. 在之后的注 3.5.3 中, 我们将简要说明不变原理成立的原因, 但其严格证明超出本书范围, 故此略去.

例 3.3.3   对任意 $\lambda \in \mathbb{R}$, 取 $f_\lambda(\varphi) = e^{i\lambda\varphi(1)}$, 则 f_λ 是 $C[0,1]$ 上的有界连续函数, 而

$$Ef_\lambda(\{C_t : 0 \leqslant t \leqslant 1\}) = Ee^{i\lambda S_n/\sqrt{n}},$$

此即 $S_n/\sqrt{n}$ 的特征函数, 它收敛到 $Ef_\lambda(\{B_t : 0 \leqslant t \leqslant 1\}) = E\mathrm{e}^{\mathrm{i}\lambda B_1}$, 即 B_1 的特征函数. 因此 $S_n/\sqrt{n}$ 依分布收敛到 B_1, 即中心极限定理成立.

例 3.3.4 当 $n \to \infty$ 时,

$$\frac{1}{\sqrt{n}} \sup_{0 \leqslant m \leqslant n} S_m \xrightarrow{d} \max_{0 \leqslant t \leqslant 1} B_t.$$

理由如下: 取 $T = 1$, 对任意 $\varphi \in C[0,1]$, 令 $M(\varphi) := \max\limits_{0 \leqslant t \leqslant 1} \varphi(t)$, 则 $M(\cdot)$ 是 $C[0,1]$ 上的连续函数. 这是因为, 若 $d_1(\varphi, \psi) < \varepsilon$, 则 $M(\varphi) = \varphi(t_0) \leqslant \psi(t_0) + \varepsilon \leqslant M(\psi) + \varepsilon$, 其中 t_0 为 φ 的 (某个) 最大值点. 同理, $M(\psi) \leqslant M(\varphi) + \varepsilon$, 于是 $|M(\varphi) - M(\psi)| < \varepsilon$. 对 $\mathbb{R}$ 上的任意有界连续函数 F, $F \circ M$ 是 $C[0,1]$ 上的有界连续函数. 由不变原理, 当 $n \to \infty$ 时,

$$EF\Big(M(\{S_t^{(n)} : 0 \leqslant t \leqslant 1\})\Big) \to EF\Big(M(\{B_t : 0 \leqslant t \leqslant 1\})\Big),$$

即 $EF(X_n) \to EF(X)$, 其中,

$$X_n = M(\{S_t^{(n)} : 0 \leqslant t \leqslant 1\}) = \frac{1}{\sqrt{n}} \sup_{0 \leqslant m \leqslant n} S_m,$$
$$X = M(\{B_t : 0 \leqslant t \leqslant 1\}) = \max_{0 \leqslant t \leqslant 1} B_t.$$

由 F 的任意性, 这表明 X_n 依分布收敛于 X.

习　题

1. 设 $\mathbf{f}$ 是 $\mathbb{R}^n$ 到 $\mathbb{R}$ 的连续函数, $0 \leqslant t_1 < t_2 < \cdots < t_n \leqslant T$. 令

$$f : C[0,T] \to \mathbb{R}, \quad \varphi \mapsto \mathbf{f}(\varphi_{t_1}, \varphi_{t_2}, \cdots, \varphi_{t_n}).$$

证明: f 是连续泛函.

§3.4 布朗轨道的性质

一、首达时

与马氏链和跳过程类似, 对任意实数 a, 布朗运动的**首达时**定义为

$$\tau_a := \inf\{t \geqslant 0 : B_t = a\}.$$

对任意 $r \geqslant 0$, 还可以考虑时刻 r 之后首达 a 的时间

$$\tau_a^{(r)} := \inf\{t \geqslant r : B_t = a\}.$$

定理 3.4.1 (强马氏性) 假设 $\{B_t : t \geqslant 0\}$ 是布朗运动, τ 为如上定义的首达时 τ_a 或 $\tau_a^{(r)}$. 令 $\hat{B}_t = B_{\tau+t} - B_\tau$, 则在已知 $\{\tau < \infty\}$ 的条件下, $\{\hat{B}_t : t \geqslant 0\}$ 是布朗运动, 且与 τ 相互独立.

推论 3.4.2 (反射原理) 对任意 $a > 0$,

$$P_0(\tau_a < t, B_t > a) = P_0(\tau_a < t, B_t < a).$$

上述定理类似于马氏链的强马氏性 (命题 1.4.10) 与一维简单随机游动的反射原理 (命题 1.4.3), 直观上很显然, 但证明超出本书范围, 有兴趣的同学可以参阅文献 [6].

命题 3.4.3 对任意 $a > 0$,

$$P_0(\tau_a \leqslant t) = 2P_0(B_t > a), \quad \forall\, t \geqslant 0.$$

进一步, τ_a 是连续型随机变量, 其密度函数为

$$p(t) = \begin{cases} \dfrac{a}{\sqrt{2\pi t^3}} \mathrm{e}^{-\frac{a^2}{2t}}, & t > 0, \\ 0, & \text{其他.} \end{cases}$$

证 因为 $P_0(B_t = a) = 0$, 所以

$$P_0(\tau_a < t) = P_0(\tau_a < t, B_t > a) + P_0(\tau_a < t, B_t < a).$$

由反射原理, $P_0(\tau_a < t) = 2P_0(\tau_a < t, B_t > a)$. 进一步, 因为布朗运动具有轨道连续性, 并且 $a > 0$, 所以 $\{B_t > a\} \subseteq \{\tau_a < t\}$, 从而 $P_0(\tau_a < t, B_t > a) = 2P_0(B_t > a)$. 因为 $B_t/\sqrt{t}$ 与 B_1 同分布, 所以 $P_0(B_t > a) = P_0\left(B_1 > a/\sqrt{t}\right)$. 综上,

$$P_0(\tau_a < t) = 2P_0\left(B_1 > a/\sqrt{t}\right).$$

令 $t \to \infty$, 上式右边趋于 $2P_0(B_1 > 0) = 1$. 因此, $P_0(\tau_a < \infty) = \lim_{t\to\infty} P(\tau < t) = 1$, 即 τ_a 是取值于实数的随机变量. 令 $s \to t+$, 便得到 τ_a 的分布函数:

$$P_0(\tau_a \leqslant t) = \lim_{s\to t+} P_0(\tau_a < s) = 2\lim_{s\to t+} P_0\left(B_1 > a/\sqrt{s}\right)$$
$$= 2P_0\left(B_1 > a/\sqrt{t}\right).$$

进一步, 对分布函数求导便得到 τ_a 的密度函数: 对任意 $t > 0$,

$$p(t) = \frac{\mathrm{d}}{\mathrm{d}t}P_0(\tau_a \leqslant t) = 2\frac{\mathrm{d}}{\mathrm{d}t}P_0\left(B_1 > \frac{a}{\sqrt{t}}\right)$$
$$= 2\phi\left(\frac{a}{\sqrt{t}}\right) \cdot \frac{\mathrm{d}}{\mathrm{d}t}\left(\frac{a}{\sqrt{t}}\right) = 2\frac{1}{\sqrt{2\pi}}\mathrm{e}^{-\frac{a^2}{2t}}\frac{a}{2\sqrt{t^3}} = \frac{a}{\sqrt{2\pi t^3}}\mathrm{e}^{-\frac{a^2}{2t}},$$

其中 $\phi(x) = \frac{1}{\sqrt{2\pi}}\mathrm{e}^{-\frac{x^2}{2}}$ 是 B_1 的密度函数. 从而命题成立. $\square$

例 3.4.4 对于 $a < 0$ 也有类似结论, 因为 τ_a 与 τ_{-a} 同分布. 对任意 $x, a \in \mathbb{R}$, 从 x 出发的布朗运动首达 a 的时间等价于从 0 出发的布朗运动首达 $a - x$ 的时间, 因此, $P_x(\tau_a < \infty) = 1$.

例 3.4.5 给定 $c \neq 0$. 对任意 $t \geqslant 0$, 令 $X_t := B_{c^2t}/c$. 对任意实数 a, 将 $\{X_t\}$ 的首达 a 的时间记为 $\hat{\tau}_a$. 那么,

$$\hat{\tau}_a = \inf\{t : X_t = a\} = \inf\{t : B_{c^2t} = ac\}$$
$$= \frac{1}{c^2}\inf\{c^2t : B_{c^2t} = ac\} = \frac{1}{c^2}\inf\{s : B_s = ac\} = \frac{1}{c^2}\tau_{ac}.$$

由例 3.2.5 知 $\{X_t\}$ 也是标准布朗运动, 因此 $\hat{\tau}_a \overset{d}{=} \tau_a$. 等价地,

$$\tau_{ac} \overset{d}{=} c^2 \tau_a.$$

例 3.4.6 将 a 视为新的"时间参数", 则 $\{\tau_a : a \geqslant 0\}$ 为随机过程, 称为**首达时过程**. 首达时过程的时间参数 a 对应于布朗运动的空间取值, 而它的空间取值 τ_a 则对应于布朗运动的时间参数. 记 $\hat{B}_t := B_{t+\tau_a} - B_t$. 对任意 $b > 0$, $\{\hat{B}_t\}$ 首达 b 的时间为 $\tau_{a+b} - \tau_a$. 于是, 根据定理 3.4.1, $\tau_{a+b} - \tau_a$ 与 τ_a 相互独立且与 τ_b 同分布. 事实上, $\{\tau_a : a \geqslant 0\}$ 也是独立、平稳增量过程, 其增量的分布由命题 3.4.3 给出.

往证存在 $\beta < 0$, 使得

$$f(\lambda, a) := E\mathrm{e}^{-\lambda \tau_a} = \mathrm{e}^{\beta \sqrt{\lambda} a}, \quad \forall \lambda > 0. \tag{3.4.1}$$

首先, 固定 λ. 根据 $\{\tau_a : a \geqslant 0\}$ 是独立、平稳增量过程,

$$f(\lambda, a+b) = E\mathrm{e}^{-\lambda \tau_{a+b}} = E\mathrm{e}^{-\lambda \tau_a} \cdot E\mathrm{e}^{-\lambda(\tau_{a+b} - \tau_b)} = E\mathrm{e}^{-\lambda \tau_a} \cdot E\mathrm{e}^{-\lambda \tau_b}$$
$$= f(\lambda, a) \cdot f(\lambda, b).$$

这表明 $\ln f(\lambda, a+b) = \ln f(\lambda, a) + \ln f(\lambda, b)$. 事实上, 所有独立、平稳增量过程都有类似的结论. 进一步, 因为 $f(\lambda, a)$ 关于 a 单调下降, 所以 $\ln f(\lambda, a)$ 是 a 的线性函数. 取 $\beta(\lambda) = \ln f(\lambda, 1)$, 便得到

$$\ln f(\lambda, a) = \beta(\lambda) \cdot a, \quad \forall a \geqslant 0.$$

在上例中取 $c = 1/a$ 便知 $\tau_a \overset{d}{=} a^2 \tau_1$, 因此,

$$f(a^2 \lambda, 1) = E\mathrm{e}^{-\lambda a^2 \tau_1} = E\mathrm{e}^{-\lambda \tau_a} = f(\lambda, a),$$

即 $\beta(a^2 \lambda) = \beta(\lambda) \cdot a$. 在这个式子中, 将 λ 设为 1, 将 a^2 视为 λ, 便可推出

$$\beta(\lambda) = \beta(1) \cdot \sqrt{\lambda}.$$

记 $\beta = \beta(1)$, 便得到 (3.4.1) 式.

最后, 为求出常数 β, 我们需要利用 τ_a 的密度函数. 具体地,

$$Ee^{-2\tau_1} = \int_0^\infty e^{-2t}\frac{1}{\sqrt{2\pi t^3}}e^{-\frac{1}{2t}}\,\mathrm{d}t = \frac{1}{\sqrt\pi}I,$$

其中, 我们做变量替换 $s = 2t$, 并令

$$I := \int_0^\infty e^{-(s+\frac1s)}\frac{1}{\sqrt{s^3}}\,\mathrm{d}s.$$

将 $1/s$ 视为新的变量 s, 则

$$I = \int_0^\infty e^{-(\frac1s+s)}\sqrt{s}^2\,\mathrm{d}\frac{1}{\sqrt s} = \int_0^\infty e^{-(s+\frac1s)}\frac{1}{\sqrt s}\,\mathrm{d}s.$$

令 $u = \sqrt s - 1/\sqrt s$, 那么, $u^2 = s + 1/s - 2$, 且 $\mathrm{d}u = \frac12(s^{-\frac12}+s^{-\frac32})\mathrm{d}s$. 因此,

$$I = \int_0^\infty e^{-(s+\frac1s)}\cdot\frac12\left(\frac{1}{\sqrt{s^3}}+\frac{1}{\sqrt s}\right)\mathrm{d}s = \int_{-\infty}^\infty e^{-(u^2+2)}\,\mathrm{d}u = \sqrt\pi e^{-2}.$$

于是, 取 $\lambda = 2, a = 1$ 知 $e^{\sqrt2\beta} = Ee^{-2\tau_1} = e^{-2}$, 即 $\beta = -\sqrt2$.

我们当然可以利用 τ_a 的密度函数进行计算, 并直接得到 $Ee^{-\lambda\tau_a} = e^{-\sqrt{2\lambda}a}$. 需要说明的是, 在 (3.4.1) 式的推导中, 我们刻意回避 τ_a 的密度函数, 为了强调这一结论只跟强马氏性和尺度变换性质有关, 跟 τ_a 的具体密度函数无关.

二、最大值

因为 B_s 在 $s \in [0,t]$ 上连续, 因此它一定达到最大值. 令

$$M_t := \max_{0\leqslant s\leqslant t} B_s.$$

命题 3.4.7 M_t 是连续型随机变量, 且与 $|B_t|$ 同分布.

证 显然 $M_t \geqslant B_0 = 0$. 由命题 3.4.3, 对任意 $a > 0$,

$$P_0(M_t \geqslant a) = P_0(\tau_a \leqslant t) = 2P_0(B_t > a) = P_0(|B_t| > a).$$

从而命题成立. □

注意到 $P_0(M_t = 0) = 0$, 我们可以推出: 最大值 M_t 不能在区间 $[0, t]$ 的边界取到. 这是因为, 若最大值在左端点取到, 即 $M_t = B_0$, 那么 $M_t = 0$, 该事件的概率为 0; 若最大值在右端点取到, 即 $M_t = B_t$, 那么我们可以考虑 $\tilde{B}_s = B_{t-s} - B_t$, $0 \leqslant s \leqslant t$, 这是 (有限时间区间上的) 标准布朗运动, $M_t = B_t$ 表明 $\tilde{M}_t := \max\limits_{0 \leqslant s \leqslant t} \tilde{B}_s = 0$, 该事件的概率也为 0. 换言之, 最大值点只能出现在区间内部 $(0, t)$. 下面的推论表明, 最大值点是唯一的.

推论 3.4.8 对任意 $t > 0$,

$$P_0 \left(\exists u, v \in (0, t),\ u \neq v,\ \text{使得}\ B_u = B_v = M_t \right) = 0.$$

证 若存在两个不相等的时刻 u 与 v, 不妨设 $u < v$, 我们就能在 (u, v) 中找到一个有理数 r. 于是, 上述事件蕴含着: 存在有理数 r, 使得 A_r 发生, 其中

$$A_r := \left\{ \exists u \in (0, r),\ v \in (r, t),\ \text{使得}\ B_u = B_v = M_t \right\}.$$

往证 $r \in \mathbb{Q}_+ \cap (0, t)$ 都有 $P(A_r) = 0$. 固定 r, 令

$$\hat{B}_s = B_{r-s} - B_r, \quad 0 \leqslant s \leqslant r; \quad \tilde{B}_s = B_{s+r} - B_r, \quad s \geqslant 0,$$

则 $\{\hat{B}_s : 0 \leqslant s \leqslant r\}$ 与 $\{\tilde{B}_s : s \geqslant 0\}$ 是相互独立的布朗运动. 令

$$\hat{M}_r := \max\limits_{0 \leqslant s \leqslant r} \hat{B}_s, \quad \tilde{M}_{t-r} := \max\limits_{0 \leqslant s \leqslant t-r} \tilde{B}_s,$$

那么, $\hat{M}_r$ 与 $\tilde{M}_{t-r}$ 相互独立. 注意到它们都是连续型随机变量, 因此 $(\hat{M}_r, \tilde{M}_{t-r})$ 是二维连续型随机向量. 于是,

$$P_0(A_r) = P_0 \left(\hat{M}_r = \tilde{M}_{t-r} \right) = 0.$$

最后,

$$P_0\big(\exists\, u, v \in (0, t), u \neq v, \text{ 使得} B_u = B_v = M_t\big)$$

$$\leqslant P_0\left(\bigcup_{r \in \mathbb{Q}_+ \cap (0,t)} A_r\right) \leqslant \sum_{r \in \mathbb{Q}_+ \cap (0,t)} P_0(A_r) = 0.$$

因此, 该推论成立. $\qquad\square$

推论 3.4.9 $P_0\left(\lim_{t \to \infty} B_t/t = 0\right) = 1.$

证 因为 $B_0 = 0$, 所以

$$B_n = (B_1 - B_0) + (B_2 - B_1) + \cdots + (B_n - B_{n-1}),$$

其中, $B_m - B_{m-1}, m = 1, 2, \cdots$ 是独立同分布的随机变量序列. 由强大数定律,

$$\frac{1}{n} B_n \xrightarrow{\text{a.s.}} E B_1 = 0.$$

对任意 $n \geqslant 0$, 令

$$X_n := \sup_{n \leqslant t \leqslant n+1} (B_t - B_n), \quad Y_n := \sup_{n \leqslant t \leqslant n+1} (B_n - B_t),$$

则 $X_0, X_1, X_2, \cdots$ 是独立同分布的随机变量序列, 且 X_0 与 M_1 同分布, 即它与 $|B_1|$ 同分布. 由推论 0.3.2,

$$\frac{1}{n} X_n \xrightarrow{\text{a.s.}} 0, \quad \frac{1}{n} Y_n \xrightarrow{\text{a.s.}} 0.$$

注意到当 $n \leqslant t \leqslant n+1$ 时, $|B_t| \leqslant |B_n| + X_n + Y_n$. 我们便可以推出 $B_t/t \xrightarrow{\text{a.s.}} 0.$ $\qquad\square$

三、轨道性质

命题 3.4.10 P_0 (对任意 $a < b$, B_t 在 $[a, b]$ 上不是单调函数) $= 1.$

证 给定 $r < s$, 记

$$A_{r,s} := \{B_t \text{ 在区间 } [r, s] \text{ 上单调}\}.$$

对任意正整数 n, 记 $r_{n,m} = r + m(s-r)/n$, $m = 0, 1, \cdots, n$. 那么, $B_{r_{n,m}} - B_{r_{n,m-1}}$, $m = 1, \cdots, n$ 独立同分布, 都服从 $N(0, (s-r)/n)$. 若 $A_{r,s}$ 发生, 则 $B_{r_{n,m}} - B_{r_{n,m-1}}$, $m = 1, \cdots, n$ 全部同号. 因此,

$$P(A_{r,s}) \leqslant P(B_{r_{n,m}} - B_{r_{n,m-1}} \geqslant 0, m = 1, \cdots, n)$$
$$+ P(B_{r_{n,m}} - B_{r_{n,m-1}} \leqslant 0, m = 1, \cdots, n)$$
$$\leqslant 2 \cdot 2^{-n}.$$

由 n 的任意性, $P(A_{r,s}) = 0$.

对任意 $a < b$, 存在有理数 r, s 满足 $a < r < s < b$. 若 B_t 在区间 $[a, b]$ 上单调, 则 $A_{r,s}$ 发生. 于是,

$$P_0\big(\exists\, a < b, \text{ 使得 } B_t \text{ 在区间 } (a, b) \text{ 中单调}\big)$$
$$\leqslant P_0\left(\bigcup_{r,s \in \mathbb{Q}, 0 < r < s} A_{r,s}\right) \leqslant \sum_{r,s \in \mathbb{Q}, 0 < r < s} P_0(A_{r,s}) = 0.$$

因此命题成立. $\hfill\square$

命题 3.4.11 布朗运动的轨道以概率 1 处处不可微.

证 先来刻画"布朗运动的轨道存在可微点"这一事件. 将在整数区间 $[N, N+1]$ 出现可微点的事件记为 A_N, 即

$$A_N := \left\{\exists\, t_0 \in [N, N+1], \text{ 使得 } \lim_{t \in [N,N+1], t \to t_0} \frac{B_t - B_{t_0}}{t - t_0} \text{ 存在}\right\}.$$

我们先考虑 $N = 0$ 的情形. 假设事件 A_0 发生且 $t_0 \in [0, 1]$, 使得 $\lim\limits_{t \in [0,1], t \to t_0} (B_t - B_{t_0})/(s - t_0)$ 存在, 则存在 $M > 0$ 和充分小的 $\delta > 0$, 使得

$$|B_t - B_{t_0}| \leqslant M|t - t_0|, \quad \forall\, t \in [0, 1] \cap [t_0 - \delta, t_0 + \delta].$$

当 $4/n < \delta$ 时, 存在 $0 \leqslant k \leqslant n-3$, 使得 $(k+i)/n \in [0, 1] \cap [t_0 - \delta, t_0 + \delta]$, $i = 0, 1, 2, 3$. 于是,

$$\left|B_{(k+i)/n} - B_{t_0}\right| \leqslant \frac{4M}{n}, \quad i = 0, 1, 2, 3.$$

这蕴含着下面定义的事件 $A_{M,n,k}$ 发生:

$$A_{M,n,k} := \left\{ \left| B_{(k+i)/n} - B_{(k+i-1)/n} \right| \leqslant \frac{8M}{n}, i = 1, 2, 3 \right\}.$$

综上,

$$A_0 \subseteq \bigcup_{M=1}^{\infty} \bigcup_{N=1}^{\infty} \bigcap_{n=N}^{\infty} \bigcup_{k=0}^{n-3} A_{M,n,k}.$$

往证上式右端的事件的概率为 0. 对任意 $M, N \geqslant 1$, $n \geqslant N$, 固定 $k = 0, \cdots, n-3$, 注意到 $B_{(k+i)/n} - B_{(k+i-1)/n}$, $i = 1, 2, 3$ 是相互独立的随机变量, 它们都与 $B_1/\sqrt{n}$ 同分布, 并且

$$P_0 \left(\frac{1}{\sqrt{n}} |B_1| \leqslant \frac{8M}{n} \right) = \int_{-8M/\sqrt{n}}^{8M/\sqrt{n}} \frac{1}{\sqrt{2\pi}} e^{-\frac{x^2}{2}} \, dx \leqslant \frac{8M}{\sqrt{n}}.$$

于是 $P(A_{M,n,k}) \leqslant (8M/\sqrt{n})^3$. 进一步,

$$\sum_{k=0}^{n-3} P\left(A_{M,n,k} \right) \leqslant n(8M/\sqrt{n})^3 \overset{n \to \infty}{\longrightarrow} 0.$$

这表明 $P_0 \left(\bigcap_{n=N}^{\infty} \bigcup_{k=0}^{n-3} A_{M,n,k} \right) = 0.$ □

对任意 $\delta > 0$, 令

$$\operatorname{osc}(\delta) := \max_{t,s \in [0,1], |t-s| \leqslant \delta} |B_t - B_s|.$$

它表示布朗运动在单位时间区间内的 δ 步长的最大振幅 (oscillation).

命题 3.4.12

$$P_0 \left(\limsup_{\delta \to 0} \frac{\operatorname{osc}(\delta)}{(-\delta \ln \delta)^{1/2}} \leqslant 6 \right) = 1.$$

证 对任意整数 $n, m \geqslant 0$, 考虑二分区间 $I_{n,m} = [(m-1)/2^n, m/2^n]$, $m = 1, \cdots, 2^n$. 令

$$\Delta_{n,m} := \max_{s \in I_{n,m}} |B_s - B_{m/2^n}|.$$

由布朗运动的平稳、独立增量性, $\Delta_{n,1}, \cdots, \Delta_{n,2^n}$ 独立同分布. 根据布朗运动的尺度变换性质 (具体地, 在例 3.2.5 中取 $c = 2^{-n}$) 知

$$\Delta_{n,1} \overset{d}{=} 2^{-n/2} \max_{0 \leqslant u \leqslant 1} |B_u|.$$

对任意 $x \geqslant 4/\sqrt{2\pi}$,

$$
\begin{aligned}
P_0(\Delta_{n,m} > 2^{-n/2}x) &= P_0\left(\max_{0 \leqslant u \leqslant 1} |B_u| > x\right) \\
&= P_0\left(\max_{0 \leqslant u \leqslant 1} B_u > x \text{ 或 } \max_{0 \leqslant u \leqslant 1} (-B_u) > x\right) \\
&= 2P_0(M_1 > x) = 2P_0(|B_1| > x) = 4P_0(B_1 > x) \\
&= \int_x^\infty \frac{4}{\sqrt{2\pi}} e^{-z^2/2} dz \leqslant \int_x^\infty z e^{-z^2/2} dz = e^{-x^2/2}.
\end{aligned}
$$

特别地, 取定 $\varepsilon > 0$, 并令

$$x_n = \sqrt{2(1+\varepsilon)n \ln 2},$$

令

$$A_n := \left\{\exists 1 \leqslant m \leqslant 2^n, \text{ 使得 } \Delta_{n,m} > 2^{-n/2} x_n\right\}.$$

当 $n \geqslant 2$ 时,

$$P_0(A_n) = 2^n \times 2^{-(1+\varepsilon)n} = 2^{-\varepsilon n}.$$

由于 $\sum_{n=1}^\infty 2^{-\varepsilon n} < \infty$, 根据引理 0.3.1, $P\left(\bigcap_{N=1}^\infty \bigcup_{n=N}^\infty A_n\right) = 0$, 即

$$P\left(\bigcup_{N=1}^\infty \bigcap_{n=N}^\infty A_n^c\right) = 1.$$

下面假设事件 $\bigcap_{n=N}^\infty A_n^c$ 发生. 记 $n = \lfloor -\ln\delta/\ln 2 \rfloor$, 即 $2^{-(n+1)} < \delta \leqslant 2^{-n}$. 当 $\delta \leqslant 2^{-N}$ 时, $n \geqslant N$, 并假设 $t, s \in [0,1]$, $|t - s| < \delta$. 假设 $s \in I_{n,m}$, $t \in I_{n,m'}$. 不妨假设 $t > s$, 即 $m' \geqslant m$. 根据 $t - s < \delta \leqslant 2^{-n}$,

m' 只可能为 m 或 $m+1$. 根据三角不等式,

$$
\begin{cases}
|B_t - B_s| \leqslant |B_t - B_{m/2^n}| + |B_{m/2^n} - B_s| \\
\qquad \leqslant 2\Delta_{n,m}, \quad \text{若} m' = m; \\
|B_t - B_s| \leqslant |B_t - B_{(m+1)/2^n}| + |B_{(m+1)/2^n} - B_{m/2^n}| + |B_{m/2^n} - B_s| \\
\qquad \leqslant \Delta_{n,m+1} + 2\Delta_{n,m}, \quad \text{若} m' = m+1.
\end{cases}
$$

于是, 我们总有

$$|B_t - B_s| \leqslant 3 \times 2^{-n/2} x_n \leqslant 3\sqrt{2\delta}\sqrt{2(1+\varepsilon)\ln(\delta^{-1})} = 6\sqrt{1+\varepsilon} \cdot \sqrt{-\delta\ln\delta}.$$

综上, 如果事件 $\bigcap_{n=N}^{\infty} A_n^c$ 发生, 那么对任意 $\delta \leqslant 2^{-N}$ 都有

$$\mathrm{osc}(\delta)/\sqrt{\delta\log_2(\delta^{-1})} \leqslant 6\sqrt{1+\varepsilon}.$$

令 $\delta \to 0$ 知,

$$\bigcap_{n=N}^{\infty} A_n^c \subseteq \left\{ \limsup_{\delta \to 0} \frac{\mathrm{osc}(\delta)}{(-\delta\ln\delta)^{1/2}} \leqslant 6\sqrt{1+\varepsilon} \right\}.$$

最后, 令 $N \to \infty$ 知上式右边的事件的概率等于 1, 再由 ε 的任意性知结论成立. $\square$

注 3.4.13 对任意 $\alpha \in (0, 1/2)$, 存在随机变量 η, 使得

$$P_0\left(|B_t - B_s| \leqslant \eta \cdot |t-s|^{\alpha}, \ \forall t, s \in [0,1]\right) = 1.$$

但此结论在 $\alpha = 1/2$ 时不成立.

四、零点

将布朗轨道在 $[0,t]$ 上的最后一个零点记为 L_t. 根据布朗运动的轨道连续性, $B_{L_t} = 0$. 因此,

$$L_t := \sup\{s \leqslant t : B_s = 0\} = \max\{s \leqslant t : B_s = 0\}.$$

命题 3.4.14 (反正弦律) 对任意 $t \geqslant s \geqslant 0$,

$$P_0(L_t \leqslant s) = \frac{2}{\pi} \arcsin \sqrt{\frac{s}{t}}.$$

进一步, L_t 为连续型随机变量, 密度函数如下:

$$p(s) = \begin{cases} 1/(\pi\sqrt{t(t-s)}), & s \in (0,t), \\ 0, & \text{其他.} \end{cases}$$

证 因为 L_t 只取值于区间 $[0,t]$, 所以只用考虑 $s \in (0,t)$ 的情形. 取定 $s \in (0,t)$, $P_0(B_s = 0) = 0$, 因此以下总假设 $B_s \neq 0$. 事件 $\{L_t \leqslant s\}$ 即是 "布朗轨道在 $[s,t]$ 中没有零点", 这等价于 "布朗轨道在 s 之后的第一个零点大于 t". 综上, 对任意 $u \geqslant 0$, 记 $\tilde{B}_u = B_{u+s} - B_s$, 令

$$\tau := \inf\{u \geqslant 0 : B_{u+s} = 0\},$$

则

$$P_0(L_t \leqslant s) = P_0(\tau > t - s).$$

下面研究 τ. 为表述得更清晰, 我们将样本 ω 写出来,

$$\begin{aligned} \tau(\omega) &= \inf\{u \geqslant 0 : B_{u+s}(\omega) = 0\} \\ &= \inf\{u \geqslant 0 : B_{u+s}(\omega) - B_s(\omega) = -B_s(\omega)\} \\ &= \inf\{u \geqslant 0 : \tilde{B}_u(\omega) = -B_s(\omega)\}. \end{aligned}$$

当 $B_s = x$ 时, τ 就是 $\{\tilde{B}_u\}$ 首达 $-x$ 的时间 $\tilde{\tau}_{-x}$, 其中,

$$\tilde{\tau}_a := \inf\{u \geqslant 0 : \tilde{B}_u = a\}, \quad \forall a \in \mathbb{R}.$$

因为 $\{\tilde{B}_u\}$ 是布朗运动, 并且它与 B_s 相互独立, 所以

$$P_0(L_t \leqslant s) = P(\tau > t - s) = \int_{-\infty}^{\infty} p_s(0,x) P_0(\tilde{\tau}_{-x} > t - s)\,\mathrm{d}x.$$

根据反射原理,

$$P_0(\tilde{\tau}_{-x} > t - s) = P_0\left(|\tilde{B}_{t-s}| \leqslant |x|\right).$$

于是

$$P_0(L_t \leqslant s) = \int_{-\infty}^{\infty} p_s(0,x) P_0(|\tilde{B}_{t-s}| \leqslant |x|)\mathrm{d}x = P_0(|\tilde{B}_{t-s}| \leqslant |B_s|).$$

记

$$W = B_s/\sqrt{s}, \quad Z = \tilde{B}_{t-s}/\sqrt{t-s},$$

那么, W 与 Z 相互独立, 都服从 $N(0,1)$. 将 (Z,W) 用极坐标表达为 $W = R\cos U$, $Z = R\sin U$, 其中 $R > 0$, $U \in (-\pi,\pi)$. 那么, $U \sim U(-\pi,\pi)$. 于是,

$$\begin{aligned}
P_0(L_t \leqslant s) &= P\left(\sqrt{t-s}|Z| \leqslant \sqrt{s}|W|\right) \\
&= P\left(|U| \leqslant \arcsin\sqrt{s/t}\right) + P\left(|U| \geqslant \pi - \arcsin\sqrt{s/t}\right) \\
&= 4 \times \frac{1}{2\pi}\arcsin\sqrt{s/t} = \frac{2}{\pi}\arcsin\sqrt{s/t}.
\end{aligned}$$

将上式右边对 s 求导, 我们得到 L_t 的密度函数在 s 的取值, 所以当 $s \in (0,t)$ 时,

$$p(s) = \frac{2}{\pi}\frac{1}{\sqrt{1-(\sqrt{s/t})^2}}\frac{\mathrm{d}\sqrt{s/t}}{\mathrm{d}s} = \frac{2}{\pi}\sqrt{\frac{t}{t-s}}\frac{1}{2\sqrt{st}} = \frac{1}{\pi\sqrt{s(t-s)}}.$$

因此命题成立. □

记

$$\sigma_0 = \inf\{t > 0 : B_t = 0\}.$$

推论 3.4.15 $P_0(\sigma_0 = 0) = 1.$

证 对任意整数 $n \geqslant 1$, 根据反正弦律, $P_0(0 < L_{1/n} < 1/n) = 1$. 因此, 事件 $A := \bigcap_{n=1}^{\infty}\{0 < L_{1/n} < 1/n\}$ 的概率为 1. 当事件 A 发生时, $L_{1/n} > 0$ 且 $\lim_{n\to\infty} L_{1/n} = 0$, 于是, $\sigma_0 = 0$. 从而,

$$P_0(\sigma_0 = 0) \geqslant P(A) = 1.$$ □

注 3.4.16 上述推论表明布朗运动事实上没有"首次返回的时间",因为在任意小的正时刻之前它已经返回过出发点. 进一步, 对任意 $a \neq 0$, 令 $\tilde{B}_t = B_{\tau_a + t} - B_t$, $t \geqslant 0$, $\tilde{\sigma}_0 = \inf\{t > 0 : \tilde{B}_t = 0\}$. 根据强马氏性, $\{\tilde{B}_t\}$ 是从 0 出发的布朗运动, 因此 $P_0(\tilde{\sigma}_0 = 0) = 1$. 从而, $\{B_t\}$ 没有"第二次到达 a"的时间.

令

$$\mathcal{Z} := \{t \geqslant 0 : B_t = 0\},$$

它是布朗轨道的零点集, 是 $[0, \infty)$ 的随机子集. 因为布朗运动的轨道是连续的, 所以 $\mathcal{Z}$ 为闭集.

定义 3.4.17 假设 D 为 $\mathbb{R}$ 中的闭集. 如果任意 $t \in D$ 都存在一列 $t_1, t_2, \cdots \in D$, 使得对所有的 $n \geqslant 1$, $t_n \neq t$ 并且 $\lim\limits_{n \to \infty} t_n = t$, 则称 D 为**完全集**.

推论 3.4.18 $P_0(\mathcal{Z}$ 是完全集$) = 1$.

证 记

$$\mathcal{Z}' := \{t \in \mathcal{Z} : \exists t_1, t_2, \cdots \in \mathcal{Z} \cap [0, t), \text{ 使得 } \lim_{n \to \infty} t_n = t\}.$$

往证 $P_0(\mathcal{Z} \subseteq \mathcal{Z}') = 1$. 令

$$C_- := \{t > 0 : \exists t_1, t_2, \cdots \in \mathcal{Z} \cap [0, t), \text{ 使得 } \lim_{n \to \infty} t_n = t\},$$
$$C_+ := \{t > 0 : \exists \delta > 0, \text{使得 } B_s \neq 0, \ \forall \, s \in (t - \delta, t)\},$$

那么,

$$\mathcal{Z} = \{0\} \cup C_- \cup C_+.$$

由 $P_0(\sigma_0 = 0) = 1$ 知 $P_0(0 \in \mathcal{Z}') = 1$; 根据 C_- 的定义, $P_0(C_- \subseteq \mathcal{Z}') = 1$. 因此, 我们只须证明 $P_0(C_+ \subseteq \mathcal{Z}') = 1$. 对任意 $t \in C_+$, 存在 $r \in \mathbb{Q} \cap (0, t)$, 使得当 $s \in [r, t)$ 时 $B_s \neq 0$. 于是 t 是时刻 r 之后的第一个零点, 即

$$t = \tau_0^{(r)} := \inf\{s \geqslant r : B_s = 0\}.$$

注意到 $B_{\tau_0^{(r)}} = 0$. 令

$$\hat{B}_t = B_{\tau_0^{(r)}+t}, \quad \forall t \geqslant 0.$$

根据强马氏性, $\{\hat{B}_t\}$ 是布朗运动. 记 $\hat{\sigma}_0 = \inf\{t > 0 : \hat{B}_t = 0\}$. 当事件 $\{\hat{\sigma}_0 = 0\}$ 发生时, 存在 $s_1, s_2, \cdots > 0$, 使得 $\lim\limits_{n \to \infty} s_n = 0$, 并且 $\hat{B}_{s_n} = 0$. 记 $t_n = \tau_0^{(r)} + s_n$, 那么, $t_1, t_2, \cdots \in \mathcal{Z}$, 且 $\lim\limits_{n \to \infty} t_n = \tau_0^{(r)}$. 因此, $\tau_0^{(r)} \in \mathcal{Z}'$. 综上,

$$P_0(\tau_0^{(r)} \in \mathcal{Z}') \geqslant P_0(\hat{\sigma}_0 = 0) = 1.$$

从而, 结论成立. □

习 题

假设 $\{B_t\}$ 是一维标准布朗运动.

1. 假设直线上有 k 只猫从原点出发, 独立地做一维标准布朗运动, 并且有一只死老鼠位于位置 1. 将猫最先到达死老鼠位置的时刻记为 σ. 证明: $k \leqslant 2$ 时, $E\sigma = \infty$; $k \geqslant 3$ 时, $E\sigma < \infty$.

2. 设 $\{W_t\}$ 是一维标准布朗运动, 且与 $\{B_t\}$ 相互独立. 对任意 $a > 0$, 令 $Y_a = W_{\tau_a}$, 其中 $\tau_a = \inf\{t \geqslant 0 : B_t = a\}$.

(1) 求 Y_a 的分布, 并证明 Y_a 与 aY_1 同分布.

(2) 设 $b > a > 0$, 证明: Y_a 与 $Y_b - Y_a$ 相互独立.

(注: $\{Y_a : a \geqslant 0\}$ 被称为柯西(Cauchy) 过程, 它是独立平稳增量的随机过程, 但轨道不连续.)

3. 试证: 对任意 $t > 0$, M_t 与 $|B_t|$ 同分布.

4. 设 $x > y$, 试求 $P(M_t \geqslant x, B_t \leqslant y)$. (用积分表达)

5. 证明 (M_t, B_t) 是二维连续型随机变量, 并求其联合密度函数.

6*. 将 $[0, t]$ 上唯一的最大值点记为 Λ_t. 证明 (M_t, B_t, Λ_t) 是三维连续型随机变量, 并求其联合密度函数.

7. 证明: $P_0(M_t > a | B_t = M_t) = e^{-a^2/2t}$. (注: 令 $X_t = M_t - B_t$, 先求 (M_t, X_t) 的联合密度.)

8. 假设 $0 < s < t$. 试求 $P\left(\exists u \in (s,t),\ \text{使得}\ M_u = B_u\right)$.

9*. 对任意 $t \geqslant 0$, 记 $Y_t = M_t - B_t$. 对任意 $0 < s < t$, 证明:

(1) $Y_t = \max\left\{\max_{s \leqslant u \leqslant t}(B_u - B_s), Y_s\right\} - (B_t - B_s)$;

(2) (Y_s, Y_t) 与 $(|B_s|, |B_t|)$ 同分布.

10. 证明: 对任意 $C, t > 0$,

$$P\left(\sup_{0 \leqslant u \leqslant t}|B_u| > C\right) \leqslant \frac{2t}{C^2}.$$

11*. 证明上题中, 不等号右边的常数 2 可以改为 1.

12. 证明: 对任意 $x \in \mathbb{R}$, $P_0\left(\lim_{y \to x}\tau_y = \tau_x\right) = 1$.

13. 利用上题证明 $P_0(\sigma_0 = 0) = 1$.

14. 用两种方法证明一维标准布朗运动是点常返的, 即

$$P_0\left(\forall t > 0, \exists s > t,\ \text{使得}\ B_s = 0\right) = 1.$$

15. 设 $0 < t_0 \leqslant t_1 \leqslant t_2$. 试求:

$$P_0(B_s \neq 0, \forall s \in (t_0, t_2) \mid B_s \neq 0, \forall s \in (t_0, t_1)).$$

16. 令 $X_t = \begin{cases} B_t, & t \neq \tau_1, \\ 0, & t = \tau_1. \end{cases}$ 试验证: $\{X_t\}$ 满足定义 3.2.1 中的 (1) 和 (2), 但不满足其中的 (3). (注: 满足 (1) 和 (2) 的过程并不唯一.)

17. 证明: $R := \inf\{t > 1 : B_t = 0\}$ 的概率密度为

$$\rho(t) = \begin{cases} 1/(\pi t \sqrt{t-1}), & t > 1, \\ 0, & \text{其他.} \end{cases}$$

18. 证明: 布朗轨道的局部极大值点是稠集, 即

$$\{t \geqslant 0 : \exists\, \delta > 0,\ \text{使得若}\, |s - t| < \delta, s \neq t, \text{则}\ B_s < B_t\}$$

以概率 1 是 $\mathbb{R}$ 中的稠集.

19* 证明: 对任意 $\alpha \in (0, 1/2)$, 存在依赖于 α 的随机变量 η_α, 使得

$$P_0\big(|B_t - B_s| \leqslant \eta_\alpha |t-s|^\alpha, \ \forall t, s \in [0,1]\big) = 1.$$

20*. 考虑布朗轨道的零点集 $\mathcal{Z} = \{t \geqslant 0 : B_t = 0\}$. 对任意正整数 n, 令

$$X_n = \left| \left\{ i : 1 \leqslant i \leqslant n, \mathcal{Z} \bigcap \left[\frac{i-1}{n}, \frac{i}{n}\right] \neq \varnothing \right\} \right|.$$

证明: $\lim\limits_{n\to\infty} EX_n/\sqrt{n} = 1$.

§3.5 位 势 理 论

一、一维情形

在一维情形, 我们总假设

$$a < x < b, \quad \{B_t : t \geqslant 0\} \text{ 是从 } x \text{ 出发的布朗运动}.$$

对任意 $c \in \mathbb{R}$, 记

$$\tau_c := \inf\{t \geqslant 0 : B_t = c\}, \quad \tau = \min\{\tau_a, \tau_b\}.$$

命题 3.5.1 对任意 $a \leqslant x \leqslant b$,

$$P_x(\tau_b < \tau_a) = \frac{x-a}{b-a}, \quad P_x(\tau_a < \tau_b) = \frac{b-x}{b-a}.$$

证 记 $\varphi(x) = P_x(\tau_b < \tau_a)$. 假设 $a < x < b$, $\delta > 0$, 使得 $a \leqslant x - \delta < x < x + \delta \leqslant b$. 令 $\sigma := \tau_{x-\delta} \wedge \tau_{x+\delta}$. 一方面, 由对称性,

$$P_x(B_\sigma = x + \delta) = P_x(\tau_{x+\delta} < \tau_{x-\delta}) = \frac{1}{2}.$$

另一方面, 根据轨道连续性, $\sigma \leqslant \tau_a \wedge \tau_b$. 记 $\hat{B}_t = B_{\sigma+t}$, 根据强马氏性, 在 $\{B_\tau = x+\delta\}$ 的条件下, $\{\hat{B}_t\}$ 是从 $x+\delta$ 出发的布朗运动, 而在 $\{B_\sigma = x - \delta\}$ 的条件下, $\{\hat{B}_t\}$ 是从 $x+\delta$ 出发的布朗运动, 并且总有

$$\tau_a = \tau + \hat{\tau}_a, \quad \tau_b = \tau + \hat{\tau}_b.$$

因此,

$$\begin{aligned}
\varphi(x) &= P(B_\sigma = x + \delta)P(\tau_a < \tau_b | B_\sigma = x + \delta) \\
&\quad + P(B_\sigma = x - \delta)P(\tau_a < \tau_b | B_\sigma = x - \delta) \\
&= \frac{1}{2}P(\hat{\tau}_b < \hat{\tau}_a | B_\sigma = x + \delta) + \frac{1}{2}P(\hat{\tau}_b < \hat{\tau}_a | B_\sigma = x - \delta) \\
&= \frac{1}{2}P_{x+\delta}(\tau_b < \tau_a) + \frac{1}{2}P_{x-\delta}(\tau_b < \tau_a) = \frac{1}{2}\big(\varphi(x + \delta) + \varphi(x - \delta)\big).
\end{aligned}$$

注意到边界值 $\varphi(a) = 0$, $\varphi(b) = 1$. 于是, 根据上式, $\varphi\big((a + b)/2\big) = \big(\varphi(a) + \varphi(b)\big)/2 = 1/2$. 然后, 利用归纳法不难证明, 对区间 $[a,b]$ 中的二分点 x (即存在整数 $n \geqslant 1$, $1 \leqslant m \leqslant 2^n$, 使得 $x = a + m(b-a)/2^n$ 的点), 总有 $\varphi(x) = (x-a)/(b-a)$. 进一步, 由强马氏性, 当 $a < x < y < b$ 时,

$$\varphi(x) = P_x(\tau_y < \tau_a)\varphi(y) \leqslant \varphi(y).$$

因此, $\varphi(x)$ 是单调上升的. 因此, 对任意 $x \in (a,b)$, 我们可以取一列二分点 $x_1, x_2, \cdots$ 单调上升到 x; 再取一列二分点 $y_1, y_2, \cdots$ 单调下降到 x, 于是推出 $\varphi(x) = (x - a)/(b - a)$ 成立. 进一步, 由命题 3.4.3,

$$P_x(\tau_a < \infty) = P_x(\tau_b < \infty) = 1.$$

当 $\tau_a < \infty$ 且 $\tau_b < \infty$ 时, 必有 $\tau_a \neq \tau_b$. 因此 $P_x(\tau_a < \tau_b) + P_x(\tau_b < \tau_a) = 1$. 从而结论成立. □

例 3.5.2 假设 $\{B_t\}$ 是从 0 出发的一维布朗运动. 令 $\sigma_0 = 0$. 对于 $n \geqslant 1$, 递归地定义

$$\sigma_n := \inf\{t \geqslant \sigma_{n-1}, |B_t - B_{\sigma_{n-1}}| = 1\},$$

则 $\sigma_1, \sigma_2 - \sigma_1, \sigma_3 - \sigma_2, \cdots$ 独立同分布. 令 $S_0 := 0, S_n = B_{\sigma_n}, n \geqslant 1$. 那么, 由强马氏性 (定理 3.4.1) 和上述命题, $\{S_n\}$ 是一维简单随机游动.

注 3.5.3 假设 $\{B_t\}$ 是从 0 出发的一维布朗运动. 给定 $N \geqslant 1$, 令 $\sigma_0 = 0$. 对于 $n \geqslant 1$, 递归地定义

$$\sigma_n := \inf\left\{t \geqslant \sigma_{n-1}, |B_t - B_{\sigma_{n-1}}| = \frac{1}{\sqrt{N}}\right\}.$$

令 $S_0 := 0$, $S_n = \sqrt{N}B_{\sigma_n}$, $n \geqslant 1$. 仿照例 3.5.2, 我们推出 $\{S_n^{(N)}\}$ 是一维简单随机游动. 仿照 §3.3, 将 $\{S_n^{(N)}\}$ 线性插值得到 $\{S_t^{(N)}\}$, 并令

$$B_t^{(N)} := \frac{S_{Nt}^{(N)}}{\sqrt{N}}, \quad t \geqslant 0.$$

那么, 对任意 $T > 0$, 当 $N \to \infty$ 时,

$$\max_{0 \leqslant t \leqslant T} |B_t^{(N)} - B_t| \xrightarrow{P} 0.$$

上式的证明超过了本书的要求范围, 故此略去. 基于上式, 不变原理成立, 因为依概率收敛蕴含着依分布收敛.

推论 3.5.4 (瓦尔德引理) $E_x B_\tau = x$.

证 $E_x B_\tau = b P_x(B_\tau = b) + a P_x(B_\tau = a) = x$. □

引理 3.5.5 $\sup\limits_{a \leqslant x \leqslant b} E_x \tau^\alpha < \infty$ 对任意 $\alpha > 0$ 都成立.

证 记 $\delta = \sup\limits_{a \leqslant x \leqslant b} P_x(B_1 \in [a,b])$. 注意到 $f(x) := P_x(B_1 \in [a,b])$ 关于 x 连续, 所以它在区间 $[a,b]$ 上可以取到最大值, 即存在 $x_0 \in [a,b]$, 使得 $\delta = f(x_0)$. 因此, $\delta < 1$. 进一步, 对任意整数 $n \geqslant 1$, 注意到事件 $\{\tau > n\}$ 是否成立, 仅依赖于 $\{B_t : t \leqslant n\}$, 因此它与 $\hat{B}_1 = B_{n+1} - B_n$ 相互独立. 在已知 $\{B_t : t \leqslant n\}$ 的条件下, 如果 $\{\tau > n\}$ 为真, 那么 $B_n \in [a,b]$, 于是 $\{B_{n+1} \in [a,b]\}$ 的 (条件) 概率不超过 δ. 综上,

$$P_x(\tau > n+1) \leqslant P_x(\tau > n, B_{n+1} \in [a,b]) \leqslant \delta P_x(\tau > n).$$

由归纳法, 对任意 $n \geqslant 1$, $P_x(\tau > n) \leqslant \delta^n$. 显然, 此不等式对 $n = 0$ 也成立. 因此, 对任意 $\alpha > 0$,

$$E_x \tau^\alpha = \int_0^\infty P_x(\tau^\alpha > t)\mathrm{d}t = \sum_{n=0}^\infty \int_{n^\alpha}^{(n+1)^\alpha} P_x(\tau^\alpha > t)\mathrm{d}t$$

$$\leqslant \sum_{n=0}^\infty (n+1)^\alpha P_x(\tau > n) \leqslant \sum_{n=0}^\infty (n+1)^\alpha \delta^n.$$

上式右边的级数收敛且不依赖于 x, 从而结论成立. □

引理 3.5.6 (瓦尔德第二引理) $E_x(B_\tau - x)^2 = E_x\tau.$

由于该引理的证明已经超过本书的要求范围, 故此略去. 读者可比照简单随机游动的结论进行理解, 有兴趣的读者可以参阅文献 [6] 中的定理 7.5.5.

推论 3.5.7 $E_x\tau = (x-a)(b-x).$

证 由命题 3.5.1 和引理 3.5.6,

$$E_x\tau = E_x(B_\tau - x)^2 = \frac{x-a}{b-a}(b-x)^2 + \frac{b-x}{b-a}(a-x)^2 = (x-a)(b-x). \quad \Box$$

假设 $f : \{a,b\} \to \mathbb{R}$ 是区间边界上的函数, 令

$$\varphi(x) := E_x f(B_\tau);$$

假设 $g : (a,b) \to \mathbb{R}$ 是区间内部的函数, 令

$$\psi(x) := E_x \int_0^\tau g(B_t)\mathrm{d}t.$$

命题 3.5.8 φ 是如下**狄利克雷问题**的解:

$$\begin{cases} \varphi''(x) = 0, & \forall x \in (a,b), \\ \lim_{y \in (a,b), y \to x} \varphi(y) = f(x), & x = a \text{ 或 } b. \end{cases}$$

若 g 有界连续, 则 ψ 是如下**泊松问题**的解:

$$\begin{cases} \psi''(x) = -2g(x), & \forall x \in (a,b), \\ \lim_{y \in (a,b), y \to x} \psi(y) = 0, & \forall x \in \{a,b\}. \end{cases}$$

证 对于第一个方程. 由命题 3.4.3 及命题 3.5.1,

$$\varphi(x) = f(a)P_x(B_\tau = a) + f(b)P_x(B_\tau = b) = f(a)\frac{b-x}{b-a} + f(b)\frac{x-a}{b-a},$$

故结论成立.

对于第二个方程. 首先, 往证 ψ 在 (a,b) 上连续. 假设 $M > 0$, 使得对所有的 $x \in (a,b)$, $|g(x)| \leqslant M$. 由引理 3.5.5, $\psi(x) \leqslant \|g\|E_x\tau < \infty$, 其中 $\|g\| = \sup\limits_{x \in (a,b)} |g(x)|$. 首先, 我们证明 ψ 在 (a,b) 中连续. 对任意 $x \in (a,b)$, 取 $\delta > 0$, 使得 $a < x-\delta$ 且 $x+\delta < b$. 令 $\sigma = \min\{\tau_{x-\delta}, \tau_{x+\delta}\}$. 于是, 根据强马氏性, 当 $y \in (x - \delta, x + \delta)$ 时,

$$\psi(y) = E_y \int_0^\sigma g(B_t)\mathrm{d}t + P_y(B_\sigma = x-\delta)\psi(x-\delta) + P_y(B_\sigma = x+\delta)\psi(x+\delta),$$

由推论 3.5.7,

$$\left|E_y \int_0^\sigma g(B_t)\mathrm{d}t\right| \leqslant M|E_y\sigma| \leqslant M\delta^2.$$

令 $y \to x$. 注意到 $P_y(B_\sigma = x - \delta)$ 在 $(x - \delta, x + \delta)$ 上连续. 因此,

$$\limsup_{y \to x} |\psi(y) - \psi(x)| \leqslant 2M\delta^2.$$

再令 $\delta \to 0$, 便知 ψ 在 x 连续.

其次, 往证对任意 $x \in (a,b)$, $\psi''(x) = g(x)$. 取 δ 与 σ 同上, 那么,

$$E_x \int_0^\tau g(B_t)\mathrm{d}t = E_x \int_0^\sigma g(B_t)\mathrm{d}t + E_x \int_\sigma^\tau g(B_t)\mathrm{d}t.$$

由强马氏性,

$$E_x \int_\sigma^\tau g(B_t)\mathrm{d}t = \frac{1}{2}(\psi(x + \delta) + \psi(x - \delta)).$$

于是

$$\psi(x + \delta) - 2\psi(x) + \psi(x - \delta) = -2E_x \int_0^\sigma g(B_t)\mathrm{d}t.$$

记 $M_\delta := \sup\limits_{x-\delta \leqslant y \leqslant x+\delta} |g(x) - g(y)|$. 注意到 $E_x \int_0^\sigma g(x)\mathrm{d}t = g(x)E_x\sigma = \delta^2 g(x)$. 我们推出:

$$\left|\psi(x + \delta) - 2\psi(x) + \psi(x - \delta) - \left(-2\delta^2 g(x)\right)\right|$$
$$= 2\left|E_x \int_0^\sigma (g(B_t) - g(x))\mathrm{d}t\right| \leqslant 2E_x \int_0^\sigma |g(B_t) - g(x)|\mathrm{d}t$$
$$\leqslant 2M_\delta \cdot E_x\sigma = 2M_\delta\delta^2.$$

令 $\delta \to 0$, 由 g 的连续性, $M_\delta \to 0$, 因此,

$$\lim_{\delta \to 0} \frac{\psi(x+\delta) - 2\psi(x) + \psi(x-\delta)}{\delta^2} = -2g(x).$$

又因为 ψ 是连续函数, 由下面的引理知结论成立. □

引理 3.5.9 (施瓦茨定理) 设 $\psi, h : (a,b) \to \mathbb{R}$ 连续, 且

$$\lim_{\delta \to 0} \frac{\psi(x+\delta) - 2\psi(x) + \psi(x-\delta)}{\delta^2} = h(x), \quad \forall x \in (a,b),$$

则 ψ 在 (a,b) 上二阶连续可微, 且 $\psi'' = h$.

最后, 往证当 y 趋于边界 a 或 b 时, $\psi(y) \to 0$. M 同上. 于是,

$$|\psi(y)| \leqslant M E_y \tau = M(y-a)(b-y).$$

上式右边在 $y \to a$ 或 $y \to b$ 时都收敛到 0, 因此结论成立. □

注 3.5.10 事实上, g 的"有界连续"的要求可以放宽, 例如, 假设 g 有界, 且仅有有限个不连续点 $x_1, \cdots, x_n$. 那么, 结论则改为: ψ 在 (a,b) 中连续可导, ψ' 在 (a,b) 中仅在 $x_1, \cdots, x_n$ 不可导, 且 $\psi''(x) = -2g(x)$ 对任意 $x \in (a,b) \setminus \{x_1, \cdots, x_n\}$ 成立.

二、高维情形及其应用

称 $\mathbb{R}^d$ 中的非空、有界、连通的开集为区域, 记为 D. 称 $\partial D = \bar{D} \setminus D$ 为 D 的边界, 其中 $\bar{D}$ 为 D 的闭包. 在高维时, 我们需要对区域边界 ∂D 加一些所谓的 "正则性" 假设, 以保证对任意 $a \in \partial D$, 当 $x \to a$ 时, 从 x 出发的布朗运动首达边界 ∂D 时的位置收敛到 a. 于是, 下面定义的 φ 和 ψ 可以连续到边界 (读者可以对照一维情形的证明来理解). 正则性假设是至关重要的, 光滑的边界都是正则的, 此处我们只罗列结论, 有兴趣的同学可阅读文献 [3].

假设 D 是 $\mathbb{R}^d$ 中的边界光滑的区域, f 是 ∂D 上的连续函数, g 是

D 上的有界连续函数, 令

$$\varphi(x) := E_x f(B_\tau), \quad \psi(x) := E_x \int_0^\tau g(B_t)\mathrm{d}t.$$

记

$$\Delta = \sum_{i=1}^d \frac{\partial^2}{\partial x_i^2}.$$

命题 3.5.11 φ 是下列狄利克雷问题的解:

$$\begin{cases} \Delta\varphi(x) = 0, & \forall x \in D, \\ \lim_{y \in D, y \to x} \varphi(y) = f(x), & \forall x \in \partial D. \end{cases}$$

ψ 是下列泊松问题的解:

$$\begin{cases} \Delta\psi(x) = -2g(x), & \forall x \in D, \\ \lim_{y \in D, y \to x} \psi(y) = 0, & \forall x \in \partial D. \end{cases}$$

注 3.5.12 更一般地, f 和 g 还可以是分段连续函数. 那么, 关于 φ 的结论修改为: 若 f 在 x 连续, 则 $\lim_{y \in D, y \to x} \varphi(y) = f(x)$. 而关于 ψ 的结论则修改为: $\psi(x)$ 在 D 内一阶连续可导, 在 g 的连续点 x 存在二阶导数, 并且 $\Delta\psi(x) = -2g(x)$.

注 3.5.13 满足 $\Delta\varphi = 0$ 的函数 φ 被称为调和函数. 因此, φ 是边界函数 f 在区间内部的调和延拓.

例 3.5.14 (d 维标准布朗运动的常返性) 假设 $\{\vec{B}_t\}$ 是 d 维标准布朗运动. 对任意 $r > 0$, 令

$$\tau_r := \inf\{t \geqslant 0 : \|\vec{B}_t\| = r\},$$

其中 $\|\cdot\|$ 表示 d 维欧氏模. 也就是说, τ_r 表示 $\{\vec{B}_t\}$ 首次击中 $\mathbb{R}^d$ 中半径为 r 的球面的时间. 假设 $\vec{x} \in \mathbb{R}^d$, $0 < \varepsilon < \|\vec{x}\| < R$, 我们考虑

$$\varphi(\vec{x}) = P_{\vec{x}}(\tau_\varepsilon < \tau_R).$$

令 $D = \{\vec{y} : \varepsilon < \|\vec{y}\| < R\}$, 则 $\varphi(\vec{x})$ 是狄利克雷问题的解. 由于高维布朗运动在正交变换 (即旋转) 下仍是布朗运动, 所以 φ 是径向对称的函数, 即其函数值只依赖于 $r := \|\vec{x}\|$. 令 $z = r^2$, 记 $\varphi(\vec{x}) = F(z)$, 并令 $F' = G$. 于是

$$\Delta\varphi(\vec{x}) = 4F''(z) + 2dF'(z) = 4G'(z) + 2dG(z).$$

由 $\Delta\psi$ 在区域 D 内恒等于 0, 我们推出

$$2G'(z) + dG(z) = 0, \quad \forall z \in (\varepsilon^2, R^2).$$

解得 $G' = Cz^{-d/2}$, 其中 C 是待定常数. 进一步, 由 $F' = G$ 推出

$$F(r^2) = \begin{cases} C_1 r + C_2, & d = 1, \\ C_1 \ln r + C_2, & d = 2, \\ C_1 r^{2-d}, & d \geqslant 3. \end{cases}$$

根据边界条件, 当 $\|\vec{x}\| = R$ 时, $F(R^2) = \varphi(\vec{x}) = 1$; 当 $\|\vec{x}\| = \varepsilon$ 时, $F(\varepsilon^2) = \varphi(\vec{x}) = 0$. 由此可得

$$\varphi(\vec{x}) = \begin{cases} (R - \|\vec{x}\|)/(R - \varepsilon), & d = 1, \\ (\ln R - \ln \|\vec{x}\|)/(\ln R - \ln \varepsilon), & d = 2, \\ (R^{2-d} - \|\vec{x}\|^{2-d})/(R^{2-d} - \varepsilon^{2-d}), & d \geqslant 3. \end{cases}$$

当 $d = 1$ 或 2 时, 固定 ε, 令 $R \to \infty$, 则

$$P_{\vec{x}}(\tau_\varepsilon < \infty) \geqslant P_{\vec{x}}(\tau_\varepsilon < \tau_R) \to 1.$$

这表明布朗运动以概率 1 击中半径为 ε 的小球. 事实上, $d = 1$ 时, 由之前的结论 $P_0(\tau_a < \infty) = 1$ 及其轨道连续性, 我们已经知道布朗运动以概率 1 取遍 $\mathbb{R}$.

当 $d \geqslant 3$ 时, 首先, $\{\vec{B}_t\}$ 的第一维坐标 $\{B_t^{(1)}\}$ 是一维布朗运动, 它以概率 1 能到达 $R + 1$, 此时, $\{\vec{B}_t\}$ 离开 $\mathbb{R}^d$ 中半径为 R 的球, 因此, $P_{\vec{x}}(\tau_R < \infty) = 1$. 其次, 令 $R \to \infty$, 则 τ_R 单调上升, 将其极限记为 τ.

那么, 对任意 $T > 0$, 若 $\{\tau \leqslant T\}$ 发生, 则在 $[0,T]$ 这个有限的闭区间上, B_t 没有上界, 这与轨道连续性是矛盾的, 因此, 该事件的概率为 0. 令 $T \to \infty$, 便可推出 $P_{\vec{x}}(\tau = \infty) = 1$. 综上, 我们得到如下结论:

$$P_{\vec{x}}(\tau_R < \infty) = 1, \quad \forall R \geqslant \|\vec{x}\|,$$
$$P_{\vec{x}}\left(\lim_{R\to\infty} \tau_R = \infty\right) = 1.$$

最后, 固定 ε, 对整数 $n \geqslant \|\vec{x}\|$, 记 $A_n = \{\tau_\varepsilon < \tau_n\}$. 那么,

$$P_{\vec{x}}(\tau_\varepsilon < \infty) = P_{\vec{x}}(\exists n \geqslant \|\vec{x}\|, \text{使得 } \tau_\varepsilon < \tau_n)$$
$$= \lim_{n\to\infty} P_{\vec{x}}(\tau_n < \tau_\varepsilon) = \frac{\varepsilon^{d-2}}{\|\vec{x}\|^{d-2}}.$$

因此, 布朗运动以正概率不能击中半径为 ε 的小球. 最后, 令 $\tau_{\vec{y},\varepsilon} := \inf\{t \geqslant 0 : \|\vec{B}_t - \vec{y}\| \leqslant \varepsilon\}$, 我们得到如下总结:

当 $d = 1$ 时, 对任意 $x, y \in \mathbb{R}$, $P_x(\tau_y < \infty) = 1$ 都成立.

当 $d = 2$ 时, 对任意 $\vec{x}, \vec{y} \in \mathbb{R}^2$ 及 $\varepsilon > 0$, $P_{\vec{x}}(\tau_{\vec{y},\varepsilon} < \infty) = 1$ 都成立.

当 $d = 3$ 时, 对任意 $\vec{x}, \vec{y} \in \mathbb{R}^2$ 及 $\varepsilon > 0$, 如下结论成立: 若 $\|\vec{x} - \vec{y}\| \leqslant \varepsilon$, 则 $P_{\vec{x}}(\tau_{\vec{y},\varepsilon} < \infty) = 1$; 若 $\|\vec{x} - \vec{y}\| > \varepsilon$, 则

$$P_{\vec{x}}(\tau_{\vec{y},\varepsilon} < \infty) = \frac{\varepsilon^{d-2}}{\|\vec{x} - \vec{y}\|^{d-2}}.$$

注 3.5.15 我们称一维布朗运动为"点"常返的, 二维布朗运动为"集合"常返的, 三维以上的布朗运动为非常返的.

例 3.5.16 考虑 $D = [0,1]$, 记 $\tau = \tau_{\partial D} = \min\{\tau_0, \tau_1\}$, 给定 $0 \leqslant y < z \leqslant 1$. 对任意 $x \in [0,1]$, 令

$$\psi(x) := E_x \int_0^\tau \mathbf{1}_{\{y \leqslant B_t \leqslant z\}} \mathrm{d}t.$$

它是泊松问题的解, 其中 $g(x) = \mathbf{1}_{\{y \leqslant x \leqslant z\}}$ 是分段连续函数. 因此, ψ 在 $[y, z]$ 上为二次函数, 在 $[0, y]$ 与 $[z, 1]$ 上都为线性函数. 根据边值条

件 $\psi(0) = \psi(1) = 0$, 不难得到

$$\psi(x) = \begin{cases} -x^2 + ax + b, & y \leqslant x \leqslant z, \\[2mm] \dfrac{x}{y}h(y), & 0 \leqslant x \leqslant y, \\[2mm] \dfrac{1-x}{1-z}h(z), & z \leqslant x \leqslant 1, \end{cases}$$

其中 a, b 为待定常数. 进一步, 根据 ψ 的连续可导, 我们可通过 ψ 在 y 和 z 的左右导数相等解出 a, b. 具体地, a, b 满足如下方程:

$$\begin{cases} \psi'(y) = h'(y) = \dfrac{h(y)}{y}, \\[3mm] \psi'(z) = h'(z) = -\dfrac{h(z)}{1-z}, \end{cases}$$

解得

$$a = 2z - (z^2 - y^2), \quad b = -y^2.$$

进一步, 对 $0 \leqslant u \leqslant w \leqslant 1$, 令

$$p(u, w) = p(w, u) := 2u(1 - w).$$

那么,

$$\psi(x) = \int_y^z p(x, w)\mathrm{d}w.$$

例 3.5.17* (区域上的格林函数)　假设 $\{\vec{B}_t\}$ 为 d 维布朗运动, D_0 为 $\mathbb{R}^d$ 中的边界光滑的区域, $\vec{x} \in D$. 记 $\tau = \tau_{\partial D_0}$. 对任意 D_0 的子区域 D, 从 $\vec{x}$ 出发的布朗运动在到达边界之前在 D 中停留的平均总时间为

$$\mu(D) := E_{\vec{x}} \int_0^\tau \mathbf{1}_D(\vec{B}_t)\mathrm{d}t = E_{\vec{x}} \int_0^\infty \mathbf{1}_{\{\vec{B}_t \in D, \tau > t\}}\mathrm{d}t$$
$$= \int_0^\infty P_{\vec{x}}(\vec{B}_t \in D, \tau > t)\mathrm{d}t,$$

其中, 最后一个等号用到了富比尼定理 (定理 0.3.7). 利用测度论中的知识点 (Radon-Nikodym 导数, 详见文献 [1] 中的第四章第 3 节) 可以

证明, 存在 $\rho_t(\vec{x}, \vec{w})$, 使得对所有子区域 D,

$$P_{\vec{x}}(\vec{B}_t \in D, \tau > t) = \int_{\vec{w} \in D} \rho_t(\vec{x}, \vec{w}) \mathrm{d}\vec{w},$$

其中, $\vec{w} = (w_1, \cdots, w_d)$, $\mathrm{d}\vec{w}$ 是 $\mathrm{d}w_1 \cdots \mathrm{d}w_d$ 的缩写. 令

$$G(\vec{x}, \vec{w}) = \int_0^\infty \rho_t(\vec{x}, \vec{w}) \mathrm{d}t,$$

称其为区域 D_0 上的格林函数. 那么,

$$\mu(D) = \int_0^\infty \int_D \rho_t(\vec{x}, \vec{w}) \mathrm{d}\vec{w}\mathrm{d}t = \int_{\vec{w} \in D} G(\vec{x}, \vec{w}) \mathrm{d}\vec{w}.$$

特别地, 取 $d = 1$, 则 $[0,1]$ 上的格林函数就是例 3.5.16 中的 $p(x, w)$.

进一步, $\mu(\cdot)$ 给出了 D_0 上的一个概率. 假设 $\vec{W} \sim \mu$. 那么, 对形如 $\mathbf{1}_D$ 的示性函数 g,

$$E_{\vec{x}} \int_0^\tau g(\vec{B}_t) \mathrm{d}t = \int_{\vec{w} \in D} G(\vec{x}, \vec{w}) g(\vec{w}) \mathrm{d}\vec{w}.$$

事实上, 利用测度论的知识点 (典型方法, 见文献 [1] 中的第一章第 5 节), 上式对更广一类的函数 g 都成立. 于是, $\psi(\vec{x}) = \int_{\vec{w} \in D} G(\vec{x}, \vec{w}) g(\vec{w}) \mathrm{d}\vec{w}$ 给出了泊松问题 $\Delta\psi(\cdot) = -2g(\cdot)$ 的解.

习 题

假设 $\{B_t\}$ 是一维标准布朗运动.

1. 求 $\min\{\tau_{-1}, \tau_2\}$ 的期望.

2. 求 $\tau := \inf\{t > 0 : |B_t| = 1\}$ 的方差.

3. 试求 $P_0(\tau_1 < \tau_{-1} < \tau_2)$.

4. 假设 $\{\vec{B}_t : t \geqslant 0\}$ 为 d 维标准布朗运动, 令 $\tau := \inf\{t \geqslant 0 : |\vec{B}_t| = 1\}$. 试求: $E_{\vec{x}}\tau$, 其中 $\vec{x} \in \mathbb{R}^d$, 且 $\|\vec{x}\| < 1$.

5. 试用布朗运动及其首中时来表达下列微分方程的解:

$$\begin{cases} f''(x) = g(x), & \forall x \in (a, b), \\ f(a) = c_1, \ f(b) = c_2, \end{cases}$$

其中 $g(x)$ 是 (a,b) 上的有界连续函数, c_1, c_2 为常数.

6. 假设 $\{\vec{W}_t : t \geqslant 0\}$ 为二维标准布朗运动, $L \subseteq \mathbb{R}^2$, $\tau = \inf\{t \geqslant 0 : \vec{W}_t \in L\}$. 在以下情形中, 证明: $P_0(\tau < \infty) = 1$.

(1) L 是一条直线;

(2) L 是一条线段;

(3) $L = \{(x,y) : x, y \geqslant 0 \text{ 且 } x^2 + y^2 = 1\}$.

7. 假设 $d \geqslant 3, \{\vec{B}_t\}$ 是 d 维布朗运动. 证明:

$$P_0\left(\lim_{t\to\infty} \|\vec{B}_t\| = \infty\right) = 1.$$

(注: 表明三维以上布朗运动是非常返的.)

§3.6　布朗桥与 O-U 过程

一、布朗桥

假设 $\{B_t : t \geqslant 0\}$ 是一维标准布朗运动, $B_0 = 0$, $EB_t^2 = t$. 令

$$X_t = B_t - tB_1, \quad 0 \leqslant t \leqslant 1.$$

对任意 $0 \leqslant t \leqslant s \leqslant 1$,

$$\begin{aligned}
EX_tX_s &= E(B_t - tB_1)(B_s - sB_1) \\
&= EB_tB_s - tEB_sB_1 - sEB_tB_1 + stEB_1^2 \\
&= t - 2st + st = t(1-s).
\end{aligned}$$

定义 3.6.1 假设 $\{W_t : 0 \leqslant t \leqslant 1\}$ 是轨道连续的高斯过程, 满足:

$$EW_t = 0, \ \forall t \in [0,1]; \quad EW_tW_s = t(1-s), \quad \forall 0 \leqslant t \leqslant s \leqslant 1,$$

则称 $\{W_t : 0 \leqslant t \leqslant 1\}$ 为**布朗桥**.

按照定义, $\{X_t : 0 \leqslant t \leqslant 1\}$ 是布朗桥. 注意到, $\{X_t : 0 \leqslant t \leqslant 1\} \cup \{B_1\}$ 也是高斯系, 且

$$EX_tB_1 = EB_tB_1 - tEB_1^2 = t - t = 0, \quad \forall t \in [0,1].$$

我们推出: $\{X_t : 0 \leqslant t \leqslant 1\}$ 与 $\{B_1\}$ 相互独立, 因为高斯系中, 不相关等价于相互独立 (命题 3.1.2). 在 $\{B_1 = 0\}$ 的条件下, $B_t = X_t$ 对所有 $t \in [0,1]$ 都成立. 因此, 对任意 $n \geqslant 1$, $0 < t_1 < \cdots < t_n < 1$, $(X_{t_1}, \cdots, X_{t_n})$ 的联合密度为

$$\hat{p}_{t_1,\cdots,t_n}(x_1,\cdots,x_n) = \frac{p_{t_1,\cdots,t_n,1}(x_1,\cdots,x_n,0)}{p_1(0)},$$

其中, $p_{s_1,\cdots,s_m}(y_1,\cdots,y_m)$ 为布朗运动的有限维联合分布, 表达式见 (3.2.1) 式.

固定 $t \in (0,1)$, 令

$$Y_u := X_u - \frac{u}{t}X_t, \quad u \in [0,t]; \quad Z_s := X_s - \frac{1-s}{1-t}X_t, \quad s \in [t,1].$$

那么, $\{X_v : v \in [0,1]\} \bigcup \{Y_u : u \in [0,t]\} \bigcup \{Z_s : s \in [t,1]\}$ 是高斯系, 其中所有随机变量的期望都是 0, 协方差如下: 对任意 $u \leqslant t \leqslant s$,

$$EY_uX_s = EX_uX_s - \frac{u}{t}EX_tX_s = u(1-s) - \frac{u}{t}\cdot t(1-s) = 0,$$

因此, $\{Y_u : u \in [0,t]\}$ 与 $\{X_t\}$ 和 $\{Z_s : s \in [t,1]\}$ 相互独立; 又

$$EX_uZ_s = EX_uX_s - \frac{1-s}{1-t}EX_uX_t = u(1-s) - \frac{1-s}{1-t}\cdot u(1-t) = 0,$$

因此, $\{Z_s : s \in [t,1]\}$ 与 $\{X_t\}$ 也相互独立. 因此, X_t, $\{Y_u : u \in [0,t]\}$, $\{Z_s : s \in [t,1]\}$ 是相互独立的.

下面考察 $\{Y_u : u \in [0,t]\}$. 对任意 $u \in [0,t]$,

$$Y_u = X_u - \frac{u}{t}X_t = B_u - uB_1 - \frac{u}{t}(B_t - tB_1) = B_u - \frac{u}{t}B_t.$$

因此, $EY_u = 0$, $u \in [0,t]$, 且

$$EY_sY_u = \frac{s(t-u)}{t}, \quad \forall 0 \leqslant s \leqslant u \leqslant t.$$

定义 3.6.2 假设 $\{W_t : 0 \leqslant t \leqslant T\}$ 是轨道连续的高斯过程, 满足:

$$EW_t = 0, \quad \forall t \in [0,T]; \quad EW_tW_s = \frac{t(T-s)}{T}, \quad \forall 0 \leqslant t \leqslant s \leqslant T,$$

则称 $\{W_t : 0 \leqslant t \leqslant T\}$ 为 (长度为 T 的) **布朗桥**.

例 3.6.3 之前定义的 $\{Y_u : u \in [0,t]\}$ 和 $\{Z_s : s \in [t,1]\}$ 都是布朗桥, 长度分别为 t 和 $1-t$.

更一般地, 若 $\{X_t : t \in [0,T]\}$ 满足: $X_0 = a$, $X_T = b$, 且 $\{X_t - a - t(b-a)/T : t \in [0,T]\}$ 为长度为 T 的布朗桥, 则称 $\{X_t : 0 \leqslant t \leqslant T\}$ 为从 a 到 b 的长度为 T 的**布朗桥**. 若无特别申明, 则取 $a=0$, $b=0$, $T=1$.

二、Ornstein-Uhlenbeck 过程

假设 $\{B_t : t \geqslant 0\}$ 是布朗运动. 令

$$X_t = \mathrm{e}^{-\alpha t} B_{\mathrm{e}^{2\alpha t}}, \quad \forall t \in \mathbb{R}.$$

对任意 $s \in \mathbb{R}$, $t > 0$,

$$\begin{aligned} X_{t+s} &= \mathrm{e}^{-\alpha(t+s)} B_{\mathrm{e}^{2\alpha(t+s)}} \\ &= \mathrm{e}^{-\alpha(t+s)} B_{\mathrm{e}^{2\alpha s}} + \mathrm{e}^{-\alpha(t+s)}\left(B_{\mathrm{e}^{2\alpha(t+s)}} - B_{\mathrm{e}^{2\alpha s}}\right). \end{aligned}$$

记

$$Y := \mathrm{e}^{-\alpha(t+s)}\left(B_{\mathrm{e}^{2\alpha(t+s)}} - B_{\mathrm{e}^{2\alpha s}}\right),$$

则 Y 与 $\{X_u : 0 \leqslant u \leqslant s\}$ 相互独立, $Y \sim N(0, 1 - \mathrm{e}^{-2\alpha t})$, 且

$$X_{t+s} = \mathrm{e}^{-\alpha t} X_s + Y.$$

将 $N(0,1)$ 的密度记为 ϕ, 令

$$\phi(x) = \frac{1}{\sqrt{2\pi}} \mathrm{e}^{-\frac{x^2}{2}}.$$

令

$$q_t(x,y) = \frac{1}{\sqrt{2\pi(1-\mathrm{e}^{-2\alpha t})}} \exp\left\{-\frac{1}{2(1-\mathrm{e}^{-2\alpha t})}(y - \mathrm{e}^{-\alpha t}x)^2\right\}. \quad (3.6.1)$$

那么, 对任意 $n \geqslant 1$, $0 = t_0 < t_1 < \cdots < t_n < 1$, $(X_0, X_{t_1}, \cdots, X_{t_n})$ 的联合密度为

$$q_{0,t_1,\cdots,t_n}(x_0, x_1, \cdots, x_n) = \phi(x_0) \prod_{i=1}^{n} q_{t_i - t_{i-1}}(x_{i-1}, x_i).$$

定义 3.6.4 称转移密度函数形如 (3.6.1) 式的马氏过程为 **Ornstein-Uhlenbeck 过程**, 简称 **O-U 过程**.

因为 $X_t \sim N(0,1)$ 对任意 $t \geqslant 0$ 都成立, 所以 $N(0,1)$ 是 O-U 过程的不变分布. 不难验证,

$$\phi(x)q_t(x,y) = \phi(y)q_t(x,y), \quad \forall t \geqslant 0, \ x, y \in \mathbb{R}.$$

换言之, $N(0,1)$ 还是可逆分布.

例 3.6.5 令 $W_0 = 0$, $W_t = tB_{1/t}$, $t > 0$. 根据例 3.2.6, $\{W_t\}$ 是布朗运动. 令 $Y_t = X_{-t}$, 那么, 对任意 $t \in \mathbb{R}$,

$$Y_t = \mathrm{e}^{\alpha t} B_{\mathrm{e}^{-2\alpha t}} = \mathrm{e}^{\alpha t} \cdot \frac{1}{\mathrm{e}^{2\alpha t}} W_{\mathrm{e}^{2\alpha t}} = \mathrm{e}^{-\alpha t} W_{\mathrm{e}^{2\alpha t}}.$$

因此, $\{Y_t\}$ 也是 O-U 过程, 且它与 $\{X_t\}$ 同分布.

习　　题

假设 $\{B_t\}$ 是一维标准布朗运动.

1. 令 $U_t = (1-t)B_{t/(1-t)}, 0 \leqslant t < 1; U_1 = 0$. 证明: $\{U_t : 0 \leqslant t \leqslant 1\}$ 是布朗桥.

2. 假设 $\{X_t : 0 \leqslant t \leqslant 1\}$ 是长度为 1 的布朗桥. 对任意 $0 < s < t < 1$, 试求 $P(X_u \neq 0, s < u < t)$. (注: 利用上题结论.)

3. 假设 $\{U_t : 0 \leqslant t \leqslant 1\}$ 是布朗桥. 令 $W_t = (t+1)U_{t/(t+1)}$, $0 \leqslant t \leqslant 1$. 证明: $\{W_t : t \geqslant 0\}$ 是标准布朗运动.

4. 对任意 $R \geqslant 0, T > 0$, 令

$$W_t := B_{R+t} - \left(\frac{T-t}{T}B_R + \frac{t}{T}B_{R+T} \right), \quad 0 \leqslant t \leqslant T.$$

证明: $\{W_t : 0 \leqslant t \leqslant T\}$ 是长度为 T 的布朗桥, 并且它与 (B_R, B_{R+T}) 相互独立.

5. 假设 $\{W_t : 0 \leqslant t \leqslant T\}$ 是长度为 T 的布朗桥, $n \geqslant 1$, $t_0 := 0 < t_1 < \cdots < t_n < t_{n+1} := T$. 对 $r = 1, 2, \cdots, n+1$, 令 $T_r = t_r - t_{r-1}$,

$$X_t^{(r)} := W_{t_{r-1}+t} - \left(\frac{T_r - t}{T_r} W_{t_{r-1}} + \frac{t}{T_r} W_{t_r} \right), \quad 0 \leqslant t \leqslant T_r.$$

证明:

(1) $\{X_t^{(r)} : 0 \leqslant t \leqslant T_r\}$ 是长度为 T_r 的布朗桥, $r = 1, 2, \cdots, n+1$;

(2) $\{X_t^{(1)} : 0 \leqslant t \leqslant T_1\}$, $\{X_t^{(2)} : 0 \leqslant t \leqslant T_2\}$, $\cdots$, $\{X_t^{(n+1)} : 0 \leqslant t \leqslant T_{n+1}\}$, $(W_{t_1}, W_{t_2}, \cdots, W_{t_{n+1}})$ 这 $n+2$ 个高斯系相互独立;

(3) 若 $\{W_t\}$ 是标准布朗运动, 则 (1) 和 (2) 仍然成立.

6. 假设 $\{X_t : 0 \leqslant t \leqslant 1\}$ 是长度为 1 的布朗桥. 令

$$X_t^{(T)} := \sqrt{T} X_{t/T}, \quad 0 \leqslant t \leqslant T.$$

证明: $\{X_t^{(T)} : 0 \leqslant t \leqslant T\}$ 是长度为 T 的布朗桥.

7*. 设 $\{X_t : 0 \leqslant t \leqslant 1\}$ 是布朗桥, 证明:

$$P\left(\max_{0 \leqslant t \leqslant 1} X_t > b \right) = e^{-2b^2}, \quad \forall\, b > 0.$$

8. 记 $q_t(x, y)$ 是 O-U 过程的转移概率密度, $\phi(x)$ 是标准正态分布的密度函数. 证明:

$$\lim_{t \to \infty} q_t(x, y) = \phi(y), \quad \text{且} \quad \int q_t(x, y)\phi(x)\mathrm{d}x = \phi(y).$$

9. 记 $q_t(x, y)$ 是 O-U 过程的转移概率密度, 其中 $\alpha = 1$. 验证:

$$\frac{\partial}{\partial t} q_t(x, y) = \frac{\partial}{\partial y}\left(y q_t(x, y) \right) + \frac{\partial^2}{\partial y^2} q_t(x, y).$$

10. 对任意 $t \geqslant 0$, 令 $Y_t = e^{B_t}$, 称 $\{Y_t : t \geqslant 0\}$ 为**几何布朗运动**. 假设 $y > 0$, 试求:

$$\lim_{\delta \to 0+} \frac{E\left(Y_{t+\delta} - Y_t | Y_t = y \right)}{\delta} \quad \text{和} \quad \lim_{\delta \to 0+} \frac{E\left((Y_{t+\delta} - Y_t)^2 | Y_t = y \right)}{\delta}.$$

11. 对任意 $t \geqslant 0$, 令 $X_t = B_t - \lfloor B_t \rfloor$, 称 $\{X_t : t \geqslant 0\}$ 为**圆周上的布朗运动**. 证明 $\{X_t\}$ 是时齐马氏过程, 并求其转移密度函数.

12. 假设 $\{\vec{B}_t : t \geqslant 0\}$ 为 d 维标准布朗运动. 证明: $\{\|\vec{B}_t\| : t \geqslant 0\}$ 是马氏过程. (注: $\{\|\vec{B}_t\|\}$ 称为**贝塞尔过程**.)

§3.7　随机积分与随机微分方程简介

假设 $\{f_t : t \geqslant 0\}$ 是随机过程. 在本节中, 我们将介绍随机积分 $\int_0^T f_t \mathrm{d}B_t$ 的定义和性质. 当然, 这需要 $\{f_t\}$ 满足一定的条件. 给定 T, 仿照黎曼积分的定义, 直观上我们应该将 $[0, T]$ 进行划分, 令

$$\Delta = \Delta_T : 0 = t_0 < t_1 < \ldots < t_n = T.$$

然后, 任取 $s_i \in [t_i, t_{i+1}]$, $i = 0, 1, \cdots, n$, 令

$$X_\Delta := \sum_{i=0}^{n-1} f_{s_i}(B_{t_{i+1}} - B_{t_i}).$$

最后, 令

$$|\Delta| := \max_{0 \leqslant i \leqslant n-1}(t_{i+1} - t_i),$$

并将 $\int_0^T f_t \mathrm{d}B_t$ 定义为 $\lim_{|\Delta| \to 0} X_\Delta$. 然而, 这样的定义会遇到两个本质性的困难: 一方面, 如前所述, 布朗轨道几乎必然是处处不可微的, 这导致上述第三步拟定义的极限在几乎必然收敛的意义下不存在; 另一方面, 我们将在例 3.7.4 中看到, 在 $[t_i, t_{i+1}]$ 中选择不同的 s_i 时, 产生不同的极限. 本节介绍的伊藤积分是选择 $s_i = t_i$. 此时, X_Δ 在 L^2 意义下收敛.

定义 3.7.1　假设 $X, X_1, X_2, \cdots$ 是一列随机变量. 若当 $n \to \infty$ 时, $E(X_n - X)^2 \to 0$, 则称 X_n **依 L^2 收敛**于 X, 记为 $X_n \xrightarrow{L^2} X$.

假设:

(1) 对任意 $t \geqslant 0$, f_t 的值仅依赖于 $\{B_s : s \leqslant t\}$;

(2) f_t 关于 t 连续;

(3) 对任意 $T > 0$, $\displaystyle\lim_{|\Delta_T| \to 0} \sum_{i=0}^{n-1} \int_{t_i}^{t_{i+1}} E(f_u - f_{t_i})^2 \mathrm{d}u = 0$.

那么, 可以证明存在轨道连续的过程 $\{X_t\}$, 使得

$$\sum_{i=0}^{n-1} f_{t_i}(B_{t_{i+1}} - B_{t_i}) \overset{L^2}{\longrightarrow} X_t, \quad \forall t \geqslant 0.$$

此时, 也将此极限 X_t 记为 $\displaystyle\int_0^t f_u \mathrm{d}B_u$.

定义 3.7.2 称 X_t 为 $\{f_t\}$ 的**伊藤积分**.

可以证明随机积分满足如下性质:

$$\int_0^t (f_u + g_u)\mathrm{d}B_u = \int_0^t f_u \mathrm{d}B_u + \int_0^t g_u \mathrm{d}B_u,$$

$$E \int_0^t f_u \mathrm{d}B_u = 0,$$

$$E \left(\int_0^s f_u \mathrm{d}B_u \int_0^t g_u \mathrm{d}B_u \right) = \int_0^s E(f_u g_u)\mathrm{d}u, \quad \forall\, 0 \leqslant s \leqslant t.$$

例 3.7.3 (布朗轨道的时间变换)   假设 f_t 是非随机的实函数, 则 $X_t = \displaystyle\int_0^t f_u \mathrm{d}B_u$ 是高斯过程. 记 $\varphi(t) = \displaystyle\int_0^t f_u^2 \mathrm{d}u$, 根据定义, φ 是单调上升函数. 假设 φ 严格单调上升, 其逆函数记为 ψ. 令 $Y_t := X_{\psi(t)}$, 则 $\{Y_t\}$ 是轨道连续的高斯过程; 对任意 $t \geqslant 0$, $EY_t = 0$; 对任意 $s \geqslant t \geqslant 0$,

$$EY_t Y_s = EX_{\psi(t)} X_{\psi(s)} = \varphi\big(\psi(t)\big) = t.$$

这表明 $\{Y_t\}$ 是标准布朗运动.

例 3.7.4 求 $\displaystyle\int_0^t B_u \mathrm{d}B_u$.

解 考虑 $[0, t]$ 的划分 $\Delta : 0 = t_0 < t_1 < \cdots < t_n = t$. 直接计算得

$$\sum_{i=0}^{n-1} \int_{t_i}^{t_{i+1}} E(B_u - B_{t_i})^2 \mathrm{d}u = \sum_{i=0}^{n-1} \int_{t_i}^{t_{i+1}} (u - t_i)\mathrm{d}u$$

$$= \sum_{i=0}^{n-1} \frac{1}{2}(t_{i+1} - t_i)^2 \leqslant \frac{1}{2}|\Delta|t \xrightarrow{|\Delta|\to 0} 0.$$

下面, 我们计算 $\sum_{i=0}^{n-1} B_{t_i}(B_{t_{i+1}} - B_{t_i})$. 注意到 $(x + y)^2 = x^2 + y^2 + 2xy$. 取 $x = B_{t_i}$, $y = B_{t_{i+1}} - B_{t_i}$ 知,

$$2B_{t_i}(B_{t_{i+1}} - B_{t_i}) = B_{t_{i+1}}^2 - B_{t_i}^2 - (B_{t_{i+1}} - B_{t_i})^2.$$

从而

$$\sum_{i=0}^{n-1} 2B_{t_i}(B_{t_{i+1}} - B_{t_i}) = B_t^2 - B_0^2 - \sum_{i=0}^{n-1}(B_{t_{i+1}} - B_{t_i})^2.$$

往证 $\sum_{i=0}^{n-1}(B_{t_{i+1}} - B_{t_i})^2$ 依 L^2 收敛于 t. 注意到 $\sum_{i=0}^{n-1} E(B_{t_{i+1}} - B_{t_i})^2 = \sum_{i=0}^{n-1}(t_{i+1} - t_i) = t$. 于是

$$E\left(\sum_{i=0}^{n-1}(B_{t_{i+1}} - B_{t_i})^2 - t\right)^2 = \mathrm{Var}\left(\sum_{i=0}^{n-1}(B_{t_{i+1}} - B_{t_i})^2\right)$$

$$= \sum_{i=0}^{n-1} \mathrm{Var}\left((B_{t_{i+1}} - B_{t_i})^2\right) = \sum_{i=0}^{n-1}(t_{i+1} - t_i)^2 \mathrm{Var}(Z^2)$$

$$\leqslant \mathrm{Var}(Z^2)|\Delta|t \xrightarrow{|\Delta|\to 0} 0,$$

其中 $Z \sim N(0, 1)$, 并且在第二个等式中, 我们用到了布朗运动的独立增量性. 因此,

$$\int_0^t B_u \mathrm{d}B_u = \frac{1}{2}(B_t^2 - t).$$

此外, 若选取 $s_i = t_{i+1}$, 则

$$\sum_{i=1}^{n} B_{t_{i+1}}(B_{t_{i+1}} - B_{t_i}) = \sum_{i=0}^{n-1} B_{t_i}(B_{t_{i+1}} - B_{t_i}) + \sum_{i=1}^{n}(B_{t_i} - B_{t_{i-1}})^2$$

依 L^2 收敛于 $(B_t^2 - t)/2 + t = (B_t^2 + t)/2$. 这表明选取不同的 s_i, 会使得 $\sum_{i=0}^{n-1} B_{s_i}(B_{t_{i+1}} - B_{t_i})$ 有不同的极限.

给定初值 X_0 (与布朗运动 $\{B_t\}$ 相互独立),

$$X_t := X_0 + \int_0^t \sigma_u \mathrm{d}B_u + \int_0^t b_u \mathrm{d}u \tag{3.7.1}$$

定义了一个轨道连续的随机过程, 它对应的随机微分形式如下:

$$\mathrm{d}X_t = \sigma_t \mathrm{d}B_t + b_t \mathrm{d}t. \tag{3.7.2}$$

换言之, X_t 满足 (3.7.2) 式的意思是: 存在某个 X_0, 使得 (3.7.1) 式成立.

根据例 3.7.4, 我们知道 $X_t := B_t^2$ 满足如下随机微分方程:

$$\mathrm{d}X_t = 2B_t \mathrm{d}B_t + \mathrm{d}t.$$

如果我们令 $\varphi(x) = x^2$, 则上式可以写成

$$\mathrm{d}\varphi(B_t) = \varphi'(B_t)\mathrm{d}B_t + \frac{1}{2}\varphi''(B_t)\mathrm{d}t, \tag{3.7.3}$$

这与我们在微积分中常见的公式 $\mathrm{d}\varphi(x) = \varphi'(x)\mathrm{d}x$ 不一致 (视 $x = B_t$). 其原因在于, 如果我们对 φ 再进行泰勒展开, φ 的增量可以写为

$$\varphi(x + \Delta x) - \varphi(x) = \varphi'(x)(\Delta x) + \frac{1}{2}\varphi''(x)(\Delta x)^2 + o(\Delta x^2),$$

其中 Δx 相当于 $B_{t_{i+1}} - B_{t_i}$. 由例 3.7.4, $(\Delta x)^2$ 的累积效果不是 0 而是 t. 这是导致 (3.7.3) 式成立的原因. 事实上, 如果 X_t 满足 (3.7.2) 式,

$\varphi(t, x)$ 关于 t 连续可导, 关于 x 二阶连续可导, 则 $Y_t = \varphi(t, X_t)$ 满足如下随机微分方程:

$$\mathrm{d}Y_t = \frac{\partial \varphi}{\partial x}(t, X_t)\mathrm{d}X_t + \frac{1}{2}\frac{\partial^2 \varphi}{\partial x^2}(t, X_t)(\mathrm{d}X_t)^2 + \frac{\partial \varphi}{\partial t}(t, X_t)\mathrm{d}t, \quad (3.7.4)$$

其中 $(\mathrm{d}X_t)^2 := \sigma_t^2\mathrm{d}t$. 上式被称为是伊藤公式, 它是求解随机微分方程的重要工具. 所谓求解随机微分方程, 就是要对于 X_t 的随机微分方程, 给出形如 (3.7.1) 式的解, 满足: $\{\sigma_t\}$, $\{b_t\}$ 都是不依赖于 $\{X_t\}$ 的已知的随机过程. 下面我们给出一些例子.

例 3.7.5 (带漂移项的布朗运动) 方程 $\mathrm{d}X_t = \sigma\mathrm{d}B_t + \mu\mathrm{d}t$ 的解为 $X_t = X_0 + \sigma B_t + \mu t$.

例 3.7.6 (O-U 过程) 求随机微分方程

$$\mathrm{d}X_t = \sigma\mathrm{d}B_t - bX_t\mathrm{d}t$$

的解. 值得注意的是: 不能认为该方程的解是 $X_0 + \sigma B_t - \displaystyle\int_0^t bX_u\mathrm{d}u$, 因为 $b_u = bX_u$ 是未知的随机过程.

解 将随机微分方程改写为 $\mathrm{d}X_t + bX_t\mathrm{d}t = \sigma\mathrm{d}B_t$. 令 $\varphi(t, x) = \mathrm{e}^{bt}x$, $Y_t = \varphi(t, X_t)$, 则 Y_t 满足方程

$$\mathrm{d}Y_t = \mathrm{e}^{bt}(\mathrm{d}X_t + bX_t\mathrm{d}t) = \mathrm{e}^{bt}\sigma\mathrm{d}B_t,$$

因此 $Y_t = Y_0 + \sigma\displaystyle\int_0^t \mathrm{e}^{bs}\mathrm{d}B_s$. 于是

$$X_t = \mathrm{e}^{-bt}\left(Y_0 + \sigma\int_0^t \mathrm{e}^{bs}\mathrm{d}B_s\right) = \mathrm{e}^{-bt}X_0 + \sigma\int_0^t \mathrm{e}^{-b(t-s)}\mathrm{d}B_s,$$

其中用到 $Y_0 = \varphi(0, X_0) = X_0$.

特别地, 取 $\sigma = \sqrt{2\alpha}$, $b = \alpha$, 其中 α 为严格正的常数, 则 $\mathrm{d}X_t = \sqrt{2\alpha}\mathrm{d}B_t - \alpha X_t\mathrm{d}t$ 的解为

$$X_t = \mathrm{e}^{-\alpha t}X_0 + \sqrt{2\alpha}\mathrm{e}^{-\alpha t}\int_0^t \mathrm{e}^{\alpha u}\mathrm{d}B_u.$$

假设 $X_0 \sim N(0,1)$, 并且与 $\{B_t\}$ 相互独立. 那么, $\{X_t\}$ 是轨道连续的高斯过程; $EX_t = 0$ 对任意 $t \geqslant 0$ 成立; $EX_s X_t = \mathrm{e}^{-\alpha(t-s)}$ 对任意 $t \geqslant s \geqslant 0$ 成立. 这即是说, $\{X_t\}$ 是 O-U 过程.

例 3.7.7 (Black-Scholes 模型) 在金融中, 用 X_t 表示 t 时刻某产品的价格, 那么 $X_t \geqslant 0$ 对所有 $t \geqslant 0$ 都成立, 并且 $\{X_t\}$ 满足如下随机微分方程:

$$\mathrm{d}X_t = X_t(\sigma \mathrm{d}B_t + \mu \mathrm{d}t),$$

其中, σ 是波动率, μ 是平均收益率. 令 $Y_t = \ln X_t$, 则

$$\mathrm{d}Y_t = \frac{1}{X_t}\mathrm{d}X_t - \frac{1}{2} \cdot \frac{1}{X_t^2}(\mathrm{d}X_t)^2 = (\sigma \mathrm{d}B_t + \mu \mathrm{d}t) - \frac{1}{2} \cdot \frac{1}{X_t^2}(\sigma X_t)^2 \mathrm{d}t$$

$$= \sigma \mathrm{d}B_t + (\mu - \frac{1}{2}\sigma^2)\mathrm{d}t.$$

因此, $Y_t = Y_0 + \sigma B_t + (\mu - \sigma^2/2)t$. 从而, $X_t = X_0 \mathrm{e}^{\sigma B_t + (\mu - \sigma^2/2)t}$.

例 3.7.8 (分部积分) 记 $X_t = \int_0^t f_u \mathrm{d}B_u$, 求 $\int_0^t X_u \mathrm{d}u$.

解 取 $\varphi(t,x) = tx$, 并令 $Y_t = \varphi(t, X_t)$, 则 $Y_0 = 0$ 且 $\mathrm{d}Y_t = X_t \mathrm{d}t + t \mathrm{d}X_t = X_t \mathrm{d}t + t f_t \mathrm{d}B_t$. 于是 $\int_0^t X_u \mathrm{d}u = Y_t - \int_0^t u f_u \mathrm{d}B_u$, 即

$$\int_0^t \int_0^u f_s \mathrm{d}B_s \mathrm{d}u = t X_t - \int_0^t u f_u \mathrm{d}B_u.$$

直观上, 这就是分部积分公式 $\int_0^t X_u \mathrm{d}u = u X_u \big|_0^t - \int_0^t u \mathrm{d}X_u$.

仿照 (3.7.4) 式, 我们可以考虑多个过程的函数. 假设

$$\mathrm{d}X_{i,t} = \sigma_{i,t}\mathrm{d}B_t + b_{i,t}\mathrm{d}t, \quad i = 1, \cdots, d.$$

记 $\vec{X}_t = (X_{1,t}, \cdots, X_{d,t})$, 则 $Y_t = \varphi(t, \vec{X}_t)$ 满足如下随机微分方程:

$$dY_t = \sum_{i=1}^{d} \frac{\partial \varphi}{\partial x_i}(t, \vec{X}_t) dX_t + \frac{1}{2} \sum_{i,j=1}^{d} \frac{\partial^2 \varphi}{\partial x_i \partial x_j}(t, \vec{X}_t)(dX_{i,t})(dX_{j,t})$$
$$+ \frac{\partial \varphi}{\partial t}(t, \vec{X}_t) dt,$$

其中 $(dX_{i,t})(dX_{j,t}) = \sigma_{i,t}\sigma_{j,t}dt$.

例 3.7.9 令 $X_t = \int_0^t f_u dB_u$, $Y_t = \int_0^t g_u dB_u$, $Z_t = X_t Y_t$. 求 Z_t 满足的随机微分方程.

解 据题意,

$$dZ_t = Y_t dX_t + X_t dY_t + dX_t dY_t = (f_t Y_t + X_t g_t) dB_t + f_t g_t dt.$$

进一步, 写成积分形式可得

$$Z_t = \int_0^t (f_u Y_u + X_u g_u) dB_u + \int_0^t f_u g_u du.$$

因此, $EZ_t = \int_0^t f_u g_u du$.

例 3.7.10 (例 3.7.6 续) 假设 $dX_t = \sigma dB_t - bX_t dt$, $dY_t = X_t dt$, $X_0 = x_0$, $Y_0 = y_0$. 求解 Y_t.

解 根据例 3.7.6, $X_t = e^{-bt}X_0 + \sigma e^{-bt} \int_0^t e^{bs} dB_s$. 令 $Z_t = \int_0^t e^{bs} dB_s$, 那么

$$Y_t = y_0 + x_0 \frac{1 - e^{-bt}}{b} + \sigma \int_0^t e^{-bu} Z_u du, \qquad (3.7.5)$$

其中 $dZ_t = e^{bt} dB_t$. 下面我们计算 $\int_0^t e^{-bu} Z_u du$. 令 $\varphi(t, z) = e^{-bt}z$, 则 $W_t = \varphi(t, Z_t)$ 满足 $W_0 = 0$ 以及方程 $dW_t = e^{-bt}dZ_t - be^{-bt}Z_t dt = dB_t - bc^{-bt}Z_t dt$. 于是

$$\int_0^t e^{-bu} Z_u du = \frac{1}{b}(B_t - W_t) = \frac{1}{b}(B_t - e^{-bt}Z_t) = \frac{1}{b}\int_0^t (1 - e^{-b(t-s)}) dB_u.$$

结合 Z_t 的定义与 (3.7.5) 式, 我们推出

$$Y_t = y_0 + \frac{1}{b}\left(1 - e^{-bt}\right)x_0 - \frac{\sigma}{b}\int_0^t \left(1 - e^{-b(t-s)}\right)dB_u.$$

这即是 Y_t 的解.

习　　题

1. 设 Δ 为 $[0,t]$ 的划分. 证明当 $|\Delta| \to 0$ 时,

$$\sum_{i=0}^{n-1} B_{(t_i+t_{i+1})/2}\left(B_{t_{i+1}} - B_{t_i}\right)$$

在 L^2 中的极限存在, 并求此极限. (注: 此极限称为 Stratonovich 积分.)

2. 给定 $t > 0$, 令 $Y_t = \int_0^t B_s ds$.

(1) 求 Y_t 关于 B_t 的条件密度 $p_{Y_t|B_t}(y|x)$.

(2) 求 $Ee^{\lambda Y_t}$.

参 考 文 献

[1] 程士宏. 测度论与概率论基础 [M]. 北京: 北京大学出版社, 2004.

[2] 李贤平. 概率论基础 [M]. 2 版. 北京: 高等教育出版社, 1997.

[3] Chung K L. Green, Brown and Probability & Brownian Motion on the Line [M]. Singapore: World Scientific, 2002.

[4] Dembo A. Simple random covering, disconnection, late and favorite points [C]//Proceedings of the International Congress of Mathematicians, Madrid, Spain, August 22–30, 2006 [C]. European Mathematical Society, 2006.

[5] Doyle P G, Snell J L. Random Walks and Electrical Networks [M]. Washington: Mathematical Association of America, 1984.

[6] Durrett R. Probability: Theory and Examples[M]. 3rd ed. 北京: 世界图书出版公司, 2007.

[7] Häggström O. Finite Markov Chains and Algorithmic Applications [M]. New York: Cambridge University Press, 2002.

[8] Jerison D, Stroock D, Norbert Wiener [J]. AMS Notices, 1995, 42(4): 430–438.

[9] Levin D, Peres Y, Wilmer E L. Markov Chains and Mixing Times [M]. New York: American Mathematical Society, 2008.

[10] Mörters P, Peres Y. Brownian Motion [M]. Cambridge: Cambridge University Press, 2010.

[11] Norris J R. Markov Chains [M]. Cambridge: Cambridge University Press, 1997.

[12] Spitzer F. Principles of Random Walk [M]. 2nd ed. New York: Springer, 1976.

[13] Woess W. Random Walks on Infinite Graphs and Groups [M]. Cambridge: Cambridge University Press, 2000.

索　引